"十三五"职业教育规划教材

生物制药工艺学

SHENGWU ZHIYAO GONGYIXUE

葛驰宇　肖怀秋　主编

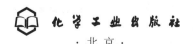

化学工业出版社

·北京·

《生物制药工艺学》以 2015 年版《中华人民共和国药典》为依据，共分为两个模块进行介绍，第一模块为生物制药基础理论，内容有生物制药概述以及生物制药工艺基本技术；第二模块为典型生物药物的生产与质量控制，并融入一些生物制药综合性的生产案例，内容涵盖氨基酸类药物、多肽和蛋白质类药物、核酸类药物、酶类药物、糖类药物、脂类药物、抗生素类药物、维生素及辅酶类药物以及生物制品类药物的生产与质量控制。

本教材适用于高职高专类院校生物制药技术、药品生物技术、药品生产技术、生物技术等专业师生使用，也可作为制药企业员工以及其他相关专业人员的参考书。

图书在版编目（CIP）数据

生物制药工艺学/葛驰宇，肖怀秋主编．—北京：化学工业出版社，2018.9（2024.11重印）
"十三五"职业教育规划教材
ISBN 978-7- 22-32801-4

Ⅰ.①生…　Ⅱ.①葛…②肖…　Ⅲ.①生物制品-工艺学--高等职业教育-教材　Ⅳ.①TQ464

中国版本图书馆 CIP 数据核字（2018）第 179567 号

责任编辑：迟　蕾　李植峰　张春娥　　　　装帧设计：王晓宇
责任校对：宋　夏

出版发行：化学工业出版社（北京市东城区青年湖南街 13 号　邮政编码 100011）
印　　刷：北京云浩印刷有限责任公司
装　　订：三河市振勇印装有限公司
787mm×1092mm　1/16　印张 13¼　字数 323 千字　　2024 年 11 月北京第 1 版第 6 次印刷

购书咨询：010-64518888　　　　　　　　　售后服务：010-64518899
网　　址：http://www.cip.com.cn
凡购买本书，如有缺损质量问题，本社销售中心负责调换。

定　　价：**38.00 元**

《生物制药工艺学》编写人员

主　编　葛驰宇　肖怀秋

副主编　方绪凤　杨　静

编写人员（按姓氏拼音排序）：

方绪凤（湖北生物科技职业学院）

葛驰宇（江苏食品药品职业技术学院）

缑仲轩（江苏食品药品职业技术学院）

何　姗（天津渤海职业技术学院）

卢　楠（河北化工医药职业技术学院）

肖怀秋（湖南化工职业技术学院）

肖　雯（中国药科大学）

徐汉元（江苏食品药品职业技术学院）

杨　静（天津渤海职业技术学院）

周　敏（江苏食品药品职业技术学院）

前　言

　　本书以 2015 年版《中华人民共和国药典》（简称《中国药典》）为依据，以生物制药企业的一线生产岗位需求为出发点，以生物制药相关工种与职业标准为导向，以项目化、模块化教学进行设计，充实实践内容，并引入数字化资源，如微课、慕课等，全方位描述生物制药的新工艺、新技术与新方法。

　　本教材分为两个模块进行介绍，第一模块为生物制药基础理论，第二模块为典型生物药物的生产与质量控制，并融入一些生物制药综合性生产案例。书中还设计了不同的生产实训任务，着重培养学生的实际动手能力。课后习题答案可从 www.cipedu.com.cn 下载作为参考。

　　江苏食品药品职业技术学院的葛驰宇、周敏、猴仲轩和徐汉元，湖南化工职业技术学院的肖怀秋，中国药科大学的肖雯，天津渤海职业技术学院的何姗、杨静，湖北生物科技职业学院的方绪风，河北化工医药职业技术学院的卢楠共同完成了本书的编写工作。本教材参考了大量的国内外文献，并结合编者自己的教学经验进行撰写，但限于编者水平，难免会有疏漏之处，敬请广大读者与同仁批评指正。

编者

2018 年 9 月

目　录

模块一　生物制药基础理论

单元一　生物制药概述

单元二　生物制药工艺基本技术

模块二　典型生物药物的生产与质量控制

单元一　氨基酸类药物的生产与质量控制

单元二　多肽和蛋白质类药物的生产与质量控制

单元三　核酸类药物的生产与质量控制

单元四　酶类药物的生产与质量控制

单元五　糖类药物的生产与质量控制

单元六　脂类药物的生产与质量控制

单元七　抗生素类药物的生产与质量控制

单元八　维生素及辅酶类药物的生产与质量控制

单元九　生物制品类药物的生产与质量控制

参考文献

模块一

生物制药基础理论

单元一

生物制药概述

目标要求

1. 掌握生物药物的概念、特点和种类。
2. 了解生物制药工业的历史、现状和发展前景。

必备知识

一、生物药物的定义

药物是指用于预防、治疗或诊断疾病或调节机体生理功能、促进机体康复保健的物质。人类防病、治病的三大药源有化学药物、生物药物、中草药。

生物药物是指利用生物体、生物组织、体液或其代谢产物（初级代谢产物和次级代谢产物），综合应用化学、生物化学、生物学、医学、药学、工程学等学科的原理与方法加工制成的一类用于疾病预防、治疗和诊断的物质。

生化药品与生物制品在生物药品领域使用十分广泛，但二者的概念与生物药品不同，不能混淆。生化药品，在《中国药典》（2015 版）中，收载于第二部，主要指的是以天然动物及其组织为原料，通过分离纯化制备的生物药物，历史上曾通俗地称之为脏器制药。而生物制品是以微生物、细胞、动物或人源组织和体液等为原料，应用传统技术或现代生物技术制成的用于人类疾病的预防、治疗和诊断的物质。人用生物制品包括细胞类疫苗、病毒类疫苗、抗毒素及抗血清、血液制品、细胞因子、生长因子、酶、体内及体外诊断制品，以及其他生物活性制剂，如毒素、抗原、变态反应原、单克隆抗体、抗原抗体复合物、免疫调节剂及微生态制剂等。生物制品在《中国药典》（2015 版）中收载于第三部。生化药品与生物制品同属于生物药物。现代的生物药物除了生化药品与生物制品之外，还包括其他一切以生物体、组织或酶为原材料制备的医药产品。因此，生物药物的内涵是相当丰富的。

二、生物药物的特点

（一）药理学特性

生物体的各种物质在体内进行的代谢过程都是相互联系和相互制约的。疾病的发生实际上是受内外环境因素的影响，导致体内代谢过程的相互联系和相互制约平衡关系遭到破坏的结果。这种平衡关系遭到破坏的直接表现就是人体内某一种成分的浓度或活性水平提高或降低。例如，糖尿病与人胰岛合成胰岛素水平下降有关；牛皮癣与白细胞介素-6 的过多分泌有关。生物药物直接或间接来源于生物，其结构和性质与人体存在或多或少的关系，因此，生物药物在人体中具有相对较高的相容性和针对性。具体地说，生物药物主要有以下几个特点。

1. 治疗的针对性强，疗效高

生物药物由于具有与人体的生理活性物质相近或相同的结构和性质，应用于人体以补充、调整、增强、抑制、替换或纠正代谢失调时，必然具有针对性强、疗效高、用量小的特点。例如，细胞色素 c 为细胞呼吸链中重要组成部分，用于治疗因组织缺氧引起的一系列疾病效果显著。

2. 营养价值高，毒副作用小

生物药物中的许多种类，例如氨基酸、蛋白质、糖及核酸等药品本身是维持人体正常代谢的原料，因而生物药物进入人体后，易于被机体吸收利用并参与人体正常代谢与调节。

3. 免疫性副作用常有发生

生物药物虽然直接或间接来源于生物，与人体有一定的亲缘关系，但它毕竟与人体的生理活性物质还存在部分差异，尤以蛋白质大分子最为突出。这种差异的存在，导致在使用生物药物的过程中，有时会产生免疫反应、过敏反应等副作用，使用时要特别注意。

（二）原料的生物学特性

1. 天然来源的原料中药理学活性成分含量低，杂质多

例如，天然来源的人胰岛中胰岛素的含量仅为 0.002%，因此，在生产这类药物时常存在生产工艺复杂、收率低等不足。

2. 来源广泛，多种多样

生产生物药物的原料，可以是来源于人、动物、植物、微生物等天然的生物组织或分泌物，也可来源于人工构建的工程细胞和动植物体。因此，生物药物的生产原料来源广泛。

3. 原料容易腐蚀变质

生物药物及产品均为高营养物质，极易腐败、染菌，被微生物代谢所分解或被自身的代谢酶所破坏，造成有效生物活性成分生物学活性降低或丧失，甚至产生有毒或致敏性物质。因此，对原料保存、加工有严格要求，特别是对温度、时间和无菌操作等提出严格要求。

（三）生产制备过程的特殊性

生物药物多是以其严格的空间构象维持其生理活性，所以，生物药物对热、酸、碱、重金属及 pH 值变化等各种理化因素都较敏感，机械搅拌、压片机冲头的压力、金属器械、空

气、日光等对生物活性都会产生影响。为确保生物药物的有效药理作用，从原料处理、制造工艺过程、贮存、运输和使用等各个环节都要严格控制。为此，生产中对温度、pH 值、溶解氧、溶二氧化碳、生产设备等生产条件及管理，根据产品的特点均有严格的要求，并对制品有效期、贮存条件和使用方法均需做出明确规定。

（四）检测的特殊性

生物药物具有特殊的生理功能及严格的构效关系，与中药与西药相比，生物药物不仅有理化检验指标，更要有生物活性检验指标。

（五）剂型要求的特殊性

生物药物易于被人体的消化系统所降解或变性，因此，生物药物一般不宜采用片剂、口服液等口服剂型，多采用针剂，也有采用皮下吸收等新剂型。生物药物若需采用口服类剂型，则一般需要加保护剂。

三、生物药物的分类

生物药物常用的分类标准有药物的化学本质和化学特性、原料来源、功能和用途等，现分述如下。

（一）按照生物药物的化学本质和化学特性分类

生物药物的分离纯化和检测，离不开对生物药物分子的化学本质与结构的了解。因此，按该标准进行分类，有利于理解生物药物生产和检测方法的适用性。

1. 氨基酸类药物及其衍生物

这类药物包括天然的氨基酸和氨基酸混合物及氨基酸的衍生物。

2. 多肽和蛋白质类药物

多肽和蛋白质类药物共同的化学本质是由氨基酸以 α-肽键形成，因此，各多肽或蛋白质存在性质相似，但分子量与生物功能差异较大的特点。这类药物又可进一步细分为多肽、蛋白质类激素和细胞生长因子三类。

3. 核酸及其降解物和衍生物

这类药物在临床上用得不太多，但最近由于 RNA 干扰技术的问世，为核酸酶的发展提供了极大的空间，成为核酸类药物开发的一个热点。

4. 酶类药物

绝大多数酶都属于蛋白质。由于酶具有特殊的生物催化活性，故将它们从蛋白质中独立出来进行介绍。目前，酶类药物已经广泛用于疾病的诊断和治疗中。

5. 糖类药物

目前，人类对糖类药物的分子基础还知之甚少。从已经了解的有关糖类药物的知识来看，糖类药物在抗凝血、降血脂、抗病毒、抗肿瘤、增强免疫功能和抗衰老等方面具有较强的药理学活性。如肝素有很强的抗凝血作用，广泛用于外科手术；小分子肝素是降血脂和防治冠心病的良药；硫酸软骨素 A、类肝素在降血脂、防治冠心病方面也有一定的疗效；胎盘脂多糖是一种促 B 淋巴细胞分裂剂，能增强机体免疫力。

6. 脂类药物

脂类药物分子的非极性较强，大多不溶于水。不同的脂类药物的分子结构差异较大，生理功能也较为广泛。

7. 抗生素类药物

抗生素类药又叫抗细菌药，也称为"抗细菌剂"，是一类用于抑制细菌生长或杀死细菌的药物。

8. 维生素与辅酶类药物

维生素大多是一类必须由食物提供的小分子化合物，结构差异较大，不是组织细胞的结构成分，不能为机体提供能量，但对机体代谢有重要的调节和整合作用。

9. 生物制品类药物

以细胞或病毒整体为药物的生物制品，还有以人血为基础的血液制品，含有多种分子种类和具有多种功能作用。

（二）按原料来源分类

按原料来源不同进行分类，有利于对同类原料药物的制备方法、原料的综合利用进行研究。

1. 人体来源的生物药物

以人体组织为原料制备的药物疗效好，无毒副作用，但受来源和伦理限制，无法大批量生产。现投产的主要品种仅限于人血液制品、人胎盘制品和人尿制品。现代分子生物学手段的运用解决了人体来源原料受限的难题，保障了临床用药的需求。

2. 动物组织来源的生物药物

该类药物原料来源丰富，价格低廉，可以批量生产，缓解了人体组织原料来源不足的情况。但由于动物和人存在着较大的物种差异，有些药物的疗效低于人类的同类药物，严重者对人体无效。如人胰岛素和牛、猪胰岛素有不同的生物活性，人生长素对侏儒症有效而动物生长素对治疗侏儒症无效且会引起抗原反应。此类药物的生产多经提取、纯化制备而成。天然来源的动物原料，存在成分复杂和有效成分含量低下等多方面缺陷，使得以天然来源的动物原料直接提取纯化药用成分的成本升高。另外，由于越来越多的动物物种由珍贵变成珍稀，使原料的来源也越来越受限。借助现代分子生物学技术，对动物进行改造，以提高其中的药效成分的合成水平，或进行动物细胞与组织培养，以克服原料短缺的不足。因此，现在所说的动物组织来源，既包含天然的动物组织，也包含人工组织。

3. 微生物来源的生物药物

由于微生物生长快，适于大规模工业化生产。因此，微生物来源的生物药物品种最多，用途最广泛，包括各种初级代谢产物、次级代谢产物及工程菌生产的各种人体内活性物质，其产品有氨基酸、蛋白质、酶、糖、抗生素、核酸、维生素、疫苗等。其中以抗生素生产最为典型。受微生物本身遗传特性的限制，野生型微生物合成的药用品种有限，水平偏低。现代基因重组技术很好地解决了这些难题。通过基因重组技术，既可以将微生物本身不含的外源药物基因导入，以增加微生物合成的药物品种，亦可改变微生物的代谢调节方式，使目的药用成分大量合成。

4. 植物来源的生物药物

植物中含有多种具有药理学活性的生物分子，这也是博大精深的中药的基础。国家对中药现代化的重视，为植物来源的生物药物提供了前所未有的契机。中药提取物目前已成为我国药物对外贸易的重要组成部分。植物来源的药物可分为植物生产必需的初级代谢产物和非必需的次级代谢产物两类。据不完全统计，全世界大约有40%的药物来源于植物或以来源于植物的分子为基础人工合成，我国有详细记载的中草药就有近5千种，该类药物的资源十分丰富。随着生命科学技术的发展，转基因植物生产药物技术的成熟，植物来源的药物将会有更大的发展。

5. 海洋生物来源的生物药物

海洋生物，亦包含有海洋动物、植物、微生物。海洋生物与陆地生物相比，在本质上并没有什么不同，只是人类对海洋生物的认识相对要比陆地生物滞后。目前，将海洋生物来源药物单独列为一类进行研究和探索，表现了对海洋生物药物研究的重视。海洋生物物种同样十分繁多，是丰富的药物资源宝库。从海洋生物中分离出来的药物，具有抗菌、抗肿瘤、抗凝血等生理活性。

（三）按功能用途分类

生物药物广泛用于医学的各领域，在疾病的治疗、预防、诊断等方面发挥着重要的作用。按功能用途对生物药物进行分类，有利于方便临床应用。

1. 治疗药物

治疗疾病是生物药物的主要功能。生物药物以其独特的生理调节作用，对许多常见病、多发病、疑难病均有很好的治疗作用，且毒副作用低。如对糖尿病、免疫缺陷病、心脑血管病、内分泌障碍、肿瘤等的治疗效果优于其他类别的药物。

2. 预防药物

对于许多传染性疾病来说，预防比治疗更重要。预防是控制感染性疾病传播的有效手段，常见的预防药物有各种疫苗、类毒素等。疾病的预防方面只有生物药物可担此任。随着现代生物技术应用范围的增大，预防类生物药物的品种和效果都将大为改善和提高，将对降低医疗费用、提高国民身体素质和生活质量起到重要作用。

3. 诊断药物

疾病的临床诊断也是生物药物的重要用途之一，用于诊断的生物药物具有速度快、灵敏度高、特异性强的特点。现已应用的有免疫诊断试剂、酶诊断试剂、单克隆抗体诊断试剂、放射性诊断药物和基因诊断药物等。

4. 其他用途

生物药物在保健品、食品、化妆品、医用材料等方面也有广泛的应用。

四、生物制药工业的发展历史及现状

生物制药是指以生物体为原料或借助生物过程，在人为设定的条件下生产各种生物药物的技术。简单地说，生物制药是生物药物的生产过程，而生物药物则是生物制药的目的或结果。以生物体为原料直接提取药用有效成分的生物制药，亦称为生化制药。利用的生物体包括陆地与海洋的所有动物、植物、微生物，甚至包括人体本身均可作为生物制药的原材料使用。所用的原料一般是天然的，或不需要经过特殊的人工环境就可以获得。生化制药所涉及的技术领域主要包括应用化学技术、生化分离技术等，生产的生物药物包括各种生物组织及代谢产物。

借助生物过程的生物制药，是指利用生物的酶系统，在人工设定的条件下，合成或转化药物。将生物的整体或部分置于人工创造的环境下进行培养，使其合成出所需的目的产物，即利用生物过程合成药物。例如，将产黄青霉置于人为创造的发酵环境中，使其大量合成青霉素的过程；将杂交瘤细胞进行人工培养，以合成所需抗体。其中，利用最普遍的就是微生物细胞。

利用生物过程转化药物，主要指的是生化合成。利用生物细胞产生的酶系统，或利用纯化的酶作为催化剂，催化药物分子的合成。前者将能合成特定酶的生物细胞与待转化的药物分子混合，利用细胞合成并分泌的酶，催化药物分子的合成。该法的优点是不需要对酶进行纯化，可有效降低生产成本。后者则要先将生物合成的酶进行纯化，有时还要对纯化的酶进行必要的处理或修饰，如加保护剂、包埋、固定化等，再利用酶来催化药物分子的合成过程。现代临床上用的甾体激素类药物，如泼尼松龙、可的松等，其原料药多是通过纯酶或微生物的酶系转化而来的。生化合成用于药物分子的合成，往往可以缩短药物生产的工艺流程，节约生产时间，降低生产成本。

根据上述生物制药涵盖的范畴，可以将生物制药工业的发展历史划分为三个时期，简述如下。

（一）传统生物制药技术阶段

传统生物制药技术阶段是指从生物材料粗加工制成粗制剂阶段。如，公元 4 世纪葛洪《肘后备急方》中海藻治瘿病；唐朝孙思邈的羊肝治"雀目"；神农用蟾酥治疗创伤等。长霉的豆腐治疗皮肤病，如疮、痈等；用羚羊角治疗中风；用鸡内金治疗遗尿及健胃消食；用母曲与矾石、谷物混合，在白蜜调和下制成丸剂治疗赤白痢；用秋石（男性尿中沉淀物）治疗类固醇缺乏症；利用痘衣法、旱苗法、水苗法等治疗天花；《本草纲目》中记载用"红曲"

和"神曲"治疗疮、痈、湿热、泻等疾病；Edward Jenner 于 1798 年用牛痘预防天花等。

（二）近代生物制药发展阶段

1. 制药与微生物制药时期

1929 年，Alexander Fleming 在培养金黄色葡萄球菌中发现青霉素；1940 年，Howard Walter Florey 和 Ernest Boris Chain 纯化了青霉素，并用于第二次世界大战时期伤员的救治；1944 年，Selman Abraham Waksman 找到治疗革兰阴性菌感染的抗生素——链霉素，这也是第一个可有效治疗结核病的抗生素；1947 年，找到第一个广谱抗生素，随后，多黏菌素（1947）、金霉素（1948）、新霉素（1949）、制霉菌素（1950）、土霉素（1950）、红霉素（1952）、四环素（1953）、卡那霉素（1957）、去甲基金霉素（1957）等陆续被发现；1957 年，日本木下祝郎实现氨基酸的发酵生产；20 世纪 20 年代，胰岛素、甲状腺素、必需氨基酸、必需脂肪酸、维生素 C 等被发现；50 年代，皮质激素、垂体激素等实现生产；60 年代，酶制剂、维生素等实现生产。

2. 制药工业时代

20 世纪 60 年代后，生物分离工程技术与设备广泛应用，生物化学产品达 600 多种。

3. 现代生物制药阶段

其特点是以基因工程为主导，包括细胞工程、发酵工程、酶工程和组织工程为技术基础。表 1-1-1 简单列举了生物制药近代及现代发展的主要事件。

表 1-1-1　生物制药发展历史

年份	事件
1953	DNA 双螺旋结构确立
1966	破译遗传密码
1970	发现限制性内切酶
1971	第一次完全合成基因
1973	用限制性内切酶和连接酶第一次完成 DNA 的切割和连接,揭开了基因重组的序幕
1975	杂交瘤技术创立,揭开了抗体工程的序幕
1977	第一次在细菌中表达人类基因
1978	基因重组人胰岛素在大肠杆菌中成功表达
1982	美国 FDA 批准了第一个基因重组生物制品胰岛素上市,揭开了生物制药的序幕
1983	PCR 技术出现
1984	嵌合抗体技术创立
1986	人源化抗体技术创立
1986	第一个治疗性单克隆抗体药物(Orthoclone OKT3)获准上市,用于防止肾移植排斥
1986	第一个基因重组疫苗上市,默沙东公司生产的乙肝疫苗(Recombivax-HB)
1986	第一个抗肿瘤生物技术药物干扰素(Intron A)上市
1987	第一个用动物细胞(CHO)表达的基因工程产品 t-PA 上市
1989	目前销售额最大的生物技术药物 EPO-A 获准上市
1990	人源抗体制备技术创立
1994	第一个基因重组嵌合抗体 Reo Pro 上市
1997	第一个肿瘤治疗的治疗性抗体 Rituxan 上市
1998	第一个反义寡核苷酸药物 Vitravene 上市,用于 AIDS 病人由巨细胞病毒引起的视网膜炎的治疗

续表

年份	事件
1998	第一次分离培养了人胚胎干细胞
2002	第一个治疗性人源抗体 Humira 获准上市
2004	中国批准了第一个基因治疗药物重组人 p53 腺病毒注射液
2011	第一个树突状细胞抗肿瘤疫苗上市
2016	细胞自噬的分子机制与生理功能获得阐释
2018	免疫抑制疗法治疗癌症获得诺贝尔生理学奖,揭示癌症最终被攻克的途径必定是生物医药

《中国药典》2015 版第二部收载化学药品、抗生素、生化药品以及放射性药品等，品种共计 2603 种。第三部收载生物制品 137 种，包括四类：①预防类生物制品（含细菌类疫苗、病毒类疫苗），如水痘减毒活疫苗、A 群 C 群脑膜炎球菌多糖结合疫苗；②治疗类生物制品（含抗病毒及抗血清、血液制品、生物技术制品等），如人纤维蛋白黏合剂、注射用重组人白介素-11、静注乙型肝炎人免疫球蛋白；③体内诊断制品；④体外诊断制品。

目前我国生物制药行业已经由投入期向增长期过渡，现已经有一大批的新的特效药物相继研制成功，解决了一些过去不能生产或者生产特别昂贵的药物生产技术问题。近年来，我国开发出一批新的特效药，对肿瘤、心脑血管疾病等具有显著疗效，其中，红细胞生成素、胰岛素、干扰素、生长激素等重要的重组蛋白早已实现产业化，这都充分体现了我国在生物制药领域取得的成绩，表明我国具有发展生物制药产业的潜能。同时，也面临着如研发资金投入比重不足、科研创新能力薄弱、科技成果转化率低和结构不合理等问题。

表 1-1-2 列举了部分《中国药典》2015 版收载的生物药物。

表 1-1-2　《中国药典》2015 版收载的生物药物品种

类别	主要品种或主要新增品种
抗生素	青霉素钠、头孢丙烯颗粒、头孢他啶、头孢地尼、红霉素、哌拉西林、地红霉素、克拉霉素、妥布霉素、乙酰螺旋霉素
生化药品	门冬氨酸、甘氨酰谷氨酸胺、谷氨酸片、乙酰半胱氨酸、肌酐、牛磺酸、辅酶 Q_{10}、精蛋白重组人胰岛素注射液、肝素钠
生物制品	人纤维蛋白黏合剂、注射用重组人白介素-11、水痘减毒活疫苗、静注乙型肝炎人免疫球蛋白(pH4.0)、重组 B 亚单位/菌体霍乱疫苗(肠溶胶囊)、重组人表皮生长因子滴眼液(酵母)、吸附白喉疫苗、皮内注射用卡介苗、乙型脑炎减毒活疫苗、破伤风抗毒素、抗狂犬病血清、乙型肝炎病毒表面抗原诊断试剂盒(酶联免疫法)

五、生物制药的展望

目前生物制药发展的前沿领域如下所述。

1. 融合蛋白

融合蛋白即通过基因重组技术，将两种或多种蛋白质或蛋白质结构域的编码区依该码首尾连接在一起，表达产生的一种新的蛋白质。它在结构和功能上被赋予了与人源化重组蛋白完全不同但又有一定关联的特性，因此，融合蛋白在新生物技术药物的开发上占有重要的地位。

2. 治疗性抗体

人类战胜病魔主要依靠自身免疫系统产生的特异性抗体，在人体免疫功能不足的情况下，补充给予与人体产生的相似或相同的单克隆抗体可以治疗一些疾病，这是被确认的治疗性抗体，其在临床实践中对一些难治性疾病，如癌症、自身免疫性疾病（风湿性关节炎、银屑病）等有很好的疗效。其他在心血管疾病、抗病毒感染及器官移植等方面也有较好的表现。治疗性抗体是世界销售额最高的一类生物技术药物。

3. 疫苗

疫苗可分为传统疫苗（traditional vaccine）和新型疫苗（new generation vaccine）或高技术疫苗两类。传统疫苗主要包括减毒活疫苗、灭活疫苗和亚单位疫苗，新型疫苗主要是基因工程疫苗。如，病毒疫苗临床应用的有甲型 H1N1 流感疫苗，正在研究的有 AIDS 疫苗、SARS 疫苗、人乳头瘤病毒（HPV）疫苗、轮状病毒疫苗等。治疗预防性疫苗如重组幽门螺旋杆菌（Hp）疫苗、乙肝（HBV）治疗性疫苗、针对自身免疫性疾病治疗性疫苗、心血管病疫苗、肿瘤疫苗等。

4. 抗菌肽

抗菌肽（AMPs）是生物体防御外界环境病原体侵袭时产生的一类小分子多肽，广泛存在于动物、植物、微生物中。自 1980 年抗菌肽 Cecropin 发现以来，迄今已从生物体分离出750 多种天然抗菌肽。抗菌肽除了具有抗菌作用以外，有的还有抗病毒、抗寄生虫及抗肿瘤等生物学活性。抗菌肽构成了机体的非特异性第二防御体系，具有分子量低、水溶性好、热稳定、强碱性和广谱抗菌等特点。抗菌肽不同于微生物产生的多肽抗生素，前者不仅有广谱抗菌活性，而且对耐药性细菌也有杀灭作用，因此，抗菌肽被认为是新一代抗生素的理想替代者。

5. RNA 干扰

RNA 干扰（RNAi）是基因治疗的一部分，具有特有的作用机制。我国小干扰核酸药物的研发尚处于临床前阶段，美国已有十几个小干扰核酸药物进入临床研究阶段。该类药物主要用于治疗老年性黄斑症、糖尿病性黄斑水肿、呼吸道合胞体病毒感染、乙肝、艾滋病、实体瘤等。

6. 细胞治疗

细胞治疗是以组织细胞、成体干细胞/前体细胞、胚胎干细胞移植为手段的一种新的生物治疗方法。干细胞分为两类：一类是胚胎干细胞，可以定向分化为所有种类的细胞，甚至可形成复杂的组织和器官；另一类是成体干细胞，它是出生后遗留在机体各组织器官内的干细胞。两类干细胞都在药物开发、细胞治疗和组织器官替代治疗中发挥重要作用，成为人类战胜疾病的有力手段。用人体自身的干细胞治疗自身疾病，不危及自身的健康，不存在免疫排斥问题，因此是理想的医学临床治疗和研究的来源。

7. 基因治疗

基因治疗就是将人正常基因或有治疗作用的基因通过一定的途径导入机体靶细胞以纠正基因缺陷或发挥治疗作用，也就是在分子水平上对疾病产生的基因变化采取针对性的治疗，具有高度的专一性和定位的准确性。由于基因功能学继基因组学、蛋白质组学研究之后才刚刚起步，许多疾病在基因谱上的变化尚没有弄清楚，但在已认知的基础上，仍然取得了很大成绩。

总体上，我国生物制药产业已经进入蛋白质工程药物时代，研究主要集中在发展新型生物技术药物，如疫苗、酶诊断试剂，以及开发活性蛋白与多肽类药物、开发心血管治疗药物、开发肿瘤药为重点的靶向药物，新的高效表达系统的研究与应用、生物药物新剂型等领域。同时对现有传统生产工艺进行改造，如中草药及其有效生物活性成分的发酵生产、抗生素工艺技术改进、应用微生物转化法与酶固定化技术发展氨基酸工业和开发甾体激素等。

 课后习题

一、名词解释

生物药物；生物制药

二、填空题

1. 人类防病、治病的三大药源：_____、_____和_____。

2. 生化药品在《中国药典》2015 版中，归类入第_____部；生物制品归类入第_____部，二者同属于生物药物。

三、问答题

1. 生物药物的特点有哪些？

2. 按照生物药物的化学本质和化学特性分类，可将生物药物分为哪些类别？

3. 简述生物制药工业的发展历史及现状。

单元二
生物制药工艺基本技术

必备知识

一、生物制药上游技术

近 20 年来，以基因工程、细胞工程、酶工程为代表的现代生物技术迅猛发展，人类基因组计划等重大技术相继取得突破，现代生物技术在医学治疗方面广泛应用。生物制药技术是近 20 年兴起的以基因重组、单克隆技术为代表的新一代制药技术。我国已经把生物制药作为高新技术的支柱产业和经济发展的重点建设行业来发展，在一些经济发达或者科技发达的地区，一批国家级的生物制药产业基地纷纷建立，在上海、北京、江苏、辽宁、湖北、湖南等地，一大批生物制药技术骨干企业已经迅速崛起。在此政策的影响下，未来我国具有自主知识产权的生物制药研发将取得显著的成果，一部分产品会进入国际市场，与国际生物制药企业的差距将进一步缩小。

《中国生物制药行业技术研发与新品上市分析报告》显示，国家加大对生物技术创新和生物产业发展的支持力度，使我国生物制药行业保持快速发展势头。数据显示，随着生物医药产品外包的逐渐兴起，生物医药市场开始茁壮成长。自 2003 年以来，全球生物医药市场增速在 10% 以上，而我国的年均增长率更是达到 25% 以上，处于大规模产业化发展阶段。中国生物医药产业 2014 年销售收入已达到 2469 亿元，同比增长 7% 以上，远高于其他制造业。总体而言，中国生物医药产业发展前景看好，未来 5~10 年内将保持平稳增长的良好发展势头。另外，中国生物医药产业的快速发展还受国内外多种因素的助推，如国家的支持、国内外风险投资的增长、大量跨国生物制药公司进入中国，这些都为中国生物制药产业的发展提供了强大动力。"十二五"期间，我国已通过发展资源节约、环境友好的生物制药，完成了医药行业的产业升级和占领了生物制药的制高点。

根据生物制药产业发展的特点，将其分为上游和下游两个阶段。

（一）基因操作技术

基因是细胞内 DNA 分子上具有遗传效应的特定核苷酸序列的总称，是具有遗传效应的 DNA 分子片段。基因控制蛋白质合成，是不同物种以及同一物种的不同个体表现出不同性状的根本原因，即所谓的"种瓜得瓜，种豆得豆""一母生九子，九子各不同"。基因通过 DNA 复制及细胞分裂把遗传信息传递给下一代，并通过控制蛋白质的合成使遗传信息得到表达。

基因克隆技术包括了一系列技术，它大约建立于 20 世纪 70 年代初期。美国斯坦福大学的 P. Berg 等于 1972 年把一种猿猴病毒的 DNA 与 λ 噬菌体 DNA 用同一种限制性内切酶切割后，再用 DNA 连接酶把这两种 DNA 分子连接起来，于是产生了一种新的重组 DNA 分子，从此产生了基因克隆技术。1973 年，S. Cohen 等把一段外源 DNA 片段与质粒 DNA 连接起来，构成了一个重组质粒，并将该重组质粒转入大肠杆菌，第一次完整地建立起了基因克隆体系。

一般来说，基因克隆技术包括把来自不同生物的基因与有自主复制能力的载体 DNA 在体外人工连接，构建成新的重组 DNA，然后送入受体生物中去表达，从而产生遗传物质和状态的转移和重新组合。因此基因克隆技术又称为分子克隆、基因的无性繁殖、基因操作、重组 DNA 技术以及基因工程等。采用重组 DNA 技术，将不同来源的 DNA 分子在体外进行特异切割，重新连接，组装成一个新的杂合 DNA 分子。在此基础上，这个杂合分子能够在一定的宿主细胞中进行扩增，形成大量的子代分子，并依照设计进行目的产物的生产。

1. 目的 DNA 片段的获得

DNA 克隆的第一步是获得包含目的基因在内的一群 DNA 分子，这些 DNA 分子或来自于目的生物基因组 DNA 或来自目的细胞 mRNA（messenger RNA，信使核糖核酸）反转录合成的双链 cDNA（complementary DNA，与 RNA 链互补的单链 DNA）分子。由于基因组 DNA 较大，不利于克隆，因此有必要将其处理成适合克隆的 DNA 小片段，常用的方法有机械切割和核酸限制性内切酶消化等。

一般来说，获取目的基因的方法主要有三种，即反向转录法、从细胞基因组直接分离法和人工化学合成法。若是基因序列已知而且比较小就可用人工化学直接合成。如果基因的两端部分序列已知，根据已知序列设计引物，从基因组 DNA 或 cDNA 中通过 PCR（polymerase chain reaction，聚合酶链式反应）技术可以获得目的基因。化学合成全基因目前是准确率最高、速度最快的方法，同时可以依据密码子在不同宿主细胞的偏爱性和不同的实验需求设计基因序列，提高表达水平。当从组织样品、cDNA 文库无法获得已知序列的基因，或需要特定突变（如经过密码子优化，提高外源表达量）时，全基因化学合成将是不错的选择方案。

基因合成是指在体外人工化学合成双链 DNA 分子的技术，所能合成的长度范围在 50bp（bp，base pair，碱基对）～12kb（kb，千碱基对）。这与寡核苷酸的合成不同，寡核苷酸是单链的，所能合成的最长片段为 100 nt（nucleotide，核苷酸数）左右。相对于从已有生物中获取基因来说，基因合成无需模板，因此不受基因来源的限制。

全基因合成的适用范围：很难克隆的基因或 cDNA；密码子优化以提高基因的表达；重组抗体；预测的基因或 cDNA。基因合成有较大的灵活性，可以对基因的酶切位点和多聚接头进行修改和设计，方便下游的克隆和实验。基因合成周期短，可以保证序列 100％准确无误。

2. 载体的选择

基因工程载体应具有以下基本性质：①在宿主细胞中有独立的复制和表达能力，这样才能使外源重组的 DNA 片段得以扩增。②分子量尽可能小，以利于在宿主细胞中有较多的拷贝，便于结合更大的外源 DNA 片段。同时在实验操作中也不易被机械剪切而破坏。③载体分子中最好具有两个以上的容易检测的遗传标记（如耐药性标记基因），以赋予宿主细胞的不同表型特征（如对抗生素的抗性）。④载体本身最好具有尽可能多的限制酶单一切点，为避开外源 DNA 片段中限制酶位点的干扰提供更大的选择范围。若载体上的单一酶切位点是位于检测表型的标记基因之内可造成插入失活效应，则更有利于重组子的筛选。

DNA 克隆常用的载体有：质粒载体（plasmid），噬菌体载体（phage），柯斯质粒载体（cosmid），单链 DNA 噬菌体载体（ssDNA phage），噬粒载体（phagemid）及酵母人工染色体（YAC）等。总体上讲，根据载体的使用目的，载体可以分为克隆载体、表达载体、测序载体、穿梭载体等。

3. 体外重组

体外重组即在体外将目的片段和载体分子连接的过程。大多数核酸限制性内切酶能够切割 DNA 分子形成黏性末端，用同一种酶或同尾酶切割适当载体的多克隆位点便可获得相同的黏性末端，黏性末端彼此退火，通过 T4 DNA 连接酶的作用便可形成重组体，此为黏末端连接。当目的 DNA 片段为平端时，可以直接与带有平端的载体相连，此为平末端连接，但连接效率比黏末端相连差些。有时为了不同的克隆目的，如将平端 DNA 分子插入到带有黏末端的表达载体实现表达时，则要将平端 DNA 分子通过一些修饰，如同聚物加尾、加衔接物或人工接头、PCR 法引入酶切位点等，可以获得相应的黏末端，然后进行连接，此为修饰黏末端连接。

4. 导入受体细胞

载体 DNA 分子上具有能被原核宿主细胞识别的复制起始位点，因此，可以在原核细胞如大肠杆菌中复制，重组载体中的目的基因随同载体一起被扩增，最终获得大量同一的重组 DNA 分子。

将外源重组 DNA 分子导入原核宿主细胞的方法有转化（transformation）、转染（transfection）和转导（transduction）。重组质粒通过转化技术可以导入到宿主细胞中，同样重组噬菌体 DNA 可以通过转染技术导入。转染效率不高，因此将重组噬菌体 DNA 或柯斯质粒体外包装成有侵染性的噬菌体颗粒，借助这些噬菌体颗粒将重组 DNA 分子导入到宿主细胞转导的技术，这种转导技术的导入效率要比转染的导入效率高。

5. 重组子的筛选

从不同的重组 DNA 分子获得的转化子中鉴定出含有目的基因的转化子（即阳性克隆）的过程就是筛选。目前发展起来的成熟筛选方法如下所述。

（1）插入失活法　外源 DNA 片段插入到位于筛选标记基因（抗生素基因或 β-半乳糖苷酶基因）的多克隆位点后，会造成标记基因失活，表现出转化子相应的抗生素抗性消失或转化子颜色改变，通过这些表现可以初步鉴定出转化子是重组子或非重组子。目前常用的是 β-半乳糖苷酶显色法即蓝白筛选法。

（2）PCR 筛选和限制酶酶切法　提取转化子中的重组 DNA 分子作模板，根据目的基因已知的两端序列设计特异引物，通过 PCR 技术筛选阳性克隆。PCR 法筛选出的阳性克隆，用限制性内切酶酶切法进一步鉴定插入片段的大小。

（3）核酸分子杂交法　制备目的基因特异的核酸探针，通过核酸分子杂交法从众多的转化子中筛选目的克隆。目的基因特异的核酸探针可以是已获得的部分目的基因片段，或目的基因表达蛋白的部分序列反推得到的一群寡聚核苷酸，或其他物种的同源基因。

（4）免疫学筛选法　获得目的基因表达的蛋白抗体，就可以采用免疫学筛选法获得目的基因克隆。这些抗体既可以是从生物本身纯化出目的基因表达蛋白抗体，也可以是从目的基因部分开放阅读框（ORF，open reading frame）片段克隆在表达载体中获得表达蛋白的抗体。

由上述方法获得的阳性克隆最后要进行 DNA 测序分析，以最终确认目的基因。

（二）细胞培养技术

1. 细胞培养简介

细胞培养技术也叫细胞克隆技术，在生物学中的正规名词为细胞培养技术。细胞培养技术可以由一个细胞经过大量培养成为简单的单细胞或极少分化的多细胞。不论是对于整个生物工程技术，还是其中之一的生物克隆技术来说，细胞培养都是一个必不可少的过程，细胞培养本身就是细胞的大规模克隆。细胞培养，既包括微生物细胞的培养，还包括动物和植物细胞的培养。通过细胞培养，可以得到大量的细胞或其代谢产物。生物产品都是从细胞得来，所以，可以说细胞培养技术是生物技术中最核心、最基础的技术之一。

2. 细胞培养技术的优点

细胞培养技术的优点有：①直接观察活细胞的形态结构和生命活动，可用于细胞学、遗传学、免疫学、实验医学和肿瘤学等多种学科的研究。②直接观察细胞的变化，便于摄影。③研究细胞种类，如低等到高等到人类、胚胎到成体、正常组织到肿瘤。④便于使用各种技术和方法，如相差、荧光、电镜、组化、同位素标记等观察和研究细胞状况。⑤是分子生物学和基因工程学的研究对象，也是其主要的组成部分。⑥易于实用物理、化学、生物的实验研究。⑦易于提供大量生物性状相似的实验对象，耗资少，比较经济。⑧成为生物制品单克隆抗体生产和基因工程等的材料来源。

3. 细胞培养技术的缺点

细胞培养技术的不足之处主要有：①组织和细胞离体后独立生存在人工的培养环境中，

虽然是模拟体内环境，但仍有很大差异。因而利用培养细胞做实验时，不应视为与体内细胞完全相同，而把实验结果推测于体内，轻易得出与体内等同的结论。②当原代细胞培养成功以后，随着培养时间的延长和细胞不断分裂，一方面细胞之间相互接触而发生接触性抑制，生长速度减慢甚至停止；另一方面也会因营养不足和代谢物积累而不利于细胞生长或发生中毒。

4. 一般培养方法

一般培养方法有悬浮生长细胞传代培养方法、半悬浮生长细胞传代培养方法和贴壁生长细胞传代培养方法。悬浮生长细胞常采用离心法传代，即以 1000r/min（转/分钟）离心 5min 去上清，沉淀物加新培养液后再混匀传代；半悬浮生长细胞（如 Hela 细胞）虽呈现贴壁生长现象，但贴壁不牢，可用直接吹打法使细胞从瓶壁脱落下来，进行传代；而贴壁生长细胞传代又主要采用酶消化法进行，常用的消化液有 0.25％的胰蛋白酶液。

细胞类型根据是否附于支持物上生长的特性，分为贴附型或附着型和悬浮型。贴附型，即细胞贴附在支持物表面生长，只依赖贴附才能生长的细胞叫做贴附型细胞，这种现象与细胞分化过程有关。

5. 培养步骤

（1）附着型细胞（adherent cell）　附着型细胞的培养步骤为：首先，吸掉旧培养液，用杜氏磷酸盐缓冲液（D-PBS）洗涤细胞 1～2 次，然后加入 trypsin（胰蛋白酶）-EDTA（乙二胺四乙酸）溶液（$1mL/25cm^2$，$2mL/75cm^2$），37℃作用数分钟，于倒置显微镜下观察，当细胞将要分离而呈现圆粒状时，吸掉 trypsin-EDTA 溶液（若不移去 trypsin-EDTA，则在 trypsin-EDTA 作用后，加入适量含血清的新鲜培养基终止 trypsin 作用，离心后再吸掉上清液）。最后，轻拍培养瓶使细胞自瓶壁脱落，加入适量新鲜培养基，以吸管上下吸放数次以打散细胞团块，混合均匀后，依稀释比例转移至新的培养瓶中，以正常培养条件培养。

（2）悬浮型细胞（suspension cell）　悬浮型细胞的培养过程为：吸出细胞培养液，放入离心管中，以 1000r/min 离心 5min；吸掉上清液，加入适量新鲜培养基，混合均匀后，依稀释比例转移至新的培养瓶中，以正常培养条件培养。

为方便描述细胞在培养过程中的形态变化，培养条件合适时，细胞相对稳定，可反映出起源、正常和异常的区别，方可作为判定细胞生物学性状的指标。需要注意的是，一般形态并不是一项可靠指标，要受各方面因素的影响，如反复开关温箱、温度、CO_2 浓度、培养基 pH 值、支原体等。

6. 细胞计数

在细胞培养工作中，常需要了解细胞生活状态和鉴别细胞死活，确定细胞接种浓度和数量以及了解细胞存活率和增殖度，如用酶消化制备的细胞悬液中细胞活力的鉴别、冻存细胞复苏后的活力检测等。细胞悬液制备后，常用活体染料台盼蓝对细胞染色，进行细胞计数。台盼蓝不能透过活细胞正常完整的细胞膜，故活细胞不着色，而死亡细胞的细胞膜通透性增高，可使染料进入细胞内而使细胞着色（蓝色）。细胞计数一般用血细胞计数板，按白细胞计数方法进行计数，便于确定细胞的生活状况。

细胞计数操作如下：

（1）**制备动物细胞悬液**　将动物细胞用生理盐水制备成适当浓度的细胞悬液备用。

（2）**具体细胞计数**　用无水乙醇或 95％乙醇溶液擦拭计数板并用绸布擦净，另擦净盖玻片一张，把盖玻片覆在计数板上面；用滴管吸取 0.4％台盼蓝染液，按 1∶1 比例加入细胞悬液中，从计数板边缘缓缓滴入，使之充满计数板和盖玻片之间的空隙。注意不要使液体流到旁边的凹槽中或带有气泡，否则要重做。稍候片刻，将计数板放在低倍镜下（10×10倍）观察计数；按图 1-2-1 计算计数板的四角大方格（每个大方格又分 16 个小方格）内的细胞数。计数时，只计数完整的细胞，若聚成一团的细胞则按一个细胞进行计数。在一个大方格中，如果有细胞位于线上，一般计上线细胞不计下线细胞、计左线细胞不计右线细胞。两次重复计数误差不应超过±5％。镜下观察，凡折光性强而不着色者为活细胞，染上蓝色者为死细胞。

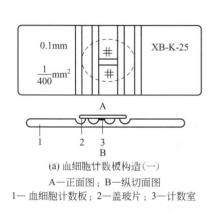
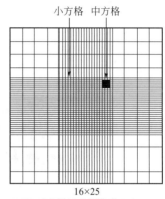

(a) 血细胞计数板构造（一）

A—正面图；B—纵切面图

1— 血细胞计数板；2—盖玻片；3—计数室

(b) 血细胞计数板构造（二）

放大后的方格网，中间大方格为计数室

图 1-2-1　血细胞计数板的构造

计完数后，需换算出每毫升悬液中的细胞数。由于计数板中每一方格的面积为 0.01cm²，高为 0.01cm，这样它的体积为 0.0001cm³，即 0.1mm³。由于 1mL＝1000mm³，所以每一大方格内细胞数×10000＝细胞数/mL，故可按下式计算：

$$\text{细胞悬液细胞数/mL}＝（4 \text{ 个大格细胞总数}/4）×10000$$

如计数前已稀释，可再乘稀释倍数。计数细胞后，计算细胞悬液浓度并求出存活与死亡细胞数的比例。

需注意的是，向计数板中滴细胞悬液时要干净利落，加量要适当，过多易使盖玻片漂移，或淹过盖玻片则失败，过少易出现气泡；镜下计数时，若方格中细胞分布明显不均，说明细胞悬液混合不均匀，需重新将细胞悬液进行混合，再重新计数。

7. 细胞活力检测

在细胞培养过程中，细胞活性的检测至关重要，主要检测方法有：形态学法、MTT（噻唑蓝）法、荧光染色法等。

（1）**形态学法**　根据细胞固有的形态特征，人们已经设计了许多不同的细胞生长过程中形态学检测的方法。

① 光学显微镜和倒置显微镜

对于未染色细胞：凋亡细胞的体积变小、变形，细胞膜完整但出现发泡现象，细胞凋亡晚期可见凋亡小体。贴壁细胞出现皱缩、变圆、脱落。

对于染色细胞：常用姬姆萨染色、瑞氏染色等。凋亡细胞的染色质浓缩、边缘化，核膜裂解，染色质分割成块状和凋亡小体等典型的凋亡形态。

② 荧光显微镜和共聚焦激光扫描显微镜　一般以细胞核染色质的形态学改变为指标来评判细胞凋亡的进展情况。常用的 DNA 特异性染料有：Hoechst 33342，Hoechst 33258，4′,6-二脒基-2-苯基吲哚（DAPI）。这三种染料与 DNA 的结合是非嵌入式的，主要结合在 DNA 的 A-T 碱基区，紫外光激发时发射明亮的蓝色荧光。Hoechst 是与 DNA 特异结合的活性染料，其储存液用蒸馏水配成 1mg/mL 的浓度，使用时用 PBS 稀释成终浓度为 0.5～1mg/mL。DAPI 为半通透性，用于常规固定细胞的染色，其储存液用蒸馏水配成 1mg/mL 的浓度，使用终浓度一般为 0.5～1mg/mL。

结果评判：细胞凋亡过程中细胞核染色质的形态学改变分为三期，即 I 期的细胞核呈波纹状或呈折缝样，部分染色质出现浓缩状态；II a 期细胞核的染色质高度凝聚、边缘化；II b 期的细胞核裂解为碎块，产生凋亡小体（图 1-2-2）。

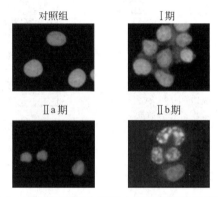

图 1-2-2　Hela 细胞凋亡过程中核染色质的形态学变化

③ 透射电子显微镜观察　结果评判：凋亡细胞体积变小，细胞质浓缩。凋亡 I 期（pro-apoptosis nuclei）的细胞核内染色质高度盘绕，出现许多称为气穴现象（cavitations）的空泡结构图（图 1-2-3）；II a 期细胞核的染色质高度凝聚、边缘化；细胞凋亡的晚期，细胞核裂解为碎块，产生凋亡小体。

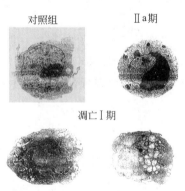

图 1-2-3　电子显微镜观察 Jurkat 细胞凋亡过程中核染色质的形态学改变

（2）MTT 法　MTT 法即噻唑蓝比色法，是通过快速简便的颜色反应来检测细胞存活数量。其原理是 MTT 可作为哺乳类动物细胞线粒体中琥珀酸脱氢酶的底物，当有活细胞存在时，线粒体内琥珀酸脱氢酶可将淡黄色的 MTT（噻唑蓝）还原成蓝紫色的针状甲瓒（Formazan）结晶并沉积在细胞中，结晶物能被二甲基亚砜（DMSO）溶解，用酶联免疫检测仪在 570nm 波长处测定其吸光度值，该值的高低可间接反映活细胞的数量及其活性。目前 MTT 法常用于以下几个方面的研究：①检测细胞活性。常作为细胞毒性试验的一种方法。②体外药物敏感实验。该方法简便、经济、快速，重复性好，所需的细胞数较少，没有放射性，目前广泛地用于临床前的抗癌药物的筛选研究。③一些细胞因子活性的研究。

MTT 法的基本步骤为：首先，将对数生长期细胞用胰酶消化后配制成浓度为（1～10）×10^4 个/L 的细胞悬液，按 1000～10000 个细胞/孔接种于 96 孔板，每孔加 100μL；然后，将平板置 37℃、5% CO_2 湿度培养箱中 24h 后，加入含有不同浓度受试样本的培养液 100μL，每个样本不同浓度设平行的三个孔，对照组加不含样本的培养液 100μL，再放入培养箱中孵育 24～72h；最后，用快速翻板法倒掉培养液，每孔加入新鲜配制的、用无血清 1640 培养基稀释剂 5mg/mL 的 MTT 溶液 100μL，温育 4h，使 MTT 还原为甲瓒。再次倒掉上清液，每孔加 DMSO 200μL，用平板摇床摇匀后，使用酶标仪测定光密度值（OD）（检测波长 570nm），以溶剂对照处理细胞为对照组，计算化合物对细胞的抑制率和半数抑制浓度（IC_{50}）。

（3）荧光染色法　将细胞悬液与能与细胞 DNA 结合的荧光染料混合，应用荧光显微镜观察以显示和计数伴有异常染色质的组织细胞。常用染料为吖啶橙，染色后可以检测整个细胞群中有多少细胞发生了凋亡，但不能区别活细胞和死细胞。因此，将吖啶橙和溴化乙锭混合使用，根据两种染料的吸收情况可鉴定死、活细胞。

荧光染色法操作步骤为：向分装有 1μL 染液的试管内加入 25μL 细胞悬液，轻轻摇匀（所加溶液均置管底），置室温 5～10min；将此混悬液取出 10μL 置于洁净载玻片上，加盖玻片，用荧光显微镜观察。若用吖啶橙作细胞染色，计数 200 个细胞总数，并记录与凋亡细胞的核不同的正常细胞数。吖啶橙插入 DNA 使之呈现绿色荧光，吖啶橙亦能结合至 RNA，但不能插入，使 RNA 呈现红橙色荧光，如此细胞核呈绿色荧光而胞浆呈红橙色荧光。非凋亡细胞（活细胞或死亡细胞）由于活细胞和死亡细胞的细胞核中 DNA 含量不同，与吖啶橙结合量亦不同，导致绿色荧光的强弱也不同，且常染色质与异染色质的荧光密度不同；而凋亡的细胞核则呈均匀密度的荧光，染色质高度浓缩，核外周形成"新月状"，系核本身的荧光染色呈现的明亮球状小体。当细胞的程序性死亡进一步发展后，细胞失去 DNA，或 DNA 断裂包入"凋亡小体"，此时与正常细胞相比失去明亮度。凋亡细胞百分率计算：

$$凋亡细胞(\%) = 具有凋亡核的细胞数/计数的细胞总数 \times 100\%$$

若用吖啶橙和溴化乙锭混合液染色，计数 200 个细胞总数，并分别计数下列 4 种细胞状态的各自数目：①具有正常核的活细胞（VN，明亮的绿色染色质，且具正常的结构）；②含有凋亡核的活细胞（VA，明亮的绿色荧光，且呈高度聚集或断裂）；③具有正常核的死细胞（NVN，明亮的染色质，具有正常结构）；④具有凋亡核的死细胞（NVA，明亮的染色质，高度聚集或断裂）。

与单独吖啶橙染色一样，活细胞和死细胞的细胞核均被染成绿色（DNA 着色），而 RNA 呈红色。因此活细胞被染成绿色的核和红色的胞浆，而死细胞则无红色胞浆。溴化乙锭仅着染死细胞，可使 DNA 染成橘红色，而仅很弱地结合 RNA 使之呈红色。两种染料混合着染后，死细胞将呈现明亮的橘红色染色质（溴化乙锭覆盖吖啶橙所致），且胞浆若有内容物残留可呈暗红色。应用此法，活细胞内正常的或凋亡的核都可呈现绿色，而死细胞中正常或凋亡的核均为鲜橘红色。按下式计算凋亡指数和坏死细胞百分率：

$$凋亡细胞百分率（凋亡指数）=(VA+NVA)/(VN+VA+NVN+NVA)\times100\%$$
$$坏死细胞百分率=NVN/(VN+VA+NVN+NVA)\times100\%$$
$$死细胞百分率=(NVN+NVA)/(VN+VA+NVN+NVA)\times100\%$$

式中，VN为具有正常核的活细胞；VA为含有凋亡核的活细胞；NVN为具有正常核的死细胞；NVA为具有凋亡核的死细胞。

假如细胞已经死亡一定时间，或DNA已经进入凋亡小体，此时细胞可以失去染色质而导致不能精确地检测细胞活性。

8. 细胞冻存与复苏

细胞冻存是长期保存细胞的一种方法，是将细胞放在低温环境中，使细胞进入休眠状态，减少细胞代谢。目前细胞冻存多采用甘油或DMSO作保护剂，这两种物质能提高细胞膜对水的通透性，加上缓慢冷冻可使细胞内的水分渗出细胞外，减少细胞内冰晶的形成，从而减少由于冰晶形成造成的细胞损伤。细胞复苏是将休眠的细胞重新活化，使之重新进入细胞周期，进而分裂产生子细胞，重新获得生物学功能。复苏细胞应采用快速融化的方法，这样可以保证细胞外结晶在很短的时间内即融化，避免由于缓慢融化使水分渗入细胞内形成胞内再结晶而对细胞造成损伤。

细胞冻存和复苏的原则是慢冻快融。当细胞冷却到0℃以下，可以产生以下变化：细胞器脱水，细胞中可溶性物质浓度升高，并在细胞内形成冰晶。如果缓慢冷冻，可使细胞逐步脱水，细胞内不致产生大的冰晶；相反，结晶就大，大结晶会造成细胞膜、细胞器的损伤和破裂。复苏过程应快融，目的是防止小冰晶形成大冰晶，即冰晶的重结晶。

（1）细胞慢冻的一般程序　细胞慢冻程序分为标准程序、简易程序和传统程序。

标准程序采用细胞冻存器，当温度在-25℃以上时，每分钟温度下降1~2℃，当温度达-25℃以下时，每分钟温度下降5~10℃，当温度达-100℃时，可迅速放入液氮中；而简易程序为：将冷冻管（管口要朝上）放入纱布袋内，纱布袋口系上线绳，通过线绳将纱布袋固定于液氮罐罐口，按每分钟温度下降1~2℃的速度，在40min内降至-80℃左右，放置于液氮表面过夜，次晨投入液氮中；传统程序是将冷冻管置于4℃ 10min→-20℃ 30min→-80℃ 16~18min（或隔夜）→液氮罐长期储存。

（2）细胞冻存方法　细胞冻存的方法为：首先，预先配制细胞冻存液，其配方为10% DMSO+细胞生长液（20%血清+基础培养液）和10%甘油+细胞生长液（20%血清+基础培养液）；然后，取对数生长期细胞，经胰酶消化后，加入适量冻存液，用吸管吹打制成细胞悬液（1×10^6~5×10^6细胞/mL）；最后，加入1mL细胞于冻存管中，密封后标记冷冻细胞名称和日期，液氮长期保存。

（3）细胞复苏方法　细胞复苏的方法为：首先，将冻存细胞从液氮中取出后，立即放入37℃水浴中，轻轻摇动冷冻管，使其在1min内全部融化（不要超过3min），实现快速解冻；然后，将解冻后的细胞直接接种到含完全生长培养液的细胞培养瓶中进行培养，24h后再用新鲜完全培养液替换旧培养液，以去除DMSO。如果细胞对冷冻保护剂特别敏感，解冻后的细胞应先通过离心去除冷冻保护剂，然后再接种到含完全生长培养液的培养瓶中。

（三）微生物发酵技术

1. 发酵概述

发酵指人们借助微生物在有氧或无氧条件下的生命活动来制备微生物菌体本身或直接代谢产物或次级代谢产物的过程。通常所说的发酵，多是指生物体对于有机物的某种分解过程，也称发酵工程。

2. 微生物菌种的选育

微生物菌种是决定发酵产品的工业价值以及发酵工程成败的关键，只有具备良好的菌种基础，才能通过改进发酵工艺和设备来获得理想的发酵产品，因此在发酵前期必须进行菌种选育工作。菌种选育工作大幅度提高了微生物发酵的产量，促进了微生物发酵工业的迅速发展。通过菌种选育，抗生素、氨基酸、维生素、药用酶等产物的发酵产量提高了几十倍、几百倍甚至几千倍。菌种选育在提高产品质量、增加品种、改善工艺条件和生产菌的遗传学研究等方面也发挥重大作用。菌种选育的目的是改良菌种的特性，使其符合工业生产的要求。微生物育种技术经历了自然选育、诱变育种、杂交育种、代谢控制育种和基因工程育种五个阶段。

（1）自然选育 在生产过程中，不经过人工诱变处理，根据菌种的自发突变（亦称自然突变）而进行菌种筛选的过程，称为自然选育。由于野生菌株生产能力低，往往不能满足工业上的需要。因为在正常生理条件下，微生物依靠其代谢调节系统趋向于快速生长和繁殖。但是，发酵工业生产需要培养微生物使之积累大量的代谢产物。为此，采用种种措施来打破菌的正常代谢，对代谢流进行调节控制，从而大量积累人们所需要的代谢产物。例如青霉素的原始生产菌种产生黄色色素，使成品带黄色，经过菌种选育，生产菌不再分泌黄色色素；土霉素产生菌在培养过程中产生大量泡沫，经诱变处理后改变了遗传特性，发酵泡沫减少，可节省大量消泡剂并增加培养液的装量。

自然选育包括从自然界分离获得菌株和根据菌种的自发突变进行筛选而获得菌种两种方法。

① 从自然界分离获得菌株 从自然界分离新菌种一般步骤为：采样——→增殖培养——→纯种分离——→性能测定。

ⅰ. 采样。采样地点的确定要根据筛选目的、微生物分布概况及菌种主要特征与外界环境关系等进行综合、具体分析。若不了解生产菌具体来源，一般可从土壤中分离。选好地点后，用小铲去除表土，取离地面5～15cm处的土壤几十克，盛入预先消毒好的牛皮纸袋或塑料袋中，扎好口并记录采样时间、地点、环境情况等，以备考查。

ⅱ. 增殖培养。收集到的样品若含目标菌株较多，可直接进行分离；如含目标菌株很少，则需要进行增殖（富集）培养。增殖培养就是给混合菌群提供一些有利于所需菌株生长或不利于其他菌型生长的条件，以促使目标菌株大量繁殖，从而有利于分离它们。例如筛选纤维素酶产生菌时，以纤维素作为唯一碳源进行增殖培养，使得不能分解纤维素的菌不能生长；除碳源外，微生物对氮源、维生素及金属离子的要求也是不同的，适当地控制这些营养条件对提高分离效果是有好处的。另外，控制增殖培养基pH值，有利于排除不需要的、对酸碱敏感的微生物；添加一些专一性的抑制剂，可提高分离效率，例如在分离放线菌时，可先在土壤样品悬液中加 10%的酚液数滴，以抑制霉菌和细菌的生长；适当控制增殖培养的温度，也是提高分离效率的一条途径。

ⅲ．纯种分离。生产菌自然条件下常与各种菌混杂在一起，需进行分离纯化才能获得纯种，常用方法为单菌落分离法，即把菌种制备成单孢子或单细胞悬浮液，经过适当稀释后，在琼脂平板上进行划线分离。划线法是将含菌样品在固体培养基表面做有规则的划线（有扇形划线法、方格划线法及平行划线法等），菌样经过多次从点到线的稀释，最后经培养得到单菌落；也可以采用稀释法，该法是通过不断地稀释，使被分离的样品分散到最低限度，然后吸取一定量注入平板，使每一微生物都远离其他微生物而单独生长成为菌落，从而得到纯种。划线法简单且较快；稀释法在培养基上分离的菌落单一均匀，获得纯种的概率大，特别适宜于分离具有蔓延性的微生物。

ⅳ．生产性能的测定。纯种分离后得到菌株数量非常大，若做全面或精确的性能测定，工作量十分巨大，且不必要。一般采用初筛和复筛进行反复筛选，直到获得 1～3 株较好的菌株，供发酵条件的摸索和生产试验，进而作为育种的出发菌株。这种直接从自然界分离得到的菌株称为野生型菌株，以区别于用人工育种方法得到的变异菌株（亦称突变株）。

② 从自发突变体中获得菌株　一般微生物可遗传的特性发生变化称为变异，又称突变，是微生物产生变种的根源，同时也是育种的基础。自然突变是指在自然条件下出现的基因变化。目前，发酵工业中使用的生产菌种，几乎都是经过人工诱变处理后获得的突变株。这些突变株是以大量生成某种代谢产物（发酵产物）为目的筛选出来的，属于代谢调节失控菌株。微生物代谢调节系统趋向于最有效地利用环境中的营养物质，优先进行生长和繁殖，而生产菌种常常是打破了原有的代谢调节系统的突变株，常常表现出生活力比野生菌株弱的特点。此外，生产菌种是经人工诱变处理而筛选获得的突变株，其遗传特性往往不够稳定，容易继续发生变异，使得生产菌株呈现出自然变异的特性，如果不及时进行自然选育，通常会导致菌种性能变化，使发酵产量降低，但也有变异使菌种获得优良性能的情况。

（2）诱变育种　自发突变频率较低，经自然选育筛选出来的菌种不能满足育种需要，也不能完全符合工业生产要求，如产量低、副产物多、生长周期长等。因而不能仅停留在"选"种上，还要进行"育"种。如通过诱变剂处理菌株，就可以大大提高菌种的突变频率，扩大变异幅度，从中选出具有优良特性的变异菌株，这种方法就称为诱变育种。通过人工诱变能提高突变频率和扩大变异谱，具有速度快、方法简便等优点，是当前菌种选育的一种主要方法。但诱发突变随机性大，因此必须与大规模的筛选工作相配合才能收到良好的效果。如果筛选方法得当，也有可能定向地获得好的变异株。

诱变育种的主要环节是：首先，以合适的诱变剂处理大量而均匀分散的微生物细胞悬浮液（细胞或孢子），在引起绝大多数细胞致死的同时，使存活个体中 DNA 碱基变异频率大幅度提高；然后，用合适的方法淘汰负变异株，选出极少数性能优良的正变异株，以达到培育优良菌株的目的。

（3）杂交育种　微生物杂交育种最主要的目的在于把不同菌株的优良性状集中于重组体中，克服长期使用诱变剂出现的"疲劳效应"；杂交育种选用已知性状的供体菌和受体菌为亲本，在方向性和自觉性上均比诱变育种前进了一大步。杂交育种包括常规杂交和原生质体融合技术，其中原生质体融合技术近年来发展较为活跃。原生质体融合技术由于可在种内、种间甚至属间进行，不受亲缘关系的影响，遗传信息传递量大，不需了解双亲详细的遗传背景，因而便于操作。

　　原生质体融合技术起源于 1960 年，当时法国 Barski 研究小组在培养两种不同动物细胞混合时发现了自发融合现象；1978 年，在国际工业微生物遗传学讨论会上提出了原生质体的融合问题，使这一技术扩展到了育种领域。1979 年，匈牙利 Pesti 首先采用该技术提高青霉素的产量，使得该技术在工业微生物育种实际工作中得到了应用；日本味之素公司应用该技术使产生氨基酸的短杆菌杂交，获得比原产量高 3 倍的赖氨酸产生菌和苏氨酸高产新菌株；酿酒酵母和糖化酵母的种间杂交，获得了具有糖化和发酵双重能力的菌株；我国上海第三制药厂自 1980 年开始摸索红霉素产生菌的选育，通过诱变、细胞融合、再诱变等几种育种方法相结合，获得了有效成分产量提高 25％的菌株，且由于该菌株发酵液中所含有碍提纯的成分下降至 5％以下，使得得率提高了 13％。近年来，灭活原生质体融合、离子束细胞融合、非对称细胞融合以及基因重排分子育种等新方法相继提出并应用于微生物育种中，这是原生质体融合技术的新发展。

　　(4) 代谢控制育种　代谢控制育种兴起于 20 世纪 50 年代末，以 1957 年谷氨酸代谢控制发酵成功为标志，并促使发酵工业进入代谢控制发酵时期。代谢控制育种的活力在于以诱变育种为基础，获得各种解除或绕过微生物正常代谢途径的突变株，从而人为地使有用产物选择性地大量生成积累，打破了微生物调节这一障碍。从微生物育种史中可以看出，经典的诱变育种是最主要的育种手段，也是最基础的手段，但它具有一定的盲目性。代谢控制育种的崛起标志着育种发展到理性阶段，作为微生物育种最为活跃的领域而得到广泛的应用，它与杂交育种结合在一起，反映了当代微生物育种的主要趋势。代谢育种在工业上应用的例子很多，它提供了大量工业发酵生产菌种，使得氨基酸、核苷酸、抗生素等次级代谢产物产量成倍提高，大大促进了相关产业的发展。

　　(5) 基因工程育种　基因工程育种是指利用基因工程方法对生产菌株进行改造而获得高产工程菌，或者是通过微生物间的转基因而获得新菌种的育种方法。基因工程育种是真正意义上的理性选育，按照人们事先设计和控制的方法进行育种，是当前最先进的育种技术。基因工程菌的构建和应用，已在多方面显示出巨大的生命力。通过基因工程方法生产的药物、疫苗、单克隆抗体及诊断试剂等已有几十种产品批准上市；通过基因工程方法已获得氨基酸类（苏氨酸、精氨酸、蛋氨酸、脯氨酸、组氨酸、色氨酸、苯丙氨酸、赖氨酸、缬氨酸等）、工业用酶制剂（脂肪酶、纤维素酶、乙酰乳酸脱羧酶及淀粉酶等）以及头孢菌素 C 等的工程菌，大幅度提高了生产能力。

3. 微生物菌种的保藏

　　菌种保藏是微生物学检验工作中的一项常规技术。其目的是在人工创造的条件下尽量减慢或停止菌种的生长繁殖，使其处于休眠状态，减低菌种的变异率，在较长时期内保持着生活能力，以便为扩大微生物育种及微生物学研究提供大量可靠的优质菌种。菌种的妥善保藏是良好的实验室管理和实验质量的重要保证。各种微生物菌种保藏方法的主要原理是根据不同微生物的生理生化特点，人为创造缺氧、低温或者干燥的条件，降低微生物的新陈代谢，使其生命活动基本处于停滞或者休眠状态。停止生长繁殖的微生物，其遗传物质自然会更加稳定，因此微生物的性状在这种条件下保持稳定，可达到维持种系的目的。

　　菌种保藏方法大致可以分为两类：①在基质中的低温保藏方法，包括斜面、半固体穿刺、石蜡、沙土管保藏法。这类保藏方法通过稍降低温度辅以缺氧及减少养分供给等方式，以降低微生物的新陈代谢，从而达到较长时间保藏菌种的目的。②在保护剂中超低温保藏，也包括真空干燥冻存法。通过保护剂减少溶液结晶，平衡微生物细胞内外渗透压，保证微生物的生存，同时把温度降低到冰点以下使微生物的新陈代谢完全停止。这类方法虽然操作复杂，要求的硬件条件较高，但可以实现很长时间内保持菌种稳定的目的。

（1）斜面低温保藏法　将待保藏的菌种接种在合适的斜面培养基上，在相应的条件下培养至得到充足的菌体或者孢子，随后密封试管置于4℃左右保存，具体保存温度按照保存菌种设定，保藏时间依微生物的种类从1～4个月不等。此法适用范围广（细菌、霉菌、放线菌、酵母菌均适用），操作简便，成本低廉，恢复方便，人员能随时对微生物的状态进行观察；缺点是保藏时间较短，需要经常传代处理，因连续传代而容易引入基因突变或者杂菌，培养基的理化性质变化及微生物代谢产物等原因还会导致微生物性状发生改变。因此，该法适于短期保存常用菌株。

（2）液体石蜡保藏法　此法是斜面低温保藏法的一种改进，只需将无菌干燥的液体石蜡注入上述培养好的斜面至高于斜面顶端1cm处，再将试管密封，直立于4℃左右冷藏保存，具体保存温度随菌种而变。注意要定期添加石蜡保证斜面处于液面以下。保藏时间至少可达1年（无芽孢细菌、酵母菌）或更长。液体石蜡保藏法基本上克服了斜面低温保藏法保存时间短的缺点，然而液体石蜡保藏法由于要使试管直立保存，因此比较耗费空间，不便于携带。

（3）半固体穿刺保藏法　配制半固体培养基，高压湿热灭菌后倒于无菌试管中至约1/3，待培养基凝固，用接种环从平面培养基上挑取单菌落，穿入培养基若干次。在合适的条件下培养至菌体旺盛生长，之后密封试管，根据菌种特点在4℃左右或者凉爽干燥处保存。保存时间至少可以达到1年，对于有些菌种甚至能达到20年之久。此方法主要适用于大肠杆菌等细菌，操作简便，保存时间较长，适用于实验室使用，保存时注意培养基的营养不宜过于丰富，以进一步降低细菌的代谢。此法也可以用石蜡对培养基进行液封从而延长保藏时间。

（4）沙土管保藏法　用40目筛去除河砂粗粒，用10％盐酸浸泡2～4h以除去有机质，再用自来水冲洗至中性后烘干备用。另取非耕作层的无腐殖质的瘦黄土或者红土，以自来水洗至中性烘干，碾碎过100目筛。将上述沙与土以（2～4）：1的比例混匀，分装于小试管内，每管1g左右，灭菌后烘干备用。将培养成熟、孢子层生长丰富的菌种用无菌水洗下制成孢子悬液，每支沙土管加入0.5mL左右悬液，以沙土刚刚湿润为宜，塞好棉塞置于真空干燥器内，用真空泵抽干水分。沙土管密封后放入冰箱或干燥阴凉处保存。这种方法适用于能产生孢子的微生物，如霉菌、放线菌，因此在抗生素工业生产中应用最广。其保藏效果亦较好，可以达到2年左右。但是此法对于营养细胞效果不好。操作的时候应注意抽干操作务必要快，尽量在12h内完成，以防止孢子萌发，降低保藏效果。

（5）加入保护剂冻存保藏法　体积分数10％～20％甘油是最常见的菌种冻存保护剂。将成熟期菌种培养物制成悬浊液置于冻存管中，加入一定体积的无菌甘油，使甘油的最终体积分数为10％～20％，密封。可根据实验室条件将菌种置于液氮、干冰、-70℃冰箱或者-20℃冰箱中保存，温度越低保存时间越长。脱脂牛乳也可以作为某些菌株的冻存保护剂，用经过脱脂灭菌工序后的鲜牛乳洗去固体培养基上的菌苔，制成菌种悬浊液，于冻存管密封后冷冻保存。加入保护剂冻存的方法操作比较麻烦，对设备要求相对较高，然而此法应用范围极广，除适用于一般微生物菌种保藏外，还适用于一些难以保存的微生物，如支原体、衣原体、氢细菌、噬菌体以及难以形成孢子的霉菌。在低温条件下微生物的代谢完全停滞，因此此法保存时间长，可以使微生物的遗传物质以及表观性状较为稳定。

（6）**冷冻真空干燥保藏法**　将处于成熟期的微生物培养物（若微生物可以产生孢子，则应尽量使微生物大量产生孢子）悬浮于无菌的血清、卵白、脱脂乳或者海藻糖等保护剂中制成浓菌液，分装到无菌的安瓿中，于低温冰箱中冷冻，达到预定温度后对浓菌液进行冷冻干燥处理，之后在真空状态下熔封安瓿，于−20℃保藏。冷冻真空干燥法虽然操作复杂，需要使用冷冻干燥以及抽真空的设备，然而一旦保存好，则可以最大程度地减少微生物的改变、死亡和泄漏扩散，因此适用于大批量菌种的长期保存，特别是一些致病微生物的保存。该法是各种保存方法中最为有效的方法之一，对于大多数微生物都适用，包括一些难以保存的致病菌，如脑膜炎球菌和淋病球菌。

除了上述各种微生物菌种保藏方法外，还有其他如生理盐水、蒸馏水、自然基质等菌种保藏方法。每种方法都有各自的适用范围和优缺点，也有一些共同点，如保藏菌种的生长状态至关重要（一般都要求微生物培养物达到成熟期，或者产生大量孢子），并且在操作过程中无菌操作都要严格规范地进行。若需要长期保藏菌种，则要在开始保藏时抽取菌种检验菌种质量，如冷冻真空保藏法，要在保藏菌株的安瓿制好后立即随机抽取样品开启检测，确定菌种存活情况良好、无变异、无污染后才能开始长期保存。在实践过程中，根据现有条件、实验需要以及微生物的特性应选择至少两种保藏方法，并且要定期复苏保藏的菌种进行质量检验，以确定菌种没有污染、变异或者死亡。

4. 微生物的培养、发酵工程的控制

（1）**发酵类型**　根据发酵原料不同，可分为糖类物质发酵、石油发酵及废水发酵等类型；按发酵产物不同，可分为氨基酸发酵、有机酸发酵、抗生素发酵、酒精发酵、维生素发酵等；按发酵形式不同，可分为固态发酵和液体深层发酵；按发酵工艺流程不同，可分为分批发酵、连续发酵和流加发酵；按发酵过程中对氧的需求不同，可分为厌氧发酵和通风发酵两大类型。

（2）**发酵过程**　对于所有的发酵类型（除一些转化过程外），一个确定的发酵过程基本上由六个部分组成：菌种以及确定的种子培养基和发酵培养基的组成；培养基、发酵罐和辅助设备的灭菌；大规模的有活性、纯种的种子培养物的生产；发酵罐中微生物最优的生长条件下产物的大规模生产；产物的提取、纯化；发酵废液的处理。

（3）**发酵工程的控制**　发酵过程一般来说都是在常温常压下进行的生物化学反应，反应安全，要求条件也比较简单；发酵所用的原料通常以淀粉、糖蜜或其他农副产品为主，只要加入少量的有机和无机氮源就可进行反应。微生物因不同的类别可以有选择地去利用它所需要的营养。基于这一特性，可以利用废水和废物等作为发酵的原料进行生物资源的改造和更新；发酵过程是通过生物体的自动调节方式来完成的，反应的专一性强，因而可以得到较为单一的代谢产物；由于生物体本身所具有的反应机制，能够专一性地和高度选择性地对某些较为复杂的化合物进行特定部位的氧化、还原等化学转化反应，也可以产生比较复杂的高分子化合物；一般情况下，发酵过程中需要特别控制杂菌的产生。通常控制杂菌的方法是对设备进行严格消毒处理，对空气进行加热灭菌操作以及尽可能地采用自动化的方式进行发酵。通常，如果发酵过程中污染了杂菌或者噬菌体，会影响发酵过程的进行，导致发酵产品的产量减少，严重的甚至会导致整个发酵过程失败，发酵产品全部作废；微生物菌种是进行发酵的根本因素，通过变异和菌种筛选，可以获得高产的优良菌株并使生产设备得到充分利用，甚至可以获得按常规方法难以生产的产品；工业发酵与普通发酵相比，对于发酵过程的控制

更为严格，对发酵技术要求更为成熟，并且能够实现大规模生产。

与传统发酵工艺相比，现代发酵工程除上述发酵特征之外更有其优越性。除了使用微生物外，还可以用动植物细胞和酶，也可以用人工构建的"工程菌"来进行反应，反应设备也不只是常规的发酵罐，而是以各种各样的生物反应器代之，自动化、连续化程度高，使发酵水平在原有基础上有所提高和创新。

（四）酶工程技术

1. 酶工程概述

人们将来源于生物体的具有催化功能的物质称为"酶"，其本质是蛋白质，但有些酶是由蛋白质和核酸构成的，个别酶则仅仅是一种有催化作用的核酸。研究酶基本属性的学科称为"酶学"，将对酶的应用研究称为"酶工程"。酶工程就是将酶或者微生物细胞、动植物细胞或细胞器等在一定的生物反应装置中，将相应的原料转化成有用物质并应用于社会生活的一门科学技术，包括酶制剂制备、酶固定化、酶修饰与改造及酶反应器等内容。酶催化效率一般比非酶催化反应高 $10^7 \sim 10^{13}$ 倍；专一性强；反应条件温和。酶工程是生命技术的重要组成部分，也在医药开发、环保和食品等行业发挥着日益重要的作用。

（1）酶的分子改造　分子生物学技术将酶工程带入一个高速发展的阶段。在正常的生物细胞中，由于其内在的活动机制，酶产量的积累是十分有限的。基因工程可以通过对已知相关的酶进行分析，定向地改变酶的性能，比如提高酶的产量、扩大酶的适用范围以及增强酶的活性等。目前国际上知名的工业酶制剂生产商生产的酶制剂的菌株绝大部分都是由基因工程改造而来的。

基因工程虽然能够定向改造酶的活性，但是由于基因工程改变的是酶的核酸序列，对酶的蛋白质结构改变有限，因此对酶的活性提高是有限的。不过随着蛋白质工程进入酶学领域，与基因工程相辅相成地对酶进行改造，提出了蛋白质全新设计的概念。首先根据基因工程分析酶的核酸初始序列，通过三维结构建模分析反馈、调整和修改，最后通过质谱仪等分析设备分析蛋白质产物。蛋白质工程在酶学应用研究的前景十分广阔和诱人。

除了基因工程定向改造和蛋白质全新设计方法以外，酶的分子改造还可以通过人工模拟来完成。将酶的催化活性中心和底物结合位点结合起来组成简单的化合物，这类化合物不含有氨基酸，所以能够比天然酶更能适合环境。固氮酶、过氧化氢酶等已经通过此种方法合成。

（2）酶工程技术在医药开发中的应用　在开发新药方面，除了第四代头孢菌素、脱乙酰头孢菌素以及各种氨基酸和有机酸等传统酶工程药物以外，近年来科学家通过黄青霉素细菌固定化，用来生成头孢菌素前体物和青霉素。核苷酸类药物中的腺嘌呤核苷酸可以通过热水处理产蛋白假丝酵母菌体得到核酸，再经过核酸酶的处理得到。在医疗研究方面，由于人体对外源性酶产生的免疫排斥反应会导致酶的稳定性变差，难以达到病灶部位，固定化酶及人工细胞等技术在临床的治疗中能起到很关键的作用，如将酶固定在生物膜上组装成生物反应器，病人血液通过生物反应器来消除致病因子，从而达到治疗效果。苯丙酮尿症可间接导致儿童智力障碍，该病主要是苯丙氨酸脱氨酶缺乏造成的，如将该酶基因从植物中克隆到乳酸菌中，通过日常食用基因重组的乳酸菌在病患儿童的肠道中发挥治疗作用。由于酶的高效性，可在胰岛素泵中安装含酶的血糖传感器，通过检测血液中的血糖及时调整胰岛素含量来达到治疗目的。

（3）酶工程的发展前景 酶工程是生物技术的一个重要组成部分，研究酶分子机理用于开发新酶是酶工程发展的重要方向。如何让酶的功能充分发挥、如何提高酶的催化效率和适用范围一直是酶工程研究的重要课题。与此同时，利用新技术降低酶的使用价格以便推广这项环保节能的新技术，也是酶工程研究要考虑的重要因素。随着国家大力支持生物产业，酶工程产业获得了极大的发展，人们对酶工程的认识加深，都将对当前酶工程的发展起到巨大的推动作用。

2. 酶的活力测定

酶活力（enzyme activity）也称为酶活性，是指酶催化一定化学反应的能力。酶活力的大小可用在一定条件下，酶催化某一化学反应的速度来表示，酶催化反应速度越大，酶活力越高，反之活力越低。测定酶活力实际就是测定酶促反应的速度。酶促反应速度可用单位时间内、单位体积中底物的减少量或产物的增加量来表示。在一般的酶促反应体系中，底物往往是过量的，测定初速度时，底物减少量占总量的极少部分，不易准确检测，而产物则是从无到有，只要测定方法灵敏，就可准确测定。因此，一般以测定产物的增量来表示酶促反应速度较为合适。

不同酶的测定原理不尽相同。如 Folin-酚法测定蛋白酶是利用在碱性条件下 Folin-酚试剂可被酚类化合物还原成蓝色的钼蓝和钨蓝混合物，而蛋白质分子中有含酚基的氨基酸如酪氨酸、色氨酸等，可使蛋白质及其水解产物呈上述反应，利用此原理测定蛋白酶酶活力。

考马斯亮蓝法是利用考马斯亮蓝染料与蛋白质在酸性条件下结合，主要是染料与蛋白质中的碱性氨基酸（特别是精氨酸）和芳香族氨基酸残基相结合，使染料的最大吸收峰的位置由 465nm 变为 595nm 处，溶液的颜色也由棕黑色变为蓝色，在 595nm 处测定的吸光度值（A_{595}）与蛋白质浓度成正比。

甲醛滴定法测定蛋白酶活性是利用蛋白酶催化蛋白质水解成氨基酸，再用甲醛固定氨基酸的氨基，用 0.1mol/L NaOH 溶液滴定生成的氨基酸，从而测定其酶活力。

DHT-酪蛋白法测定蛋白酶是利用 5-氨基四唑重氮盐可将氨基酸中部分组氨酸和酪氨酸重氮化，得到黄色的重氮 5-氨基四唑酪蛋白（DHT-酪蛋白）。以 DHT-酪蛋白为底物，在蛋白酶作用下，水解生成 DHT-肽，二价镍离子可与 DHT-蛋白或 DHT-肽形成稳定的可溶性红色螯合物，而锌离子可迅速沉淀 DHT-酪蛋白，但不沉淀 DHT-肽。选用合适浓度的锌离子和镍离子作为沉淀剂和显色剂，利用比色法可测定蛋白酶酶活力。

DNA-溴化乙锭荧光分析法测定蛋白酶是利用溴化乙锭插入双链 DNA 的碱基对之间时，可使 DNA 的荧光增加 25 倍。当蛋白质（如组蛋白）与 DNA 结合时，阻止了溴化乙锭的插入，结果荧光消失。组蛋白与 DNA 有非常高的亲和力，组蛋白加入双链 DNA 溶液时，全部结合到 DNA 双链上，溶液中没有游离的组蛋白存在，直到所有结合部位都饱和。接近饱和的溴化乙锭（0.5μg/mL）与 DNA 混合时，其荧光增加量与 DNA 的浓度呈正比。在 DNA-组蛋白-溴化乙锭溶液中加入蛋白酶时，蛋白酶水解结合在 DNA 链上的组蛋白，使 DNA 结合部位暴露出来，溴化乙锭重新插入 DNA 双链中，荧光增加量与蛋白酶活性呈正比。据此，通过测定 DNA 溶液的荧光增量来计算蛋白酶的活性。

X 射线胶片法测定蛋白酶的活力是利用酶的底物明胶涂抹在 X 射线胶片上，当待测酶液滴加到 X 射线胶片上时，酶将 X 射线胶片上的明胶水解，用水冲洗胶片，即可看到胶片上明胶被酶水解的地方出现透明的圆圈。酶活性的高低与透明圆圈的面积成正比。通过测定圆圈的面积可以测定蛋白酶的活性。此法最显著的特点是操作简便、费用低廉，不需价格昂贵的仪器设备；1盒50张（20cm×25cm）的胶片，可作250次分析，每次可测定40个样品；同时测定速度快，1h左右即可测得满意的结果；一次可同时测定若干个样品，而且有较好的重复性。使用X射线胶片法时，待测酶液中不能含有脲或硫氰酸钾，因为3mol/L脲或1mol/L硫氰酸钾缓冲液也能使X射线胶片产生透明圈。若待测液中含有这些物质，测得的结果比实际的酶活力高。

流动注射分析（flow injection analysis，FIA）是近年发展起来的又一项应用广泛的分析测试新技术，具有重复性好、反应迅速、省时、试剂消耗少、适应性广等特点，已广泛用于分析化学、生物化学、临床检验及食品分析等多个领域。该法基本原理是用荧光素异硫氰酸盐（FITC）标记蛋白酶底物牛血清白蛋白（BSA），然后将标记的BSA偶联到2-氟-1-甲基吡啶（FMP）活化的分离胶上，制成分析柱。当含有蛋白酶的溶液流过分析柱时，蛋白酶将标记在BSA上的荧光基团解离下来，通过荧光光度计检测酶解流出液的荧光强度来测定蛋白酶的活性。为了消除样品中可能存在的荧光物质对测定结果的影响，在分析系统中设置一个与分析柱完全一样的对照柱，仅以分离胶代替FITC-BSA-分离胶。待测酶液通过分析柱测得的荧光强度减去待测酶液通过对照柱所测得的荧光强度，即为酶实际水解的荧光素的荧光强度。本法精确度高、结果可靠。因为酶解反应在恒温条件下进行，并设置了对照柱，排除了其他因素的干扰。本法还有自动化程度高、操作简便以及测试费用低等特点。

3. 酶的固定化技术

酶的最大缺点是不稳定，在酸、碱、热及有机溶剂中易发生变性，活性降低或丧失，而且酶反应后，会在溶液中残留，造成酶反应难以连续化、自动化，同时也不利于终产品的分离提纯。酶的固定化是用人工方法把从生物体内提取出来的酶固定在特定的载体上或使酶与酶相交联，酶被限定在一定区域内，但仍保持原有高效、专一、条件温和的催化功能。通常酶是游离的，而经固定化后，酶被束缚在一定区域内，因而这样的酶被称为固定化酶，其在生物、医药等方面得到了广泛应用，是酶工程的核心，有利于实现酶的重复利用及产物与酶的分离。

（1）固定化酶的制备方法

① 吸附法　吸附法可分为物理吸附法和离子吸附法。吸附法较简便，酶活力损失小，但酶与载体作用力小，易脱落。物理吸附法是通过非特异性物理吸附作用，将酶固定到载体表面。载体主要有多孔玻璃、活性炭、酸性白土、高岭土、氧化铝、硅胶、膨润土、羟基磷灰石、磷酸钙、陶瓷、金属氧化物、淀粉、白蛋白、大孔树脂、丁基或己基葡聚糖凝胶、纤维素及其衍生物、甲壳素及其衍生物等。离子吸附法是将酶与含有离子交换基团的水不溶性载体通过静电作用相结合的一种固定化方法。载体包括阴离子交换剂（如DEAE-纤维素、TEAE-纤维素、纤维素-柠檬酸盐、TEAE-葡聚糖凝胶以及Amberlite IRA-93、IRA-410、IRA-900等）和阳离子交换剂（如CM-纤维素和Amberlite CG-50、IRC-50、IR-45、IR-120、IR-200、XE-97以及Dowex-50等）两大类。

② 包埋法　包埋法可分为网格型包埋和微囊型包埋。包埋法较简单，酶活力回收率较高，但发生化学反应时，酶易失活，所以常采用惰性材料作载体；另外，包埋法只适合作用于小分子底物和产物的酶。网格型包埋是将酶包埋在高分子凝胶细微网格中，载体材料有聚

丙烯酰胺、聚乙烯醇、光敏树脂、淀粉、明胶、卡拉胶、火棉胶、胶原、大豆蛋白、壳聚糖、海藻酸钠和角叉菜胶等；微囊型包埋是将酶包埋在高分子半透膜中，载体材料有硝酸纤维素、乙基纤维素、聚苯乙烯、聚甲基丙烯酸甲酯、尼龙膜、聚酰胺、聚脲等。

③ 共价结合法　共价结合法包括载体共价结合和非载体共价结合。共价结合法具有酶与载体结合牢固、不易脱落的优点，但反应条件苛刻、操作复杂、酶活力回收率低，甚至酶的底物专一性有时也会发生变化。载体共价结合是先将载体有关基团活化，然后与酶有关基团发生共价偶联反应，常用的载体有多糖类衍生物、氨基酸的共聚体、聚丙烯酰胺、聚苯乙烯、多孔玻璃、陶瓷、卤乙酰、二嗪基或卤异丁烯基衍生物等；另一种是先在载体上共价连接一个双功能试剂，然后将酶共价偶联到双功能试剂上去，常用的载体有氨基乙基纤维素、DEAE-纤维素、琼脂糖的氨基衍生物、壳聚糖、氨基乙基聚丙烯酰胺、多孔玻璃的氨基硅烷衍生物等。非载体共价结合（也称交联法）是通过双功能或多功能试剂，使酶与酶之间相交联的一种方法。此法不使用载体，作为交联剂的双功能或多功能试剂有戊二醛、甲苯-2，4-二异氰酸酯、双重氮联苯胺、Tris 等，其中最常用的是戊二醛。

④ 结晶法　结晶法是利用酶结晶而实现酶的固定化的方法。对于晶体来说，载体就是酶蛋白本身。结晶法提供了非常高的酶浓度，因此提高了单位体积的酶活力，对于活力较低的酶更具优越性；但在循环使用过程中，酶会有损耗，从而使得固定化酶浓度逐渐降低。

⑤ 分散法　分散法是使酶分散于水不溶相中，从而实现酶的固定化。对于在水不溶的有机相中进行的反应，最简单的固定化方法是将酶的干粉悬浮于溶剂中；但如果酶分布得不好，则会引起传质现象，导致酶活力降低。

⑥ 热处理法　热处理法是将含有酶的细胞在一定的温度下加热一段时间，使酶固定在菌体内的固定化方法。热处理法只适合热稳定性较好的酶。在加热处理时，要掌握好温度和时间，以免引起酶的变性失活。

⑦ 其他方法　除上述介绍的几类方法外，还有纳米技术处理法、超声波处理法、磁处理法、电处理法、辐射处理法和等离子体处理法等。纳米技术处理法是将酶与纳米材料相结合，制备成纳米固定化酶。由于纳米材料的特殊理化效应，纳米固定化酶可以提高酶活性、优化酶的理化性质、加快酶反应速度、提高酶稳定性等，进而可提高酶的利用率和生产效率。超声波处理法是利用超声波使高分子主链均裂，产生自由引发功能性单体，再聚合成嵌段共聚物载体来固定酶。磁处理法是利用磁性体 Fe_3O_4 与聚苯乙烯、含醛基聚合物等载体一起溶解混合后，再除去溶剂，可获得磁性载体。磁性高分子微球是指内部含有磁性金属或金属氧化物（如铁、钴、镍及其氧化物）而具有磁响应性的超细粉末，也可作为磁性载体。磁性载体固定化酶具有磁响应性，可借助外部磁场简便地进行酶回收。电处理法是利用电聚合物作为酶固定化载体，特别有利于酶电极类生物传感器的制备，这方面的应用目标主要是生物医学检测。辐射处理法是利用 γ 射线引发丙烯醛与聚乙烯膜接枝聚合后，活性醛基可共价固定化葡萄糖氧化酶。^{60}Co 辐照冰冻态水溶性单体与酶的水溶液混合体时，将使单体聚合与酶固定化同步完成，其回到常温时，因冰融化而形成的多孔结构非常有利于底物与产物的扩散，并可提高酶的活性。等离子体处理法是用等离子体活化处理聚丙烯膜接枝丙烯酸后，可用于固定化胰蛋白酶，等离子体引发的丙烯酰胺聚合可包埋固定葡萄糖氧化酶。此外，还有制备光敏载体、温敏载体、阵列式微囊载体等固定化酶的方法。上述各种方法各有其优缺点，实际应用时，常将两种或多种方法结合使用，例如吸附-交联法、包埋-交联法等。

（2）固定化酶的优缺点　与游离酶相比，固定化酶具有以下优点：酶的稳定性提高，对温度和 pH 的适应范围增大，对抑制剂和蛋白酶的敏感性降低；酶反应条件容易控制，反应完成后，酶回收较简单，可重复使用，同时便于产品的分离和纯化，提高产物质量；可实现批量或连续操作，适于产业化、连续化、自动化生产。但固定化酶也存在以下局限性：酶活力有所损失；较适合于小分子底物，大分子底物基本无法进行反应；不适于多酶反应体系等。

（3）固定化酶的发展方向　固定化酶在工业中的应用日益广泛，它简化了工艺、降低了成本、减少了污染，特别是用化学工艺很难进行的操作，用固定化酶较容易解决，它的应用前景很好。酶固定化的发展方向主要有：①建立多酶固定化系统。一种固定化酶只能用于特定的单步反应，采用固定化细胞技术可省去酶分离纯化的时间和费用，并可同时进行多酶反应，可保持酶在细胞中的原始形态，增加了酶的稳定性。②探索新型载体。进一步对天然高分子载体的不断挖掘和探究，对其进行改性，或利用超临界技术、纳米技术、膜技术等来固定化酶，解决固定化酶的稳定性和高效性。③开发新型、高效的固定化酶反应器。一方面反应器还应该包括酶辅因子再生系统，保证需要辅酶的酶正常发挥作用；另一方面直接将使用遗传工程技术培养的优良菌株、固定化技术和连续反应器巧妙结合，简化生产过程。

二、生物制药下游技术

（一）生物制药原料的选择、处理与有效成分提取

1. 原料的来源

生物制药原料主要源于动物、海洋生物、植物和微生物等。

2. 生物药物原料的选择、预处理与保存方法

原材料和药物种类及性质各不相同，提取和分离方法也有很大差异。

（1）原料选择原则　生物制药原料的选择原则主要有：有效成分含量高，原料新鲜，来源丰富、易得，产地较近，原料杂质含量少，成本低。

（2）预处理与保存　生物制药原料在进行药物分离纯化前要进行适当的预处理，如动物原料在采集后要立即去除结缔组织、脂肪组织等不用的成分，将有用成分保鲜处理；微生物原料要及时将菌体与培养液分开，进行保鲜处理。预处理后将新鲜的原料进行保存，常见的保存方法有冷冻法、有机溶剂脱水法和防腐剂保鲜法等，冷冻法适用于所有生物原料，保存温度为 -40℃；有机溶剂脱水法常用有机溶剂为丙酮，适用于原料少而价值高、有机溶剂对原料生物活性无影响的原料；防腐剂保鲜法，常用乙醇、苯酚等防腐剂，适用于液体原料，如发酵液、提取液等。

3. 组织与细胞的破碎及其原料的提取

提取方法选择的原则有：针对生物材料和目的物的性质选择合适的溶剂系统与提取条件；同时要有生物活性物质的保护措施；采用缓冲系统，添加保护剂，抑制水解酶的作用，其他措施如避免紫外光、强烈搅拌、过酸、过碱或高温等。

（1）组织与细胞的破碎　若有效成分存在于细胞内部，则要将细胞破碎释放出有效成分

到水相中。常用破碎方法有：珠磨法、撞击破碎法、高压匀浆法、反复冻融法、超声波破碎法、酶解法、渗透压冲击法、化学试剂法、干燥法等。若有效成分为胞外产物，则跳过此步骤。

（2）原料的提取　根据目的产物的理化性质选择提取方法，如用酸、碱、盐水溶液提取；用表面活性剂提取；有机溶剂提取（固-液提取、液-液萃取）；双水相萃取；超临界萃取，试剂常用水、缓冲溶液、盐溶液、乙醇、有机溶剂（氯仿、丙酮）等。

各种提取方法的原理和适用情况各不相同，这里以表面活性剂法为例进行简单介绍。表面活性剂提取法中表面活性剂分子兼有亲水与疏水基团，在分布于水-油界面时有分散、乳化和增溶作用。表面活性剂可分为阴离子型、阳离子型、中性与非离子型。离子型表面活性剂作用强，但易引起蛋白质等生物大分子的变性；非离子型表面活性剂变性作用小，适合于用水、盐系统无法提取的蛋白质或酶的提取。阴离子表面活性剂 SDS（十二烷基磺酸钠）可以破坏核酸与蛋白质的离子键合，对核酸酶又有一定抑制作用，因此常用于核酸的提取。

此外，提取剂的用量、提取次数、生产周期、产品回收率、产品活性等工业指标也是选择提取方法时的重要因素。

4. 细胞破碎技术

某些目的药物，如胞外酶、青霉素等物质代谢后存在于细胞外的液相中称为胞外产物，这种情况容易获得含目的产物的澄清溶液，便于提取，节约成本。但还有很多动植物提取物如胰岛素、干扰素等存在于细胞内，若分离提取这些胞内产物，必须先破碎细胞，使目的产物释放到液相，再后继处理。不同生物体或同一生物体不同组织破碎方法不完全相同，动物的脏器组织常用机械法破碎；植物肉质组织可以磨碎；许多微生物具有坚韧的细胞壁，常用自溶、反复冻融、加砂研磨、超声波、加压处理等破碎方法。

（1）机械法　主要通过机械力的作用使组织粉碎。粉碎少量原料时，可使用高速组织捣碎机（10000r/min）、匀浆器、研钵、研船等。工业生产上常用的粉碎设备有电磨机、珠磨机、万能粉碎机、绞肉机、击碎机等。一般脏器组织的粉碎多用绞肉机，冰冻状态绞碎效果更好。达到要求的破碎细胞程度时，可换用匀浆机。目前生化药厂破碎胰脏采用刨胰机，将冷冻胰脏切成薄片进行提取，对于获得较高的胰岛素收率有良好效果。

（2）物理法　物理法有超声波处理法、反复冻融法、干燥法和渗透压冲击法等。

当通过超声探头向悬浮液输入声能，大量声能转化成弹性波形式的机械能，引起局部的剪切梯度，使细胞破碎。为避免破碎过程中高温致生物产品失活，在破碎池中设计了冷却水夹套，并在开始时先把悬浮液冷却至 0～5℃，且不断将冷却液连续通过夹套。为提高破碎效率，在破碎池中可添加细小的球粒（可以是钢制的或玻璃的），以产生"研磨"效应，提高细胞破碎率。

反复冻融法是将待破碎细胞在−20～−15℃条件下冷冻，然后放于室温或 40℃迅速融化，反复冻融几次。该法的工作原理是：冷冻融化过程会使细胞膜的疏水键遭到破坏，从而使膜的疏水性增强，当胞内水形成冰晶粒后，会造成细胞内盐分浓度加大，引起细胞溶胀，反复多次冻融后，会致细胞破碎，细胞内产物流出。

干燥法是将待破碎细胞用不同方法进行干燥，菌体细胞失水，细胞内盐分浓度增大，细胞渗透性发生变化，然后用丙酮、乙醇或缓冲溶液等溶剂抽提胞内物质。干燥的方法有空气干燥、真空干燥、冷冻干燥等。对不稳定生化物质进行干燥时，常加入半胱氨酸、巯基乙醇和亚硫酸钠等还原剂进行保护。

菌体细胞膜是天然半透膜，把待破碎细胞经一定浓度甘油或蔗糖溶液处理，在高渗透压溶液中细胞脱水，细胞质变稠，发生质壁分离。然后转入低渗透压溶液中或缓冲溶液中，细胞快速吸水膨胀而破裂，使胞内物质释放到溶液中。用渗透压冲击法处理大肠杆菌时，可使磷酸酯酶、核糖核酸酶和脱氧核糖核酸酶等释放至溶液中。蛋白质释放量一般为菌体蛋白总量的 $4\%\sim7\%$。但此法对革兰阳性菌不适用。

（3）化学与生物学方法　化学与生物学方法主要有酶溶法和化学渗透法。

酶溶法是利用细胞壁水解酶使细胞壁溶解，释放出胞内物质的方法。根据菌体不同的细胞壁结构选用特定的溶解酶。针对细菌细胞壁的结构和组成，使用酶溶解细菌细胞壁时，通常选用两种以上的酶协同作用，使溶解作用增强。酶溶法的优点有：对设备的要求低，能耗小；抽提的速率和收率高；产品的完整性好；对 pH 值和温度等外界条件要求低；由于细胞壁被溶解，不残留碎片，有利于提纯。但是酶溶法受酶的费用限制。

化学渗透法的应用也较为广泛，例如在发酵液中添加酸碱、脂溶性有机溶剂（甲苯、丁醇、丙酮、氯仿等）和某些表面活性剂，改变菌体细胞壁或膜的通透性，使细胞壁破裂，胞内物质释放出来。酸碱用来调节溶液的 pH 值，改变细胞所处的环境，从而改变蛋白质的电荷性质，使蛋白质和蛋白质之间或蛋白质与其他物质之间的作用力降低而溶解到液相中去，便于后面的提取。有机溶剂被细胞壁吸收后，会使细胞壁膨胀或溶解，导致破裂，把胞内产物释放到水相中去。选用溶剂的基本原则是"相似相溶"，即选用与细胞壁中脂质溶解度参数相似的溶剂作为细胞破碎的溶剂。

5. 液-固分离技术

生物制药产品的固-液分离方法与化工单元操作中的非均相物系分离方法基本相同，但由于发酵液或细胞培养液种类多、黏度大和成分复杂，其固液分离又很困难。特别是当固体微粒主要是细胞、细胞碎片及沉淀蛋白类物质时，由于这些物质具有可压缩性，给固液分离增加了困难。固液分离的好坏将影响料液的进一步处理。生物制药产品通常利用机械方法进行固液分离。

（1）过滤　实现过滤操作的外力是过滤介质两侧的压力差，压差可以通过重力、加压、抽真空来获得。依据过滤介质所起主要作用不同可分为饼层过滤或深床过滤；依据提供外力方式不同又可分为常压过滤和真空抽滤；依据过滤时外加压力和流速的不同，可分为恒压过滤（用压缩空气或真空作为推动力）、恒速过滤（常用定容泵来输送料液）和变速-变压过滤操作方式（用离心泵）3 种。在生化产品生产中，真空抽滤应用较多。常用过滤设备有板框过滤机、真空转鼓过滤机等。

（2）沉降　沉降在实现固液分离时，不需要过滤介质，离心机的转鼓上不开设小孔，在离心力的作用下，物料按密度的大小不同分层沉降而得以分离，可用于液-固、液-液、液-液-固物料的分离。工业上较为常用的离心沉降设备有管式离心机和倾析式离心机。管式离心机除可用于微生物细胞的分离外，还可用于细胞碎片、细胞器、病毒、蛋白质、核酸等的分离。倾析式离心机一般适合于处理含固形物较多的悬浮液的分离，不适合于细菌、酵母菌等微小微生物悬浮液的分离。

（3）离心过滤　离心过滤在实现固液分离时需要过滤介质，离心机的转鼓上开有小孔，在离心力的作用下，液体穿过过滤介质经转鼓上的小孔流出，固体则吸附在滤布上形成滤饼层，从而实现固液分离。以后液体要依次流经饼层、滤布再经小孔排出，滤饼层随过滤时间的延长而逐渐加厚，至一定厚度后停止过滤，进行卸料处理后再转入过滤操作。工业上较为常见的离心过滤设备是碟片式离心机，适用于含细菌、酵母菌、放线菌等多种微生物细胞的悬浮液及细胞碎片悬浮液的分离。

（二）萃取技术

1. 概述

萃取是利用液体或超临界流体为溶剂提取原料中目标产物的分离纯化操作，其中至少有一相为流体，一般称该流体为萃取剂。以液体为萃取剂时，如果含有目标产物的原料也为液体，则称此操作为液-液萃取；如果含有目标产物的原料为固体，则称此操作为液-固萃取或浸取。以超临界流体为萃取剂时，含有目标产物的原料可以是液体，也可以是固体，称此操作为超临界流体萃取。

萃取可分为物理萃取和化学萃取两大类。溶质根据相似相溶的原理在两相间达到分配平衡，萃取剂与溶质之间不发生化学反应的过程叫做物理萃取。例如，利用乙酸丁酯萃取发酵液中的青霉素即属于此类，它广泛应用于石油化工和抗生素及天然植物中有效成分的提取过程。化学萃取主要用于金属的提取，也可用于氨基酸、抗生素和有机酸等生物产物的分离回收。它是利用脂溶性萃取剂与溶质之间的化学反应生成脂溶性复合分子，实现溶质向有机相的分配。萃取剂与溶质之间的化学反应包括离子交换和络合反应等。化学萃取中通常用煤油、己烷、四氯化碳和苯等有机溶剂溶解萃取剂，改善萃取相的物理性质，此时的有机溶剂称为稀释剂。

2. 溶剂萃取法

溶剂萃取法又称为液-液萃取，它是利用溶质在两个互不混溶的溶剂中溶解度的差异将溶质从一个溶剂相向另一个溶剂相转移的操作。影响液-液萃取的因素主要有目的物在两相的分配比（分配系数 K）和有机溶剂的用量等。分配系数 K 值增大，提取效率也增大，萃取就易于进行完全。当 K 值较小时，可以适当增加有机溶剂用量来提高萃取率，但有机溶剂用量增加会增加后处理的工作量，因此在实际工作中，常常采取分次加入溶剂、连续多次提取来提高萃取率。

溶剂萃取要注意 pH、中性盐、温度、乳化以及萃取溶剂等因素的影响。

在萃取操作中正确选择 pH 值很重要。因为在水溶液中某些酸、碱物质会解离，在萃取时改变了分配系数，直接影响提取效率。所以萃取具有酸、碱基团的物质时，酸性物质在酸性条件下萃取，碱性物质在碱性条件下萃取，对氨基酸等两性电解质，则采用 pH 值在等电点（pI）时进行提取较好；加入中性盐如硫酸铵、氯化钠等可以使一些生化物质溶解度减小。在提取液中加入中性盐，可以促使生化物质转入有机相从而提高萃取率。盐析作用也能减小有机溶剂在水中的溶解度，使提取液中的水分含量减少；温度升高可使生化物质不稳定，又易使有机溶剂挥发，所以一般在室温或低温下进行萃取操作。在溶剂萃取过程中，两相界面上经常会产生乳化现象。乳化是指液体以细小液滴的形式分散在另一不相溶的液体中，例如水以细小液滴的形式分散在有机相中，或有机溶剂以细小液滴的形式分散在水相中。在发酵液的溶剂萃取中产生乳化现象后，使水相和有机相分层困难，影响萃取分离操作的进行，它可能产生两种夹带：萃余相中夹带溶剂，目标产物的收益率降低；萃取相中夹带发酵液，给分离提纯制造困难。选用溶剂必须具有较高选择性，各种溶质在所选溶剂中的分配系数差异愈大愈好；选用的溶剂，在萃取后，溶质与溶剂要容易分离与回收；两种溶剂密度相差不大时，易形成乳化，不利于萃取液的分离，选用溶剂时应注意；要选用无毒、不易燃烧的价廉易得的溶剂。

3. 双水相萃取法

双水相萃取是新型的分离技术之一，其特点是能够保持生物物质的活性和构象，蛋白质的提取率提高 2～5 倍，设备需要量是原分离技术的 $\frac{1}{10}$～$\frac{1}{3}$。双水相萃取技术在生物分离过程中的应用为蛋白质特别是胞内蛋白质的分离开辟了新途径。

（1）双水相萃取原理 双水相系统是指某些亲水性聚合物之间或亲水性聚合物与无机盐之间，在水中超过一定的浓度溶解后形成不相溶的两相，并且两相中水分均占很大比例。典型的例子是聚乙二醇（PEG）和葡聚糖（Dx）形成的双水相系统。在聚乙二醇和葡聚糖溶解过程中，当各种溶质均在低浓度时，可得到单相均质液体，超过一定浓度后，溶液会变混浊，静置后可形成两个液层，上层富集了 PEG、下层富集了 Dx，两个不相混合的液相达到平衡。典型双水相系统示意见图 1-2-4。这两个亲水成分的非互溶性，是它们各自有不同的分子结构而产生的相互排斥来决定的。Dx 是一种几乎不能形成偶极现象的球形分子，而PEG 是一种共享电子对的高密度聚合物。一种聚合物的周围将聚集同种分子而排斥异种分子，当达到平衡时，即形成分别富含不同聚合物的两相。

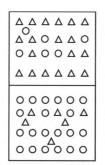

上层组成

　　5%PEG，2%葡聚糖，93%水

下层组成

　　3%PEG，7%葡聚糖，90%水

图 1-2-4　典型双水相系统示意图

这种聚合物分子的溶液发生分相的现象，称为聚合物的不相容性。高聚物-高聚物双水相萃取系统的形成就是依据这一特性。可形成高聚物-高聚物双水相的物质很多，表 1-2-1 列出了常见的双水相系统。其中最常用的是 PEG-Dx 系统。除高聚物-高聚物双水相系统外，聚合物与无机盐的混合溶液也可形成双水相；其成相机理大多数学者认为是盐析作用；最常用的是 PEG-无机盐系统，其上相富含 PEG、下相富含无机盐。

在双水相系统中，两相的水分都在 85％～95％，且成相的高聚物与无机盐都是生物相容的，生物活性物质或细胞在这种环境下不仅不会丧失活性，而且还会提高它们的稳定性，因此双水相系统在生物技术领域得到越来越多的应用。

（2）影响双水相萃取的因素 影响双水相萃取的因素很多，主要有组成双水相系统的高聚物平均分子量和浓度、成相盐的种类和浓度、pH 值以及体系的温度等。

表 1-2-1　常见的双水相系统

类型	聚合物 1	聚合物 2 或盐
A	聚丙二醇	聚乙二醇 聚乙烯醇 葡聚糖
	聚乙二醇	聚乙烯醇 葡聚糖 聚乙烯吡咯烷酮
B	硫酸葡聚糖钠盐 羟甲基葡聚糖钠盐	聚丙烯乙二醇 甲基纤维素
C	羟甲基葡聚糖钠盐	羧甲基纤维素钠盐
D	聚乙二醇 聚乙二醇 聚乙二醇	磷酸钾 硫酸铵 硫酸钠

① 分子量与浓度　组成双水相系统高聚物的平均分子量和浓度是影响双水相萃取分配系数的最重要因素，在成相高聚物浓度保持不变的前提下，降低该高聚物的分子量，则可溶性大分子如蛋白质或核酸，或颗粒如细胞或细胞器易分配于富含该高聚物的相中。对 PEG-Dx 系统而言，上相富含 PEG，若降低 PEG 的分子量，则分配系数增大；下相富含 Dx，若降低 Dx 的分子量，则分配系数减小，这是一条普遍规律。

② 临界点　当成相系统的总浓度增大时，系统远离临界点。蛋白质分子的分配系数在临界点处的值为 1，偏离临界点时的值大于 1 或小于 1。因此成相系统的总浓度越高，偏离临界点越远，蛋白质越容易分配于其中的某一相。细胞等颗粒在临界点附近，大多分配于一相中，而不吸附于界面。随着成相系统的总浓度增大，界面张力增大，细胞或固体颗粒容易吸附在界面上，给萃取操作带来困难，但对于可溶性蛋白质，这种界面吸附现象很少发生。

盐的种类和浓度对双水相萃取的影响主要反映在两个方面，一方面由于盐的正负离子在两相间的分配系数不同，两相间形成电势差，从而影响带电生物大分子在两相中的分配。例如在 8% 聚乙二醇-8% 葡聚糖、0.5mmol/L 磷酸钠、pH6.9 的体系中，溶菌酶带正电荷分配在上相，卵蛋白带负电荷分配在下相。当加入浓度低于 50mmol/L 的 NaCl 时，上相电位低于下相电位，使溶菌酶的分配系数增大、卵蛋白的分配系数减小。另一方面，当盐的浓度很大时，由于强烈的盐析作用，蛋白质易分配于上相，分配系数几乎随盐浓度成指数增加，此时分配系数与蛋白质浓度有关。不同的蛋白质随盐的浓度增加分配系数增大程度各不相同，利用此性质可有效地萃取分离不同的蛋白质。

③ pH 值　pH 值会影响蛋白质分子中可离解基团的离解度，调节 pH 值可改变蛋白质分子的表面电荷数，电荷数的改变必然改变蛋白质在两相中的分配。另外，pH 值影响磷酸盐的解离，改变磷酸二氢根离子和磷酸氢根离子之间的比例，从而影响聚乙二醇-磷酸钾系统的相间电位和蛋白质的分配系数。对某些蛋白质，pH 值的微小变化会使蛋白质的分配系数改变 2~3 个数量级。

④ 温度　温度会影响双组分系统的相图，因而影响蛋白质的分配系数。特别是在临界点附近，即使系统温度较小的变化，也可以强烈影响临界点附近相的组成。当双水相系统离临界点足够远时，温度的影响很小。由于双水相系统中成相聚合物对生物活性物质有稳定作

用，常温下蛋白质不会失活或变性，活性效率依然很高。因此大规模双水相萃取一般在室温下操作，节约了冷却费用，同时室温下溶液黏度较低，有利于相分离。

（三）固相析出分离技术

固相析出分离技术又称为沉淀法，它是通过改变条件或加入某种试剂，使发酵溶液中的溶质由液相转变为固相的过程。生物制药分离纯化中最常用的几种固相析出分离方法是：盐析、结晶、有机溶剂沉淀、等电点沉淀、亲和沉淀、表面活性剂沉淀。

1. 盐析技术

中性盐对蛋白质的溶解度有显著影响，一般在低盐浓度下随着盐浓度升高，蛋白质的溶解度增加，称为"盐溶"；当盐浓度继续升高时，蛋白质的溶解度呈不同程度下降并先后析出，这种现象称"盐析"。盐析沉淀的蛋白质，经透析除盐，可恢复蛋白质的活性。除蛋白质和酶以外，多肽、多糖和核酸等都可以用盐析法进行沉淀分离，20％～40％饱和度的硫酸铵可以使许多病毒沉淀，43％饱和度的硫酸铵可以使 DNA 和 rRNA 沉淀，而 tRNA 保留在上清液中。盐析法突出的优点是：成本低，不需要特别昂贵的设备；操作简单、安全；对许多生物活性物质具有稳定作用。常用于各种蛋白质和酶的分离纯化。盐析法中常用的中性盐有硫酸铵、硫酸钠、磷酸二氢钠等。

（1）基本原理　蛋白质和酶均易溶于水，因为它们分子中的—COOH、—NH$_2$ 和—OH都是亲水基团，这些基团与极性水分子相互作用形成水化层，包围于蛋白质分子周围形成水化层厚度为 1～100nm 的颗粒状的亲水胶体，削弱了蛋白质分子之间的作用力。蛋白质分子表面极性基团越多，水化层越厚，蛋白质分子与溶剂分子之间的亲和力越大，因而溶解度也越大。亲水胶体在水中的稳定因素有两个，即电荷和水膜。因为中性盐的亲水性大于蛋白质和酶分子的亲水性，所以加入大量中性盐后，夺走了水分子，破坏了水膜，暴露出疏水区域，同时又中和了电荷，破坏了亲水胶体，蛋白质分子即形成沉淀。蛋白质盐析原理示意如图 1-2-5 所示。

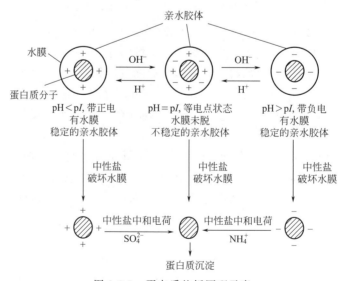

图 1-2-5　蛋白质盐析原理示意

（2）中性盐的选择　常用的中性盐中最重要的是硫酸铵，因为它与其他常用盐类相比有十分突出的优点：溶解度大，尤其是在低温时仍有相当高的溶解度，这是其他盐类所不具备的；由于酶和各种蛋白质通常是在低温下稳定，因而盐析操作也要求在低温下（0～4℃）进行；不易引起变性，有稳定酶与蛋白质结构的作用；价格便宜，废液可以作为农田肥料，且不污染环境。

（3）盐析的影响因素　影响盐析效果的因素有：蛋白质的浓度、pH 值、温度。

2. 结晶法

（1）结晶的原理　将一种可溶性固体溶质加入某恒温溶剂如水中，会发生两个可逆的过程：固体的溶解，即溶质分子扩散进入液体内部；物质的沉积，即溶质分子从液体中扩散到固体表面进行沉积，因此结晶过程是一个动态平衡过程。当溶解作用和沉积作用达到动态平衡时，此时溶液称为该溶质在该温度下的饱和溶液。当压力一定时，溶解度是温度的函数，用温度-浓度图来表示，就是一条饱和曲线（如图 1-2-6 曲线 AB）。

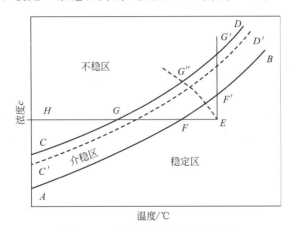

图 1-2-6　饱和曲线和过饱和曲线

实际工作中，过饱和状态下溶液是不稳定的，也可称为"介稳状态"。如果没有其他外界条件影响，过饱和溶液的浓度只有达到一定值时，才会有结晶析出。有结晶析出时的过饱和浓度和温度的关系可以用过饱和曲线表示（如图 1-2-6 曲线 CD）。过饱和曲线，即无晶种无搅拌时自发产生晶核的浓度曲线。饱和曲线 AB 和过饱和曲线 CD 大致平行。两条曲线把浓度-温度图分为三个区域：稳定区、介稳区、不稳区。需要指出的是，介稳区又被曲线 $C'D'$（此线以上区域，溶液极易受刺激而结晶，以下区域溶液不会自发成核）细分为两个区，习惯上也将第一介稳区（$ABC'D'$）称为养晶区，第二介稳区（$C'D'CD$）称为刺激结晶区。

在上述三个区域中，稳定区内溶液处于不饱和状态，没有结晶；不稳区内晶核形成的速率较大，产生的结晶量大，晶粒小，质量难以控制；介稳区内，晶核形成速率较慢，生产中常采用加入晶种的方法，并把溶液浓度控制在介稳区内的养晶区，让晶体逐渐长大。

（2）工业结晶手段

① 将热饱和溶液冷却　冷却法的结晶过程中基本上不去除溶剂，而是使溶液冷却降温，成为过饱和溶液，如图 1-2-6 中直线 EFG 所代表的过程。此法适用于溶解度随温度降低而显著减小的场合。例如冷却 L-脯氨酸的浓缩液至 4℃ 左右，放置 4h，L-脯氨酸就会大量结

晶析出。反之，如果溶解度随温度升高而降低，则采用升温结晶法。例如将红霉素的缓冲提取液 pH 调整至 9.8～10.2，再加温至 45～55℃，红霉素碱即析出。根据冷却的方法不同，可分为自然冷却、强制冷却和直接冷却。在生产中运用较多的是强制冷却，其冷却过程易于控制，冷却速率快。

② 将部分溶剂蒸发　此种方法也称等温结晶，是借蒸发除去部分溶剂，而使溶液达到过饱和的方法。如图 1-2-6 中直线 $EF'G'$ 所表示的过程。适用于溶解度随温度变化不大的场合。例如真空浓缩赤霉素的乙酸乙酯萃取液，除去部分乙酸乙酯后，赤霉素即结晶析出。蒸发法的不足之处在于能耗较高，加热面容易结垢。生产上常采用多效蒸发，以提高热能利用率。

③ 化学反应结晶　通过加入反应剂或调节 pH，使体系发生化学反应产生一个可溶性更低的物质，当其浓度超过其溶解度时，就有结晶析出。例如红霉素乙酸丁酯提取液中加入硫氰酸盐并调节溶液 pH 为 5.0 左右，可生成红霉素硫氰酸盐结晶而析出。

④ 盐析反应结晶　加入一种物质（另一种溶剂或另一种溶质）于溶液中，使溶质的溶解度降低，形成过饱和溶液而结晶析出的办法，称为盐析反应结晶。加入的溶剂必须能和原溶剂互溶，例如利用卡那霉素易溶于水、不溶于乙醇的性质，在卡那霉素脱色的水溶液中，加入 95％乙醇，加入量为脱色液的 60％～80％，搅拌 6h，卡那霉素硫酸盐即成结晶析出。再如普鲁卡因青霉素结晶时，加入一定量的食盐，可以使结晶体容易析出。

工业上，除单独使用上述四种方法外，还常将以上几种方法结合使用。例如，制霉菌素的乙醇提取液真空浓缩 10 倍冷至 5℃，放置 2h，即可得到制霉菌素结晶，就是采用第①种和第②种方法结合使用。而将青霉素钾盐溶于缓冲液中，冷至 3～5℃，滴加盐酸普鲁卡因，得到普鲁卡因青霉素结晶，则是采用第①、③种方法结合使用。

(3) 结晶产品的处理　为得到合乎质量标准的晶体产品，结晶后的产品还需经过固-液分离、晶体的洗涤或重结晶、干燥等操作，其中晶体的分离与洗涤对产品质量的影响很大。

3. 有机溶剂沉淀法

(1) 基本原理　有机溶剂对于许多蛋白质（酶）、核酸、多糖和小分子生化物质都能发生沉淀作用，所以有机溶剂沉淀法是较早使用的沉淀方法之一。其沉淀作用的原理主要是降低水溶液的介电常数，溶剂的极性与其介电常数密切相关，极性越大，介电常数越大，如20℃时水的介电常数为 80，而乙醇和丙酮的介电常数分别是 24 和 21.4，因而向溶液中加入有机溶剂能降低溶液的介电常数，减小溶剂的极性，从而削弱溶剂分子与蛋白质分子间的相互作用力，增加了蛋白质分子间的相互作用，导致蛋白质溶解度降低而沉淀。溶液介电常数的减小就意味着溶质分子异性电荷库仑引力的增加，使带电溶质分子更易互相吸引而凝集，从而发生沉淀。另一方面，由于使用的有机溶剂与水互溶，它们在溶解于水的同时从蛋白质分子周围的水化层中夺走了水分子，破坏了蛋白质分子的水膜，因而发生沉淀作用。

(2) 有机溶剂沉淀法的优缺点　该法分辨能力比盐析法高，即一种蛋白质或其他溶质只在一个比较窄的有机溶剂浓度范围内沉淀；沉淀不用脱盐，过滤比较容易（如有必要，可用透析袋除掉有机溶剂）。因而该法在生化制备中有广泛的应用。其缺点是对某些具有生物活性的大分子容易引起变性失活，操作需在低温下进行。

(3) 注意事项　有机溶剂沉淀法经常用于蛋白质、酶、多糖和核酸等生物大分子的沉淀分离，使用时先要选择合适的有机溶剂，然后注意调整样品的浓度、温度、pH 值和离子强度，使之达到最佳的分离效果。沉淀所得的固体样品，如果不需立即溶解进行下一步的分离，则应尽可能抽干沉淀，减少其中有机溶剂的含量，如有必要可以装透析袋透析除掉有机溶剂，以免影响样品的生物活性。

4. 等电点沉淀法

该法用于氨基酸、蛋白质及其他两性物质的沉淀，一般多与其他方法结合使用。等电点沉淀法是利用具有不同等电点的两性电解质，在达到电中性时溶解度最低，易发生沉淀，从而实现分离的方法。氨基酸、蛋白质、酶和核酸都是两性电解质，可以利用此法进行初步的沉淀分离。但是，由于许多蛋白质的等电点十分接近，而且带有水膜的蛋白质等生物大分子仍有一定的溶解度，不能完全沉淀析出，因此，单独使用此法分辨率较低，效果不理想，因而此法常与盐析法、有机溶剂沉淀法或其他沉淀剂一起配合使用，以提高沉淀能力和分离效果。此法主要用在分离纯化流程中去除杂蛋白，而不用于沉淀目的物。

5. 选择性沉淀法

这一方法是利用蛋白质、酶与核酸等生物大分子与非目的生物大分子在物理化学性质等方面的差异，选择一定的条件使杂蛋白等非目的物变性沉淀而达到分离提纯，称为选择性变性沉淀法。常用的有热变性、选择性酸碱变性和有机溶剂变性等，多用于除去某些不耐热的和在一定 pH 下易变性的杂蛋白。

(1) 热变性 利用生物大分子对热的稳定性不同，加热升高温度使某些非目的生物大分子变性沉淀而保留目的物在溶液中。此方法简便，不需消耗任何试剂，但分离效率较低，通常用于生物大分子的初期分离纯化。

(2) 表面活性剂 不同蛋白质和酶等对于表面活性剂和有机溶剂的敏感性不同，在分离纯化过程中使用它们可以使那些敏感性强的杂蛋白变性沉淀，而目的物仍留在溶液中。使用此法时通常都在冰浴或冷室中进行，以保护目的物的生物活性。

(3) 选择性酸碱变性 利用蛋白质和酶等在不同 pH 值条件下的稳定性不同而使杂蛋白变性沉淀，通常是在分离纯化流程中附带进行的一个分离纯化步骤。

（四）色谱技术

1. 色谱原理、特点与分类

(1) 原理 色谱技术也称层析技术，是一种高效的物理分离方法，它是利用多组分混合物中各组分物理化学性质的差别，使各组分以不同的程度分布在两个相中。其中一相是固定相，通常为表面积很大的或多孔性固体；另一相是流动相，是液体或气体。当流动相流过固定相时，由于物质在两相间的分配情况不同，经过多次差别分配而达到分离。

(2) 特点 与其他分离纯化方法相比，色谱分离具有如下基本特点：分离效率高，色谱分离的效率是所有分离纯化技术中最高的；应用范围广，从极性到非极性、离子型到非离子型、小分子到大分子、无机到有机及生物活性物质，以及热稳定到热不稳定的化合物，都可用色谱法进行分离；选择性强，色谱分离可变参数之多也是其他分离技术无法相比的，因而具有很强的选择性；方便快捷，设备简单，操作方便，且不含强烈的操作条件，因而不容易使物质变性，特别适用于稳定的大分子有机化合物。

（3）色谱方法分类　色谱操作依操作形式分类或根据固定相基质的形式分类，可分为纸色谱、薄层色谱和柱色谱。纸色谱是指以滤纸作为基质的色谱分离技术；薄层色谱是将基质在玻璃或塑料等光滑表面铺成一薄层，在薄层上进行的色谱分离技术；柱色谱则是指将基质填装在管中形成柱形，在柱中进行的色谱分离技术。纸色谱和薄层色谱主要适用于小分子物质的快速检测分析和少量分离制备，通常为一次性使用，而柱色谱是常用的色谱形式，适用于样品分析、分离。生物制药中常用的凝胶色谱、离子交换色谱、亲和色谱、高效液相色谱等都通常采用柱色谱形式。

依分离机理分类，色谱技术可以分为吸附色谱、分配色谱、凝胶色谱、离子交换色谱和亲和色谱。吸附色谱是以吸附剂为固定相，根据待分离物与吸附剂之间吸附力不同而达到分离目的的一种色谱技术；分配色谱是根据在一个有两相同时存在的溶剂系统中，不同物质的分配系数不同而达到分离目的的一种色谱技术，如液相色谱、气相色谱等；凝胶色谱是以具有网状结构的凝胶颗粒作为固定相，根据物质的分子大小进行分离的一种色谱技术；离子交换色谱是以离子交换剂为固定相，根据物质的带电性质不同而进行分离的一种色谱技术；亲和色谱是根据生物大分子和配体之间的特异性亲和力（如酶和抑制剂、抗体和抗原、激素和受体等），将某种配体连接在载体上作为固定相，而对能与配体特异性结合的生物大分子进行分离的一种色谱技术，它是分离生物大分子最为有效的色谱技术，具有很高的分辨率。

依流动相分类，色谱技术可以分为气相色谱和液相色谱。气相色谱是指流动相为气体的色谱分离技术；液相色谱是指流动相为液体的色谱分离技术。气相色谱测定样品时需要气化，大大限制了其在生物制药领域的应用，主要用于氨基酸、核酸、糖类、脂肪酸等小分子的分析鉴定。而液相色谱是生物制药领域最常用的色谱形式，适于生物样品的分析、分离。

（4）柱色谱基本操作技术

① 装柱　首先选好柱子，根据色谱的基质和分离目的而定。将色谱用的基质（如吸附剂、树脂、凝胶等）在适当的溶剂或缓冲液中溶胀，并用适当浓度的酸（0.5～1.0mol/L）、碱（0.5～1.0mol/L）、盐（0.5～1.0mol/L）溶液洗涤处理，以除去其表面可能吸附的杂质。然后用去离子水（或蒸馏水）洗涤干净并真空抽气（吸附剂等与溶液混合在一起），以除去其内部的气泡。并将处理好的吸附剂缓慢地倒入柱中。

② 平衡　柱子装好后，要用所需的缓冲液（有一定的 pH 和离子强度）平衡柱子。

③ 加样。

④ 洗脱　洗脱的方式可分为简单洗脱、分步洗脱和梯度洗脱 3 种。

⑤ 流速控制　只有多次试验才会得到合适的流速。总之，须经过反复的试验与调整（可以用正交试验或优选法），才能得到最佳的洗脱条件。

⑥ 分部收集　基本上采用部分收集器来收集分离纯化的样品。

⑦ 洗脱峰检测、合并收集　由于检测系统的分辨率有限，洗脱峰不一定能代表一个纯净的组分。因此，每管的收集量不能太多，一般为 1～5mL/管。如果分离的物质性质很相近，可低至 0.5mL/管，需要视具体情况而定。在合并一个峰的各管溶液之前，还要进行鉴定。

⑧ 色谱介质的再生　恢复色谱介质分离能力的操作，不同介质有不同的再生方法。

2. 吸附色谱

吸附是指流体（液体或气体）与固体多孔物质接触时，流体中的一种或多种组分传递到多孔物质的外表面和微孔内表面并附着的过程。被吸附的流体称为吸附质，多孔的固体物质称为吸附剂。吸附分离技术是利用适当的吸附剂，将生物样品中某些组分选择性吸附，再用适当的洗脱剂将被吸附的物质从吸附剂上解吸下来，从而达到浓缩和提纯的分离方法。

（1）吸附的基本原理

① 吸附的类型　根据吸附剂与吸附质之间存在的吸附力性质的不同，可将吸附分成物理吸附、化学吸附和交换吸附三种类型。物理吸附其吸附剂和吸附质之间的作用力是分子间引力（范德华力）。由于范德华力普遍存在于吸附剂与吸附质之间，所以整个自由界面都起吸附作用，故物理吸附无选择性。而化学吸附则是利用吸附剂与吸附质之间的电子转移，生成化学键而实现物质的吸附。化学吸附需要很高的活化能，需要在较高的温度下进行。交换吸附其吸附表面如为极性分子或离子所组成，则它会吸引溶液中带相反电荷的离子而形成双电层，这种吸附称为极性吸附，同时在吸附剂与溶液间发生离子交换。就吸附而言，各种类型的吸附之间不可能有明确的界限，有时几种吸附同时发生，很难区别。溶液中的吸附现象较为复杂。

② 影响吸附的因素　固体在溶液中的吸附比较复杂，影响因素也较多，主要有吸附剂、吸附质、溶剂的性质以及吸附过程的具体操作条件等。对于吸附剂性质来说，吸附剂表面积越大，孔隙度越大，则吸附容量越大；吸附剂的孔径越大、颗粒度越小，则吸附速度越大。吸附质的性质也是影响吸附的因素之一。对于吸附质性质来说，一般溶质从较易溶解的溶剂中被吸附时，吸附量较少；极性吸附剂易吸附极性物质，非极性吸附剂易吸附非极性物质。如活性炭是非极性的，在水溶液中是一些有机化合物的良好吸附剂；硅胶是极性的，其在有机溶剂中吸附极性物质较为适宜。对蛋白质或酶类的分子进行吸附时，温度升高会增加吸附量，但生化物质吸附温度的选择还要考虑它的热稳定性，如果是热不稳定的，一般在0℃左右进行吸附；如果比较稳定，则可在室温操作。pH值也是影响吸附的重要因素，对蛋白质或酶类等两性物质，一般在等电点附近吸附量最大。各种溶质吸附的最佳pH值需通过实验确定。如有机酸类溶于碱，胺类物质溶于酸，所以有机酸在酸性条件下、胺类在碱性条件下较易为非极性吸附剂所吸附。

（2）常用的试剂

① 吸附剂　吸附剂的吸附力强弱，是由能否有效地接受或供给电子，或提供和接受活泼氢来决定。被吸附物的化学结构如与吸附剂有相似的电子特性，吸附就更加牢固。常用吸附剂吸附力的强弱顺序为：活性炭＞氧化铝＞硅胶＞氧化镁＞碳酸钙＞磷酸钙＞石膏＞纤维素＞淀粉和糖，以活性炭的吸附力最强。吸附剂在使用前须先用加热脱水等方法活化。大多数吸附剂遇水即钝化，因此吸附色谱大多用于能溶于有机溶剂的有机化合物的分离，较少用于无机化合物。

② 洗脱溶剂　洗脱溶剂解析能力的强弱顺序是：乙酸＞水＞甲醇＞乙醇＞丙酮＞乙酸乙酯＞醚＞氯仿＞苯＞四氯化碳和己烷。为了能达到较好的分离效果，常用两种或数种不同强度的溶剂按一定比例混合，得到合适洗脱能力的溶剂系统，以获得最佳分离效果。

（3）吸附色谱的应用　吸附根据采用的操作方式不同，可分为静态吸附分离与动态吸附分离。静态吸附分离是在带有搅拌的反应罐中，依次将吸附剂加入到生物分子溶液中搅拌或振荡达到吸附平衡后，用沉降、过滤或离心的方法逐个分离。静态吸附分离具有处理量大、速度快的优点；一般吸附剂只用一次就废弃，料液有一些损失是不可避免的；另外，静态吸附分离即使对目的物完全不吸附，却可以有效去除其他杂质。因此，即使纯化程度不大，但是在大规模生产时，杂蛋白等严重的污染物却可被有效除去。采用静态吸附工艺主要有两方面的作用：一是吸附杂质，使杂质浓集于吸附剂界面；另一种是吸附所需物质，使要提取的物质浓集。当吸附剂对杂质的吸附能力较强，而对所提取的物质基本无影响时，可用吸附剂除去杂质。如果提取液中所需的物质能被吸附剂大量吸附，再结合洗脱，即可达到分离纯化的目的。吸附杂质常用活性炭；吸附目的物常用磷酸钙凝胶离子交换剂（特别是磷酸纤维素）、亲和吸附剂、染料配位体吸附剂、疏水吸附剂和免疫吸附剂等。对吸附剂的要求应是能很快地回收并用絮凝沉降或过滤的方法洗涤；在规模小时，可采用离心法。

动态吸附分离是使含目标产物的溶液连续通过一根或多根填充有吸附剂的柱，流出液用一个分部收集器收集，或者将一定流量和浓度的料液恒定地连续送入放置有纯溶剂和定量的新鲜吸附剂的连续搅拌罐式反应器中，经吸附后，以同样流量排出残液。该法比较适用于产品的大规模分离。

3. 凝胶色谱

凝胶色谱法是20世纪60年代初发展起来的一种快速而又简单的分离分析技术，由于设备简单、操作方便，不需要有机溶剂，对高分子物质有很好的分离效果。凝胶色谱法又称分子排阻色谱法，它主要用于高聚物的分子量分级分析以及分子量分布测试，目前已经被生物化学、分子生物学、生物工程学、分子免疫学以及医学等有关领域广泛采用，不但应用于科学实验研究，而且已经大规模地应用于工业生产中。

（1）凝胶色谱的分类　根据分离的对象是水溶性的化合物还是有机溶剂可溶物，可分为凝胶过滤色谱（GFC）和凝胶渗透色谱（GPC）。凝胶过滤色谱一般用于分离水溶性的大分子，如多糖类化合物。凝胶的代表是葡聚糖系列，洗脱溶剂主要是水。凝胶渗透色谱法主要用于有机溶剂中可溶的高聚物（聚苯乙烯、聚氯乙烯、聚乙烯、聚甲基丙烯酸甲酯等）分子量分布分析及分离，常用的凝胶为交联聚苯乙烯凝胶，洗脱溶剂为四氢呋喃等有机溶剂。近年来，凝胶色谱也广泛用于分离小分子化合物。化学结构不同但分子量相近的物质，不可能通过凝胶色谱法达到完全分离纯化的目的。

（2）工作原理　一个含有各种分子的样品溶液缓慢地流经凝胶色谱柱时，各分子在柱内同时进行着两种不同的运动：垂直向下的移动和无定向的扩散运动。大分子物质由于直径较大，不易进入凝胶颗粒的微孔，而只能分布于颗粒之间，所以在洗脱时向下移动的速度较快。小分子物质除了可在凝胶颗粒间隙中扩散外，还可以进入凝胶颗粒的微孔中，即进入凝胶相内，在向下移动的过程中，从一个凝胶内扩散到颗粒间隙后再进入另一凝胶颗粒，如此不断地进入和扩散，小分子物质的下移速度落后于大分子物质，从而使样品中分子大的先流出色谱柱，中等分子的后流出，分子最小的最后流出，这种按照分子量大小排队依次流出的现象叫分子筛效应。

各种分子筛孔隙大小分布有一定范围，有最大极限和最小极限。分子直径比凝胶最大孔隙直径大的，就会全部被排阻在凝胶颗粒之外，这种情况叫全排阻。两种全排阻的分子即使大小不同，也不能有分离效果。直径比凝胶最小孔直径小的分子能进入凝胶的全部孔隙，如果两种分子都能全部进入凝胶孔隙，即使它们大小有差别，也不会有好的分离效果。因此，一定的分子筛有它一定的使用范围。

（3）凝胶的种类

① 聚丙烯酰胺凝胶　聚丙烯酰胺凝胶是一种人工合成的凝胶，其商品为生物胶-P

(Bio-Gel P)，常用的是日本 TOSOH 公司的 TSK-gel PW 系列，适合蛋白质和多糖的纯化。它可储存于阴凉、通风、干燥的库房内，防潮、避光、防热，存放时间不宜过长。

② 交联葡聚糖凝胶（Sephadex）　不同规格型号的葡聚糖用英文字母 G 表示，G 后面的阿拉伯数为凝胶得水值的 10 倍。例如，G-25 为每克凝胶膨胀时吸水 2.5g，同样 G-200 为每克干胶吸水 20g。交联葡聚糖凝胶的种类有 G-10、G-15、G-25、G-50、G-75、G-100、G-150 和 G-200。因此，"G"反映凝胶交联程度、膨胀程度及分布范围。Sephadex LH-20 是 Sephadex G-25 的羧丙基衍生物，能溶于水及亲脂溶剂，用于分离不溶于水的物质。

③ 琼脂糖凝胶　琼脂糖 Agarose，缩写为 AG，是琼脂中不带电荷的中性组成成分，也译为琼胶素或琼胶糖。适于用 Sephadex 不能分级分离的大分子的凝胶过滤，若使用 5% 以下浓度的凝胶，也能够分级分离细胞颗粒、病毒等。利用其吸附性小的特点，有时用它代替琼脂作为免疫电泳或凝胶内沉降反应的支持物。

④ 聚苯乙烯凝胶　商品为 Styrogel，具有大网孔结构，可用于分离分子量在 1600～4×10^7Da（道尔顿）的生物大分子，适用于有机多聚物的分子量测定和脂溶性天然物质的分级，凝胶机械强度好，洗脱剂可用二甲基亚砜。

4. 离子交换色谱

离子交换色谱是利用被分离组分与固定相之间发生离子交换的能力差异来实现分离。离子交换色谱的固定相一般为离子交换树脂，树脂分子结构中存在许多可以电离的活性中心，待分离组分中的离子会与这些活性中心发生离子交换，形成离子交换平衡，从而在流动相与固定相之间形成分配。固定相的固有离子与待分离组分中的离子之间相互争夺固定相中的离子交换中心，并随着流动相的运动而运动，最终实现分离。离子交换技术最早应用于制备软水和无盐水，药品生产用水多采用此法。在生化制品领域中，离子交换技术也逐渐应用于蛋白质、核酸等物质的分离、提取和除杂等。

离子交换分离技术与其他分离技术相比有如下特点：①离子交换操作属于液-固非均相扩散传质过程。所处理的溶液一般为水溶液，多相操作使分离变得容易。②离子交换可看作是溶液中的被分离组分与离子交换剂中可交换离子进行离子置换反应的过程。其选择性高，而且离子交换反应是定量进行的，即离子交换树脂吸附和释放的离子物质的量（mol）相等。③离子交换剂在使用后，其性能逐渐消失，需用酸、碱、盐再生而恢复使用。④离子交换技术具有很高的浓缩倍数，操作方便，效果突出。

（1）离子交换原理　离子交换过程包括外部扩散、内部扩散和离子交换反应。离子交换反应过程可用以下方程式表示（以阳离子交换反应为例）：

$$R\text{-}B^+ + A^+ \rightleftharpoons R\text{-}A^+ + B^+$$

式中，R-表示阳离子交换剂的活性基团和载体；B^+ 为平衡离子；A^+ 为交换离子。

离子交换过程应包括下列五个步骤：①A^+ 从溶液扩散到树脂表面——②A^+ 从树脂表面扩散到树脂内部的交换中心——③在树脂内部的交换中心处，A^+ 与 B^+ 发生交换反应——④B^+ 从树脂内部交换中心处扩散到树脂表面——⑤B^+ 再从树脂表面扩散到溶液中。

上述五个步骤中，①和⑤在树脂表面的液膜内进行，互为可逆过程，称为膜扩散或外部扩散过程；②和④发生在树脂颗粒内部，互为可逆过程，称为粒扩散或内部扩散过程；③为离子交换反应过程。因此离子交换过程实际上只有三个步骤：外部扩散、内部扩散和离子交换反应（图 1-2-7）。

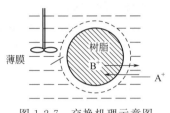

图 1-2-7   交换机理示意图

离子交换速率究竟取决于内部扩散速率还是外部扩散速率，要视具体情况而定。一般情况下，离子交换反应的速率极快，不是速度控制步骤。离子在颗粒内的扩散速率与树脂结构、颗粒大小、离子特性等因素有关；而外扩散速率与溶液的性质、浓度、流动状态等因素有关。

（2）离子交换树脂   离子交换树脂的单元结构由三部分构成：惰性不溶性的高分子固定骨架，又称载体；与载体以共价键联结的不能移动的活性基团，又称功能基团；与功能基团以离子键联结的可移动的平衡离子，亦称活性离子。如聚苯乙烯磺酸型钠树脂，其骨架是聚苯乙烯高分子塑料，活性基团是磺酸基，平衡离子为钠离子。离子交换树脂的活性基团是决定其交换特点的主要物质基础，它决定了树脂是酸性的阳离子交换剂还是碱性的阴离子交换剂以及交换能力等诸多因素，同时也是离子交换树脂分类的主要依据。

离子交换树脂可依据不同的分类方法进行分类，按树脂骨架的主要成分不同可分为苯乙烯型树脂，如 001×7；丙烯酸型树脂，如 112×4；环氧型树脂，如 330；酚醛型树脂，如 122 等。按制备树脂的聚合反应类型不同可划分为共聚型树脂，如 001×7；缩聚型树脂，如 122。按树脂骨架的物理结构不同可分为凝胶型树脂，如 201×7，也称微孔树脂；大网格树脂，如 D-152，也称大孔树脂；均孔树脂，如 Zeolitep，也称等孔树脂。按活性基团的性质不同可分为含酸性基团的阳离子交换树脂和含碱性基团的阴离子交换树脂，阳离子交换树脂可分为强酸性和弱酸性两种，阴离子交换树脂可分为强碱性和弱碱性两种。

强酸性阳离子交换树脂活性基团为磺酸基团和次甲基磺酸基团。它们都是强酸性基团，其电离程度大而不受溶液 pH 变化的影响，在 pH 1.0～14.0 范围内均能进行离子交换反应。强酸性树脂常应用于水处理和氨基糖苷类抗生素提取中。如纯化水的制备，链霉素、卡那霉素、庆大霉素、巴龙霉素、新霉素、去甲基万古霉素以及杆菌肽等抗生素制备中的分离。

弱酸性阳离子交换树脂活性基团为羧基、酚羟基及 β-双酮基等。弱酸性树脂的电离程度受溶液 pH 变化的影响很大，在酸性溶液中几乎不发生交换反应，其交换能力随溶液 pH 的下降而减少、随 pH 的升高而递增。弱酸性树脂与 H$^+$ 结合力强，故易再生成氢型，耗酸量较少。

强碱性阴离子交换树脂活性基团是季铵基团，有三甲氨基（强碱Ⅰ型）和二甲基-β-羟基乙基氨基（强碱Ⅱ型）。其活性基团电离程度较强，不受溶液 pH 变化的影响，在 pH 1.0～14.0 范围内均可使用。这类树脂制成氯型时较羟型稳定，耐热性亦较好，主要用于制备无盐水及抗生素生产中，如用于卡那霉素、巴龙霉素、新霉素的精制。

弱碱性阴离子交换树脂活性基团有伯氨基、仲氨基、叔氨基等基团。由于基团的电离程度弱，交换能力受溶液 pH 变化的影响很大，pH 越低，交换能力越高，反之则小。生产上常用 330 树脂吸附分离头孢菌素 C，并用于博来霉素、链霉素等的精制。

此外，还有含其他功能基团的螯合树脂、氧化还原树脂以及两性树脂等。

（3）离子交换工艺过程　离子交换过程是指被交换物质从料液中交换到树脂上的过程，分正交换法和反交换法两种。正交换是指料液自上而下流经树脂，这种交换方法有清晰的离子交换层，交换饱和度高，洗脱液质量好，但交换周期长，交换后树脂阻力大，影响交换速度。反交换的料液是自下而上流经树脂层，树脂呈沸腾状，所以对交换设备要求比较高。生产中应根据料液的黏度及工艺条件选择，大多采用正交换法。当交换层较宽时，为了保证分离效果，可采用多罐串联正交换法。

① 离子交换　在操作时须注意，树脂层之上应保持有液层，处理液的温度应在树脂耐热性允许的最高温度以下，树脂层中不能有气泡。离子交换过程可以是将目标产物离子化后交换到介质上，而杂质不被吸附，从交换柱中流出，这种交换操作，目标产物需经洗脱收集，树脂使用一段时间后吸附的杂质接近饱和状态，就要进行再生处理。为了避免在交换过程中造成交换柱的堵塞和偏流，样品溶液须经过滤或离心分离处理。交换至穿透点时，应停止交换，进行洗脱或再生。

② 洗涤　离子交换完成后，洗脱前树脂的洗涤工作相当重要，其对分离质量影响很大。洗涤的目的是将树脂上吸附的废液及夹带的大量色素和杂质除去。适宜的洗涤剂应能使杂质从树脂上洗脱下来，还不应和有效组分发生化学反应。如链霉素被交换到树脂上后，不能用氨水洗涤，因 NH_4^+ 与链霉素反应生成毒性很大的二链霉胺，也不能用硬水洗涤，因为水中的 Ca^{2+}、Mg^{2+} 等可将链霉素交换下来，造成收率降低，目前生产中使用软水进行洗涤。常用的洗涤剂有软化水、无盐水、稀酸、稀碱、盐类溶液或其他络合剂等。

③ 洗脱　离子交换完成后，将树脂吸附的物质释放出来重新转入溶液的过程称作洗脱。洗脱是用亲和力更强的同性离子取代树脂上吸附的目的产物。洗脱剂可选用酸、碱、盐、溶剂等。其中酸、碱洗脱剂是通过改变吸附物的电荷或改变树脂活性基团的解离状态，以消除静电结合力，迫使目的物被释放出来。盐类洗脱剂是通过高浓度的带同种电荷的离子与目的产物竞争树脂上的活性基团，并取而代之，使吸附物游离出来。

④ 再生　树脂的再生就是让使用过的树脂重新获得使用性能的处理过程，包括除去其中的杂质和转型，需要再生的树脂首先要去除杂质，即用大量的水冲洗，以去除树脂表面和孔隙内部物理吸附的各种杂质，然后再用酸、碱、盐进行转型处理，除去与功能基团结合的杂质，使其恢复原有的静电吸附及交换能力，最后用清水洗至所需的 pH。如果树脂暂时不用则应浸泡于水中保存，以免树脂干裂而造成破损。

5. 亲和色谱

亲和色谱（AFC）是根据生物大分子间高亲和力与高专一性可逆结合而设计的一种独特的色谱分离方法，它是利用偶联了亲和配基的亲和吸附介质为固定相来亲和吸附目标产物，使目标产物得到分离纯化。目前已经广泛应用于生物分子的分离和纯化中，如结合蛋白、酶、抑制剂、抗原、抗体、激素、激素受体、糖蛋白、核酸及多糖类等；也可以用于分离细胞、细胞器、病毒等。

（1）工作原理　将一对能可逆结合和解离生物分子的一方作为配基（也称为配体），与具有大孔径、亲水性的固相载体相偶联，制成专一的亲和吸附剂，再用此亲和吸附剂填充色谱柱，当含有被分离物质的混合物随着流动相流经色谱柱时，亲和吸附剂上的配基就有选择地吸附能与其结合的物质，而其他的蛋白质及杂质不被吸附，从色谱柱中流出，使用适当的缓冲液使被分离物质与配基解吸附，即可获得纯化的目的产物。具体工作原理如图 1-2-8 所示。

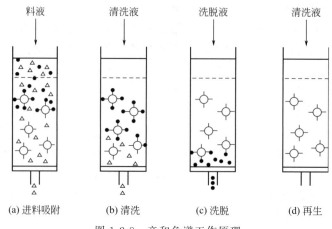

图 1-2-8　亲和色谱工作原理

（2）亲和色谱分类　亲和色谱可以分为免疫亲和色谱、金属离子亲和色谱和生物亲和色谱等。

免疫亲和色谱（IAFC）是一种将免疫反应与色谱分析方法相结合的分离、分析方法，它是利用抗原与抗体结合的专一性来实现样本提取液中的目标组分的分离与富集，具有选择性强、结合容量大、富集效率高、可重复应用等特点，大大简化了样品的前处理过程，提高了分析方法的灵敏度和可靠性，在残留分析领域中处于越来越重要的地位。随着人们对蛋白质分子结构的深入研究和单克隆技术的成熟应用，以单克隆抗体为亲和配基去分离对应的目标蛋白质，可以实现各种天然、重组蛋白质的高效、快速分离纯化。

金属离子亲和色谱是利用金属离子的络合或形成螯合物的能力来吸附蛋白质的分离系统。目的蛋白表面暴露的供电子氨基酸残基，如组氨酸的咪唑基、色氨酸的吲哚基，十分有利于蛋白质与固定化金属离子结合。锌和铜已发现能很好地与组氨酸的咪唑基及半胱氨酸的巯基结合。

生物亲和色谱（BAFC）是指利用自然界中存在的某些生物分子对能够相互识别并特异性结合的能力而建立起来的分离纯化系统，通常具有很高的选择性，代表性物质有酶-底物、激素-受体等。可用于以天冬酰胺为配基进行天冬酰胺酶纯化的分离过程。明胶-琼脂糖柱可纯化与细胞黏附有关的糖蛋白纤维连接蛋白（FN），FN 与明胶的作用较强，洗脱时使用与 FN 相互作用更强的精氨酸可使洗脱更有效。将单克隆抗体 IgM 利用甘露聚糖结合蛋白亲和色谱技术可纯化至 95％以上纯度。

（3）载体的选择　理想的载体应具有下列基本条件：不溶于水，但高度亲水；惰性物质，非特异性吸附少；具有相当量的化学基团可供活化；理化性质稳定；机械性能好，具有一定的颗粒形式以保持一定的流速；通透性好，最好为多孔的网状结构，使大分子能自由通过；能抵抗微生物和醇的作用。可作为固相载体的有皂土、玻璃微球、石英微球、羟磷酸钙、氧化铝、聚丙烯酰胺凝胶、淀粉凝胶、葡聚糖凝胶、纤维素和琼脂糖等，在这些载体中，皂土、玻璃微球等吸附能力弱，且不能防止非特异性吸附；纤维素的非特异性吸附强；聚丙烯酰胺凝胶是目前的首选优良载体。

6. 制备型高效液相色谱法

制备型高效液相色谱（Prep-HPLC）是一种使用高压、大流量液体输送系统在高分辨率、大内径、高载量分离柱上进行样品高纯度分离的液相色谱制备方法。应用该方法分离的产品在纯度、回收率、分离效率等方面远远优于传统的制备方法，因此在生物制品和药物研究与生产领域得到广泛应用。

（1）高效液相色谱（HPLC）中制备型与分析型的区别　同为高效液相色谱，两者的区别主要体现在用途上，分析型的样品通量很小，主要是用来分析出混合物中一个（或者几个）纯物质的含量，也就是做样品定性、纯度检测的；制备型是从混合物中得到纯物质，通量是分析型的几百倍、上千倍，也就是满足以较低的成本从混合物中得到纯净物的生产需要，进行快速分离纯化的过程。制备型的高效液相色谱为了达到这个效果，往往要选用大流速的泵（每分钟几十毫升甚至上百毫升）、粗粒径填料、粗管径的色谱柱以提高柱子的载样量。制备型一次可以制备毫克级的样品，甚至大型的专用制备仪器可以制备克级的样品。当色谱柱上样品负载加大的时候，往往导致柱分离效率急剧下降而产品纯度下降。因此制备型HPLC，要解决容量与柱子效果之间的矛盾。从经济上来说，制备色谱要争取少用填料、少用溶剂，要尽可能多地得到产品。

（2）制备型 HPLC 的应用

① 在蛋白质和多肽分离制备中的应用　蛋白质和肽类药物活性强，生物功能明确，特异性高，但这些产品无论是来自于生物体内还是由化学合成，往往都带有复杂的混合成分，而总目的蛋白或肽类的丰度又低，给分离纯化带来困难。Prep-HPLC 通常在分离的最后阶段被用作获得高纯度产品的关键方法，使用 Prep-HPLC 制备前，蛋白质和肽类样品一般先经过传统分离纯化方法，如盐析、超滤法、凝胶过滤、等电点沉淀、离子交换色谱及亲和色谱等，预先提高纯度，然后再进行高纯度制备。使用比较普遍的色谱柱是烷基反相键合柱，如 C_{18}、C_8 及 C_4 等，具体选择时因蛋白质分子量或疏水性而定。流动相大多为甲醇或乙腈等有机相与水的混合体系，通常还添加三氟乙酸，以增加样品的溶解度。

② 在生物碱制备分离中的应用　生物碱是自然界中广泛存在的一大类碱性含氮化合物，是许多中草药的重要有效成分，在中性或酸性条件下以正离子形式存在。通常，人们用阳离子交换树脂从其提取液中富集分离生物碱。但是由于植物中所含的生物碱成分复杂、含量低，因此分离比较困难。Prep-HPLC 在生物碱分离制备中应用最普遍的是反相制备方法，流动相根据样品的不同而有很大差异。例如，紫杉醇是从短叶红豆杉中提取或半合成的具有抗癌活性的二萜生物碱，属于广谱抗肿瘤药物，临床应用广泛。但短叶红豆杉资源珍贵，其提取物中紫杉醇的含量极低且含有大量的植物蜡质、色素和树胶等杂质，因而无论是从天然植物红豆杉中还是从培养的植物细胞组织及微生物发酵液中提取紫杉醇，都涉及如何分离并去除与紫杉醇结构相似的其他紫杉烷类化合物的问题。制备液相是紫杉醇纯化应用中的重要手段，并有专用于制备紫杉醇的紫杉醇专用柱。

③ 在糖及其衍生物制备分离中的应用　糖及其衍生物在生物的发育、分化、衰老、免疫调控、病原体识别和防御等方面发挥重要作用。许多药物，如糖苷类抗生素、酶、激素、载体蛋白等的作用活性与糖链紧密相关。分离得到高纯度糖类成分，对研究糖链的结构性质、生产糖类生物制品具有重要的意义。然而糖类分子的化学性质相近，不易分离，而液相

色谱的高分辨率特点在糖类分离时具有优势。目前 Prep-HPLC 用于糖类化合物分离制备的方法主要有分子排阻分离、分配分离和离子交换分离。

（五）膜分离技术

在一定压力下，使小分子溶质和溶剂穿过具有一定孔径的特制薄膜，而使大分子溶质不能透过而留在膜的一侧，从而使大分子溶质得到部分纯化的过程叫做膜分离技术，又称为加压膜技术，如微滤、超滤、反渗透、电渗析、渗透汽化、透析等。膜分离所使用的薄膜主要是由丙烯腈、醋酸纤维素、赛璐玢以及尼龙等高分子聚合物制成的高分子膜，有时也采用动物膜等。膜的孔径有多种规格可供使用时选择。在实际应用中，对膜的选择要符合如下要求：耐压；耐温；耐酸碱性；化学相容性；生物相容性；低成本。

1. 膜组件

由膜、固定膜的支撑体、间隔物以及收纳这些部件的容器构成的一个单元，称膜组件或膜装置。膜组件的结构根据膜的形式而异，目前市售的有四种型式：平板式、管式、中空纤维式和螺旋卷式，如图 1-2-9～图 1-2-12 所示。

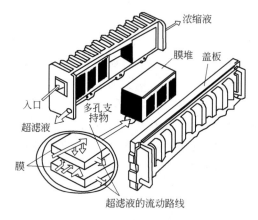

图 1-2-9　平板式膜组件

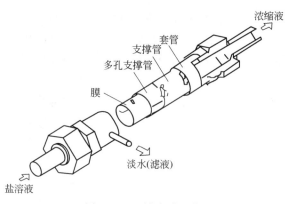

图 1-2-10　管式膜组件

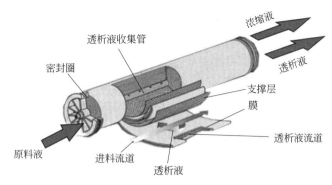

图 1-2-11　螺旋卷式膜组件

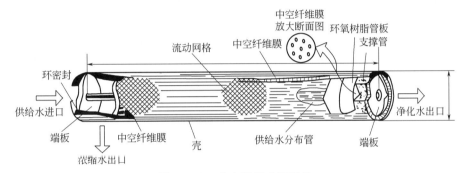

图 1-2-12　中空纤维式膜组件

2. 膜技术分类

根据物质颗粒或分子通过薄膜的原理和推动力的不同，可以分为以下几类。

（1）微滤　微滤是以微滤膜（也可以用非膜材料）作为过滤介质的膜分离技术。微滤膜所截留的颗粒直径为 $0.2 \sim 2\mu m$。微滤过程所使用的操作压力一般在 $0.1MPa$ 以下。用户收到新膜时，膜被保存在含有微量保湿剂和灭菌剂的环境中，而使用过的膜，则被保存在 NaOH 的稀溶液中，在以上两种情况中，膜都必须在生物溶液流经以前彻底地冲洗干净。清洗用水最好为干净的去离子水或注射用水。微滤、纳滤和反渗透技术在生化分离工业中也有广泛应用，它们的工作原理与超滤技术相同，区别在于所能截留的小分子物质的粒径大小、操作压力等方面。

（2）超滤　超滤技术是最近几十年迅速发展起来的一项分子级薄膜分离手段，它以特殊的超滤膜为分离介质，以膜两侧的压力差为推动力，将不同分子量的物质进行选择性分离。超滤膜截留的颗粒直径为 $20 \sim 2000 Å$（$1Å = 0.1nm$），相当于分子量为 $1 \times 10^3 \sim 5 \times 10^5 Da$，最小截留分子量为 $500Da$，在生化产品生产中可用来分离蛋白质、酶、核酸、多糖、抗生素、病毒等。超滤的优点是没有相的转移，无需添加任何强烈化学物质，可以在低温下操作，过滤速度较快，便于做无菌处理等。所有这些都能使分离操作简化，避免了生物活性物质的活力损失和变性。该法主要用于分离病毒和各种生物大分子。在正式超滤前为了保证整个系统（包括膜、管道、泵等）均处于合适的状态，将该系统充满与生物分子相同的缓冲或生理溶液是非常重要的。通过这一步骤可以达到以下重要目的：pH 和离子强度的稳定与一致；温度的稳定；去除空气及气泡。

超滤膜在使用后进行有效的清洗是非常重要的,它可以保证处理各批物料的效果可靠与稳定,延长膜的使用寿命,降低运行成本,对某些重要因素需认真考虑才可以保证适宜的清洗得以实现,如超滤料液性质和污染物种类,而清洗剂的选择必须综合考虑有效性、与膜的化学兼容性和价格便宜以及操作易行等因素。

(3) 反渗透 渗透膜的孔径小于 20Å,被截留的物质分子量小于 1000Da,操作压力为 0.7～13MPa,主要用于分离各种离子和小分子物质。其在无离子水的制备、海水淡化等方面广泛应用。

(4) 纳米过滤 纳米过滤介于超滤和反渗透之间,它也以压力差为推动力,但所需外加压力比反渗透低得多,能从溶液中分离出分子量为 300～1000Da 的物质而允许盐类透出,是集浓缩与透析为一体的节能膜分离方法,已在许多工业中得到有效应用。

(5) 电渗析 两块半透膜将透析槽分隔成 3 个室,在两块膜之间的中心室加入待分离的混合溶液,在两侧室中装入水或缓冲液并分别接上正、负电极,接正电极的称为阳极槽,接负电极的称为阴极槽。接通直流电源后,中心室混合溶液中的阳离子向负极移动,透过半透膜到达阴极槽,而阴离子则向正极移动,透过半透膜移向阳极槽,大于半透膜孔径的物质分子则被截留在中心室中,从而达到分离。实际应用时,通常由上述相同的多个透析槽联在一起组成一个透析系统 (图 1-2-13)。

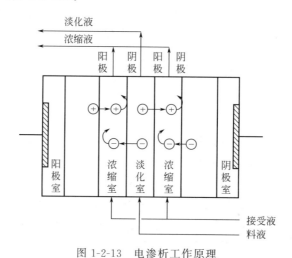

图 1-2-13 电渗析工作原理

(6) 透析 它是利用小分子物质的扩散作用,不断透过半透膜扩散到膜外,而大分子被截留,从而达到分离效果,也称为扩散膜分离。

3. 膜在生物制药技术中的应用

膜的种类不同,所应用对象也有所不同,如表 1-2-2 所示。由于膜分离技术具有防止杂菌污染和热敏性物质失活等优点,所以在生物制药中应用极为广泛,主要表现如下所述。

(1) 细胞循环发酵 如用酿酒酵母进行乙醇发酵时,使发酵液连续通过膜,膜将细胞截留而让乙醇及起抑制作用的副产物连续排至系统外,从而促进菌体的增殖,提高乙醇的生产能力,使发酵操作连续化。

(2) 除菌和纯化产品 采用超滤或反渗透方法除去医药用水中的热原,比传统的蒸馏方法更节能、更方便,如英国于 1981 年初建设的带有反渗透法去热原的游离水生产装置要比

表 1-2-2　膜在生物制药技术中的应用

分类	膜参数	应用	实例
微滤	$0.05\sim10\mu m$	消毒、澄清细胞	菌体脱除、产品消毒
超滤	$1\sim20nm$	大分子物质分离	酶或蛋白质的分离、纯化，血浆分离，膜反应器，去热原
纳滤	平均 2nm	小分子物质分离	糖、二价盐、游离酸分离
反渗透	带皮层的不对称膜	小分子溶质浓缩	单价盐、非游离酸浓缩
电渗析	阴阳离子选择性透过	小分子物质浓缩	脱盐
透析	对称的或不对称膜	小分子有机物和无机离子	脱除小分子有机物或无机离子

传统的蒸馏法优越得多，盐的去除率也在 95％ 以上。同样在氨基酸生产工艺中，使用超滤法能除菌或去热原。

（3）酶、蛋白质等大分子物质的浓缩和精制　采用超滤技术将粗酶液进行处理，低分子和盐类可以与水一起从膜孔渗除，酶被浓缩和精制，目前已达实用化分离的酶有细菌蛋白酶、戊基葡糖苷酶、粗制凝乳酶、凝乳酶、果胶酶、胰蛋白酶、葡萄糖氧化酶、肝素以及 β-半乳糖苷酶等，采用超滤法后可大大简化工序，不仅可节能、降低操作成本，还可防止酶的失活，从而大大提高了酶的收率。

（4）膜反应器　可利用膜制作成不同类型的膜反应器，有的用来使酶循环使用而合成甘油酯，有的进行 DL-氨基酸的拆分，如使 N-乙酰基-DL-蛋氨酸拆分获得 L-蛋氨酸。也可进行淀粉酶转化葡萄糖并进一步用酵母转为乙醇，此外也可用膜反应器来生产单克隆抗体等。

（六）蒸馏、蒸发与干燥技术

蒸馏、蒸发与干燥都是生物制药工艺中常用的精制纯化手段，依靠热能进行。例如黄酮类物质的提纯、乙醇的回收、中草药浸出物的浓缩、颗粒的干燥等。

1. 蒸馏

蒸馏是一种热力学的分离工艺，它是利用混合液体或液-固体系中各组分沸点不同，使低沸点组分蒸发，再冷凝以分离整个组分的单元操作过程，是蒸发和冷凝两种单元操作的联合。与其他的分离手段，如萃取、吸附等相比，它的优点在于不需使用系统组分以外的其他溶剂，从而保证不会引入新的杂质。常用的蒸馏方法有常压蒸馏和减压蒸馏。

常压蒸馏系指在常压下将溶液加热，变成蒸汽，然后经冷凝器冷却后收集蒸馏液的蒸馏方法，如蒸馏水的制取及药液中水的回收。此法虽然易于操作，但由于受热面积小，液体表面压力大，表面分子必须获得较高温度才能汽化，因此效率较低。减压蒸馏是分离提纯有机化合物的常用方法之一。它特别适用于那些在常压蒸馏时未达沸点即已受热分解、氧化或聚合的物质。有些富含不饱和烯烃类成分的精油，如柑橘类精油，因温度高，易引起"热聚"，减压蒸馏就能降低蒸馏温度，以减轻因热而聚合的现象。所以此法在天然产物有效成分提取、浓缩中常用，可避免高温导致的有效成分活力降低。此外也用于有机溶剂（乙醇等）的回收等中。

2. 蒸发

蒸发系指加热溶液使溶剂部分汽化而被除去，从而提高溶液浓度的操作过程。蒸发的条件是溶液不断获得热能，从而不断排除挥发出的蒸气。影响蒸发的因素是温度差、蒸发面积、蒸汽浓度（蒸汽浓度大，分子不易逸出，蒸发慢）、搅拌及液面压力等。减压蒸发、薄膜蒸发因能使蒸发面积增大或减低液面压力等，故蒸发效率较高。

蒸发操作中的热源常采用新鲜的饱和水蒸气，又称生蒸汽。从溶液中蒸出的蒸汽称为二次蒸汽，以区别于生蒸汽。在操作中一般用冷凝方法将二次蒸汽直接冷凝，而不利用其冷凝热的操作称为单效蒸发。若将二次蒸汽引到下一效蒸发器作为加热蒸汽，以利用其冷凝热，这种串联蒸发操作称为多效蒸发。

蒸发操作可以在加压、常压或减压下进行，生物制药工业上的蒸发操作经常在减压下进行，这种操作称为真空蒸发。真空蒸发的优点在于：减压下溶液的沸点下降，有利于处理热敏性物料，且可利用低压力的蒸汽或废蒸汽作为热源。

目前较先进的蒸发方法是使液体形成薄膜而进行蒸发的薄膜蒸发。液体形成薄膜后，具有极大的汽化表面，热的传播快而均匀。该法具有使药液受热温度低、时间短、蒸发速度快、可连续操作和缩短生产周期等优点。

3. 干燥

干燥是指从湿物料中除去水分的操作。干燥的方法很多，除用过滤、离心等机械去湿法外，还可用石灰、硅胶剂等物理化学法除湿。这里重点讨论通过汽化作用除去物料中水分的热能去湿法，如真空干燥、红外线干燥、沸腾干燥、气流干燥、喷雾干燥和冷冻干燥等。应注意的是，干燥过程中物料温度升高，操作时需注意酶、蛋白质等热敏性物质的变性。干燥方法的选择应根据物料性质、物料状况及当时的具体条件而定。

（1）气流干燥　被加热以后的空气在管道内快速流动，湿物料进入管道后被高速气流带走向管道出口运行；这个过程中由于对流传热传质的作用使水蒸气被蒸发。由于物料进入管道后被高速气流冲散使二者充分混合，通常在管道出口使用旋风分离器进行气固两相的分离。气流干燥一般干燥的时间在1s左右。

（2）真空干燥　真空干燥的过程就是将干燥物置放在密闭的干燥室内，用真空系统抽真空的同时对被干燥物料不断加热，使物料内部的水分通过压力差或浓度差扩散到表面，水分子在物料表面获得足够的动能，在克服分子间的相互吸引力后，逃逸到真空室的低压空间，从而被真空泵抽走的过程。

在真空干燥过程中，干燥室内的压力始终低于大气压力，气体分子数少、密度低、含氧量低，因而能干燥容易氧化变质的物料、易燃易爆的危险品等，对药品、食品和生物制品能起到一定的消毒灭菌作用，可减少物料染菌的机会或者抑制某些细菌的生长。较难干燥的膏料可用此法。由于加热温度较低，干燥速率快，故该法在中药制剂中应用较多。经真空干燥后的浸膏呈疏松海绵状，易于热粉碎。

（3）沸腾干燥　又称流化床干燥，是利用热气使湿颗粒悬浮，在"沸腾状态"下热气流在悬浮的颗粒间通过，在动态下进行热交换，带走水分，达到干燥目的。沸腾干燥主要用于湿粒状物料的干燥，如片剂、颗粒剂等的干燥。该法具有干燥效率高，干燥均匀，产量高，适用于同一品种的连续生产，而且温度较低、操作方便、占地面积小等优点。

（4）喷雾干燥　喷雾干燥是系统化技术应用于物料干燥的一种方法。于干燥室中将稀物料经雾化后，在与热空气的接触中，水分迅速汽化，即得到干燥产品。该法能直接使溶液、乳浊液干燥成粉状或颗粒状制品，可省去蒸发、粉碎等工序，适用于热敏性药物，可用于制备微胶囊。

（5）**冷冻干燥**　在冷冻干燥过程中，需要先对被干燥的药品进行预冻，然后在真空状态下，使水分直接由冰变为汽而使药品干燥。在整个升华阶段，药品必须保持在冻结状态，否则就不能得到性状良好的产品。在药品预冻阶段，要严格控制预冻温度（通常比药品的共熔点低几摄氏度）。如果预冻温度不够低，则药品可能没有完全冻结，在抽真空升华时会膨胀起泡；若预冻温度太低，不仅会增加不必要的能量消耗，而且对于某些生物药品，会降低其冻干后的成活率。

（七）电泳技术

电泳技术，是指在电场作用下，带电颗粒由于所带的电荷不同以及分子大小差异而有不同的迁移行为，从而彼此分离开来的一种实验技术。电泳技术主要用于分离各种有机物（如氨基酸、多肽、蛋白质、脂类、核苷酸、核酸等）和无机盐，也可用于分析某种物质纯度，还可用于分子量的测定。电泳技术与其他分离技术（如色谱法）结合，可用于蛋白质结构的分析，"指纹法"就是电泳法与色谱法的结合产物。用免疫原理测试电泳结果，提高了对蛋白质的鉴别能力。所以电泳技术是生物制药中的重要研究技术。

1. 电泳的原理

许多生物分子都带有电荷，其电荷的多少取决于分子结构及所在介质的 pH 值和组成。由于混合物中各种组分所带电荷性质、电荷数量以及分子量的不同，在同一电场的作用下，各组分泳动的方向和速率也各异。因此，在一定时间内各组分移动的距离也不同，从而达到分离鉴定各组分的目的。

2. 纸电泳和醋酸纤维素薄膜电泳

纸电泳用于血清蛋白质分离已有相当长的历史，在实验室和临床检验中都曾经广泛应用。自从 1957 年 Kohn 首先将醋酸纤维素薄膜用作电泳支持物以来，纸电泳已被醋酸纤维素薄膜电泳所取代。

醋酸纤维素薄膜电泳是利用醋酸纤维素薄膜作固体支持物的电泳技术。醋酸纤维素薄膜具有均一的泡沫状结构（厚约 $120\mu m$），渗透性强，对分子移动无阻力，用它作区带电泳的支持物，用样量少，分离清晰，无吸附作用，且染色后的薄膜可用乙醇和冰醋酸溶液浸泡透明，透明后的薄膜便于保存和定量分析。由于操作简单，目前该法已经广泛用于血清蛋白、血红蛋白、球蛋白、脂蛋白、糖蛋白、甲胎蛋白、类固醇激素及同工酶等的分离分析中（图 1-2-14）。

图 1-2-14　醋酸纤维素薄膜电泳示意图

3. 琼脂糖凝胶电泳

琼脂糖凝胶电泳是用琼脂糖作支持介质的一种电泳方法。其分析原理与其他支持物电泳的最主要区别是：它兼有"分子筛"和"电泳"的双重作用。琼脂糖凝胶具有网格结构，物质分子通过时会受到阻力，大分子物质在泳动时受到的阻力大，因此在凝胶电泳中，带电颗粒的分离不仅取决于净电荷的性质和数量，而且还取决于分子大小，这就大大提高了分辨能力。但由于其孔径相当大，对大多数蛋白质来说其分子筛效应微不足道，现广泛应用于核酸的研究中。

因此，该法适用于大分子物质的分离，如核酸、蛋白质；兼有"分子筛"和"电泳"的双重作用；且琼脂糖凝胶制备容易，分离范围广。琼脂糖凝胶电泳使用时，注意 DNA 酶污染的仪器可能会降解 DNA，造成条带信号弱、模糊甚至缺失的现象；注意巨大的 DNA 链用普通电泳可能跑不出胶孔导致缺带；对于琼脂糖凝胶电泳，浓度通常在 $0.5\% \sim 2\%$，低浓度的用来进行大片段核酸的电泳，高浓度的用来进行小片段分析；低浓度胶易碎，小心操作和使用质量好的琼脂糖是解决办法。注意高浓度的胶可能使分子大小相近的 DNA 带不易分辨，造成条带缺失现象。

4. SDS-聚丙烯酰胺凝胶电泳

十二烷基硫酸钠（SDS）是常用的表面活性剂，又是阴离子去污剂，作为变性剂和助溶试剂，它能断裂分子内和分子间的氢键，使分子去折叠，破坏蛋白质分子的二级、三级结构。而强还原剂如巯基乙醇、二硫苏糖醇能使半胱氨酸残基间的二硫键断裂。在样品和凝胶中加入还原剂和 SDS 后，分子被解聚成多肽链，解聚后的氨基酸侧链和 SDS 结合成蛋白质-SDS 胶束，所带的负电荷大大超过了蛋白质原有的电荷量，这样就消除了不同分子间的电荷差异和结构差异，使电泳结果只与蛋白质的分子量有关。

聚丙烯酰胺（PAGE）是由丙烯酰胺和 N,N'-亚甲基双丙烯酰胺经共聚合而成。此聚合过程是由四甲基乙二胺（TEMED）和过硫酸铵（AP）激发的。被激活的单体和未被激活的单体开始了多聚链的延伸，正在延伸的多聚链也可以随机地接上双丙烯酰胺，使多聚链交叉互联成为网状立体结构，最终多聚链聚合成凝胶状。

SDS-聚丙烯酰胺凝胶电泳（SDS-PAGE）一般采用的是不连续缓冲系统，与连续缓冲系统相比，能够有较高的分辨率。不连续系统中由于缓冲液离子成分、pH、凝胶浓度及电位梯度的不连续性，带电颗粒在电场中泳动不仅有电荷效应、分子筛效应，还具有浓缩效应，因而其分离条带清晰度及分辨率均较前者佳。

SDS-PAGE 法的优点是：可以把目标分子按分子量大小分开，可以通过调整胶浓度调节迁移速率，可以方便地染色、转印，干胶保存。

5. 等电聚焦电泳技术

等电聚焦（isoelectric focusing，IEF）是 20 世纪 60 年代中期问世的一种利用有 pH 梯度的介质分离等电点不同的蛋白质的电泳技术。由于其分辨率可达 0.01 pH 单位，因此特别适合于分离分子量相近而等电点不同的蛋白质组分。其原理即利用蛋白质分子具有两性解离及等电点的特征，在碱性区域蛋白质分子带负电荷向阳极移动，直至某一 pH 位点时失去电荷而停止移动，此处介质的 pH 恰好等于聚焦蛋白质分子的等电点；在酸性区域的蛋白质分子与此同理，会向阴极移动，至等电点处停止。在操作时可将等电点不同的蛋白质混合物加入有 pH 梯度的凝胶介质中，在电场内经过一定时间后，各组分将分别聚焦在各自等电点相应的 pH 位置上，形成分离的蛋白质区带。

常用的 pH 梯度支持介质有聚丙烯酰胺凝胶、琼脂糖凝胶、葡聚糖凝胶等，其中聚丙烯酰胺凝胶最常应用。电泳后，不可用染色剂直接染色，因为常用的蛋白质染色剂也能和两性电解质结合，因此应先将凝胶浸泡在 5％的三氯乙酸中去除两性电解质，然后再以适当的方法染色。

 课后习题

一、名词解释

MTT；发酵；自然选育；固定化酶；离子吸附法；电泳技术；萃取技术；色谱技术；加压膜技术；沉淀技术

二、填空题

1. 获取目的基因的方法有_____、_____和_____。

2. 基因工程的载体应具有_____、_____、_____和_____基本的性质。

3. 考马斯亮蓝法在波长_____ nm 下测定蛋白酶酶活性。

4. 固定化酶的优点有_____、_____和_____。

5. 菌种的保藏方法有_____、_____、_____、_____、_____和_____。

6. 细胞破碎的物理方法有_____、_____、_____和_____。

7. 固相析出分离包括_____、_____、_____、_____、_____和_____。

8. 色谱的特点有_____、_____、_____和_____。

9. 依据分离机理可以把色谱分为_____、_____、_____、_____和_____。

10. 膜分离技术包括_____、_____、_____、_____、_____和_____。

11. 琼脂糖凝胶电泳常用于分离_____，SDS-PAGE 电泳常用于分离_____。

三、问答题

1. 简述 MTT 法的应用。

2. 发酵过程中有哪些条件需要控制？

3. 简述菌种选育的意义。

4. 简述固定化酶的发展趋势。

5. 试述凝胶色谱的原理。

6. 简述盐析的原理及产生的现象。

7. 简述树脂的再生活化方法。

模块二

典型生物药物的生产与质量控制

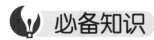

单元一
氨基酸类药物的生产与质量控制

目标要求

1. 熟悉氨基酸类药物的定义、作用及分类。
2. 掌握氨基酸类药物的制备方法，了解氨基酸类药物的检测方法。
3. 掌握固定化细胞法生产 L-天冬氨酸的生产过程及产品的检测。
4. 理解微生物发酵法生产赖氨酸的生产过程及产品的检测。

必备知识

一、氨基酸类药物概述

(一) 氨基酸类药物的定义

氨基酸是构建生物机体的众多生物活性分子之一，是构建细胞、修复组织的基础材料。氨基酸的平衡和适量的供应是人体健康的基本前提，一种氨基酸供应的缺乏，可能会影响免疫系统和其他正常功能的发挥，使人体处于亚健康状态，变得比较容易遭受疾病的侵袭。

根据氨基酸对人体营养价值不同，可分为必需氨基酸、半必需氨基酸和非必需氨基酸。必需氨基酸是人体自身合成不足或合成速度不能满足人体需求，需由食物摄取的氨基酸。人体必需氨基酸有 8 种，分别为亮氨酸、异亮氨酸、赖氨酸、苯丙氨酸、甲硫氨酸、苏氨酸、色氨酸和缬氨酸。

(二) 氨基酸类药物的分类

目前，用作药物的氨基酸有构成蛋白质的 22 种常见蛋白质氨基酸和非蛋白质氨基酸 100 多种。氨基酸类药物类别可以分为以下几种。

1. 复方氨基酸输液

将多种结晶 L-氨基酸依特定比例混合配制而成的复方静脉内输注液称为复方氨基酸输液。其可作为静脉滴注用以补充患者营养的不足，促进蛋白质、激素以及酶等的生物合成，提高血浆中蛋白质浓度和组织蛋白含量，维持机体的氮素平衡，调节机体的生理功能。氨基酸输液配方模式是根据膳食研究和人体需要量精确计算出来的，常见的氨基酸输液配方模式如表 2-1-1 所示。

表 2-1-1　结晶氨基酸输液组成模式（×10mg/L）

氨基酸组分类别		组成模式									
		V_{uj}-N	FAO (1957)	FAO-WHO (1965)	人乳	鸡蛋	需要量	利用量	马铃薯-鸡蛋	Aminosyn	GF-1
必需氨基酸（E）	异亮氨酸	549	960	845	597	590	160	200	230	720	800
	亮氨酸	1230	1090	1175	1138	770	220	340	330	940	1600
	赖氨酸	2229	1440	1032	980	870	180	370	290	720	480
	蛋氨酸	710	960	540	433	450	210	160	190	400	60
	苯丙氨酸	870	640	1280	974	480	220	220	250	440	400
	苏氨酸	540	640	596	504	340	100	160	210	520	240
	色氨酸	178	320	218	187	130	50	90	100	160	120
	缬氨酸	610	960	865	690	560	150	200	290	800	800
E 总计		6916	7010	6551	5503	4190	1290	1740	1890	4700	4500
非必需氨基酸（N）	精氨酸	799	1000	1200	1488	—	—	410			
	组氨酸	400	500	600	706	310	400	220	540	980	1000
	甘氨酸	999	1490	1825	1563	240	70	420	150	300	200
	丙氨酸	—	—	480	821	1700	1000	720	640	1280	400
	丝氨酸	—	—	240	472	600	510	100	690	1280	400
	胱氨酸	—	—	24	23	500	—	25	—	420	400
	谷氨酸	—	—	180	102	20	—	190	—	—	340
	天冬氨酸	—	—	600	202	—	830	40	—	—	50
	酪氨酸	—	—	60	57	—	—	60	—	—	50
	脯氨酸	—	—	240	1063	950	770	490	—	44	50
	鸟氨酸	—	—	—	—	—	—	130	690	860	200
	天冬酰胺	—	—	—	—	—	—	100	—	—	—
N 总计		2198	2990	5449	6497	4320	3580	2905	2710	5164	3090
E 含量/%[①]		75.88	70.1	54.59	45.86	49.24	26.49	37.46	41.09	47.65	59.29
E/T[②]		4.7	4.3	3.4	2.7	3.2	1.64	2.3	2.5	3.4	4.0

① E 含量/%是指每个组成模式中必需氨基酸含量占氨基酸总量的比值。

② E/T 指每个组成模式中必需氨基酸含量与总氮含量的比值。

2. 治疗消化道疾病的氨基酸及其衍生物

该类氨基酸药物主要有谷氨酸及其盐酸盐、谷氨酰胺、甘氨酸及其铝盐、硫酸甘氨酸铁、维生素 U 及盐酸组氨酸等，主要通过保护消化道黏膜或促进黏膜增生而起到防治胃及十二指肠溃疡的药理作用，或通过调节胃液 pH 来达到治疗消化道疾病的目的。其中，谷氨酸盐酸盐可同时起到提供盐酸和促进胃液分泌的作用，可治疗胃液缺乏症、消化不良及食欲不振；甘氨酸及其铝盐可中和过多胃酸，保护黏膜，用于治疗胃液过多症和胃溃疡。

3. 治疗肝病的氨基酸及其衍生物

治疗肝病的氨基酸药物有精氨酸盐酸盐、磷葡精氨酸、鸟天氨酸、谷氨酸钠、甲硫氨酸、乙酰甲硫氨酸、瓜氨酸、盐酸赖氨酸天冬氨酸等，L-精氨酸、L-鸟氨酸以及 L-瓜氨酸是机体尿素循环代谢的中间体，可加速肝脏解氨毒作用，用于治疗外科、灼伤以及肝功能不全导致的高血氨症，精氨酸还可以作为肝昏迷的急救药。L-谷氨酸可激活三羧酸循环，有利于降低血氨浓度。在 ATP 作用下，氨与谷氨酸结合形成谷氨酰胺，可解除脑组织氨中毒，临床上用于治疗肝昏迷以及肝性脑病等高血氨症；甲硫氨酸和乙酰蛋氨酸是生物体内胆碱合成的甲基供体，促进磷脂酰胆碱合成，可用于慢性肝炎、肝硬化、脂肪肝以及药物性肝损伤；L-天冬氨酸可促进鸟氨酸代谢循环、促进氨和 CO_2 形成尿素、降低血氨和 CO_2、增强肝功能、消除疲劳，临床上常用于慢性肝炎、肝硬化及高血氨症等病症。

4. 治疗脑及神经系统的氨基酸及其衍生物

这类氨基酸药物常见的有谷氨酸钙盐及镁盐、氢溴酸谷氨酸、色氨酸、5-羟色氨酸、酪氨酸亚硫酸盐及左旋多巴等。L-谷氨酸钙盐和镁盐有维持神经肌肉正常兴奋的作用，临床上常用于治疗神经衰弱、神经官能症、脑外伤、脑机能衰竭以及癫痫发作；γ-酪氨酸是中枢神经突触的抑制性递质，可激活脑内葡萄糖代谢，有利于乙酰胆碱合成，恢复脑细胞功能并有中枢降血压作用，用于改善记忆以及语言障碍、脑外伤后遗症、癫痫、肝昏迷抽搐及躁动等病症；L-色氨酸及 5-羟色氨酸在体内可转变为 5-羟色胺，临床上 L-色氨酸常用于治疗神经分裂症和酒精中毒，改善抑郁症，防止糙皮病；5-羟色氨酸及 5-羟色胺用于治疗内因性抑郁症、失眠及偏头痛；左旋多巴在体内可转变为多巴胺，可用于震颤麻痹症及控制锰中毒等神经症状；酪氨酸亚硫酸盐可用于治疗脊髓灰质炎、结核性脑膜炎急性期、神经分裂症、无力综合征及早老性精神病等中枢神经系统疾病。

5. 治疗肿瘤的氨基酸及其衍生物

治疗肿瘤的氨基酸药物常见的有偶氮丝氨酸、氯苯丙氨酸、磷乙天冬氨酸以及重氮氧代正亮氨酸等，其中偶氮丝氨酸是谷氨酰胺的抗代谢物，用于治疗急性白血病及霍奇金病；氯苯丙氨酸为 5-羟色胺的生物合成抑制剂，有止泻及降温作用，可减轻肿瘤综合征症状；磷乙天冬氨酸是天冬氨酸转化为氨甲酰天冬氨酸过渡态化合物的类似物，抑制嘧啶的合成，可用于治疗 B16 黑色素瘤及 Lewis 肺癌。

6. 其他

除上述用于临床的氨基酸外，其他许多氨基酸在临床上也有重要作用。如胱氨酸及半胱氨酸均有抗辐射损伤作用并能促进造血功能、增加白细胞和促进皮肤损伤修复，临床上用于治疗辐射损伤、重金属中毒、急慢性肝炎以及脂肪肝等；乙酰半胱氨酸作为呼吸道黏液溶解剂，适用于黏痰阻塞引起的呼吸困难等；乙酰羟脯氨酸参与关节和腱的某些功能，可用于治疗皮肤病，促进伤口愈合，治疗风湿性关节炎和结缔组织炎等疾病。

二、氨基酸类药物的生产方法

氨基酸常用制备方法有蛋白质水解提取法、微生物发酵法、酶合成法和化学合成法 4 种。目前，除少数几种氨基酸用蛋白质水解提取法、酶合成法和化学合成法外，大多数氨基酸以发酵法进行生产。

（一）化学合成法

化学合成法是指利用化学合成技术生产氨基酸的方法，是制备氨基酸的重要方法。它常

以 α-卤代羧酸、醛类、甘氨酸衍生物、异氰酸盐、乙酰氨基丙二酸二乙酯、卤代烃、α-酮酸及某些氨基酸为原料，经氨解、水解、缩合、取代及氧化还原等化学反应合成。此法优点是可以采取多种原料和多条路线合成氨基酸，特别是以石油化工材料为合成原料时，具有生产成本低、生产规模大、适合工业化生产以及产品分离纯化工艺简单等优点，由于产物多为DL-型消旋体，需经拆分才能得到 L-型氨基酸，因此，产物拆分工艺相对复杂。目前，DL-型氨基酸的拆分主要采取固定化酶催化的方式进行，具有收率高、成本低、周期短等优点，也促进了化学合成法的发展。蛋氨酸、甘氨酸、色氨酸、苏氨酸、苯丙氨酸、丙氨酸、脯氨酸等氨基酸可采取化学合成法进行生产。

（二）酶合成法

酶合成法，也称酶转化法，是指在特定的酶催化作用下使某些化合物转化成氨基酸的生产技术，是在化学合成法和发酵法基础上发展起来的新型氨基酸生产方法，它以化学合成的、生物合成的或天然存在的氨基酸前体为原料，将含特定酶的微生物、动植物细胞进行固定化处理，通过酶促反应制备特定氨基酸。本法具有产物浓度高、副产物少、成本低、周期短、收率高、固定化细胞或固定化酶可反复连续使用以及节约能源等优点。天冬氨酸、丙氨酸、苏氨酸、赖氨酸、色氨酸、异亮氨酸等氨基酸可通过酶法合成进行生产。

（三）蛋白质水解提取法

蛋白质水解提取法是以富含蛋白质的物质为原料，通过酸、碱或蛋白酶进行水解得到氨基酸混合物，产物经分离、精制和结晶后得到各种氨基酸，常用的有毛发、血粉、废蚕丝、豆粕、花生粕等蛋白质原料。

1. 酸解法

在蛋白质原料中加入约 4 倍质量的 $6mol/L$ HCl 或 $8mol/L$ H_2SO_4 于 110℃ 加热回流 16～24h，或加压于 120℃ 水解 12h，使蛋白质得到充分水解并使氨基酸充分析出，产物为氨基酸混合物。

2. 碱解法

在蛋白质原料中加入 $6mol/L$ NaOH 或 $4mol/L$ Ba(OH)$_2$ 于 100℃ 水解 6h，使蛋白质充分水解并使氨基酸充分析出，得到的产物为氨基酸混合物。

3. 酶解法

在蛋白质溶液中加入蛋白酶，在酶的催化作用下，蛋白质一级结构中的肽链被水解，从而得到氨基酸混合物。

（四）微生物发酵法

微生物发酵法由微生物接种、发酵培养、产物分离与纯化等操作步骤组成，主要以细菌和酵母菌发酵生产为主。20 世纪 60 年代后期，经人工诱变选育的营养缺陷型或抗代谢类似物变异菌株成为主要发酵生产菌种来源。目前，已获得了多种高产氨基酸杂交菌株及基因工程菌株并已投入生产，如苏氨酸和色氨酸工程菌。谷氨酸、谷氨酰胺、丝氨酸、酪氨酸等大多数氨基酸可通过发酵法生产。

三、氨基酸类药物的质量控制

目前，氨基酸类药物的质量控制以采取离子交换色谱、高效液相色谱或气相色谱等方法为主，其中的仪器常配备紫外-可见光谱吸收、荧光、化学发光等检测器。由于大多数氨基酸药物在紫外-可见光区无吸收，因此，需将氨基酸进行衍生化并转化为具有紫外-可见吸收或能产生荧光的物质才能被检测到，茚三酮是最常用的柱后衍生试剂，茚三酮柱后衍生法也被认为是氨基酸标准检测方法。柱后茚三酮衍生高效阳离子交换色谱法也成为一种成熟的经典氨基酸分析方法，柱前衍生反相高效液相色谱法是研究比较多的一种氨基酸分析方法，无需柱前、柱后衍生的高效阴离子交换色谱-积分脉冲安培检测法是一种新的氨基酸药物分析方法。此外，毛细管电泳技术在氨基酸及其对映体分析方面有重要作用。

 **实例精讲　典型氨基酸类药物的生产与质量控制**

实例一　L-天冬氨酸的生产与质量控制

（一）L-天冬氨酸概述

L-天冬氨酸（L-aspartic acid，L-Asp）是天然存在的一种氨基酸，也称丁氨二酸、L-天冬酸、L-门冬氨酸或L-氨基琥珀酸。其化学性质稳定，为白色晶体或结晶粉末，有微酸味道；25℃微溶于水（0.5%），可溶于沸水，易溶于稀酸和NaOH溶液，不溶于乙醇、乙醚等有机溶剂，270℃发生分解，pI为2.77，比旋光度与溶解溶剂有关；在酸性和水溶液中为右旋，碱性溶液中为左旋。$[\alpha]_D^{25} = +5.05°$（$c = 0.5 \sim 2.0\text{g/mL}$，$H_2O$）。

L-Asp的化学结构如图2-1-1所示。

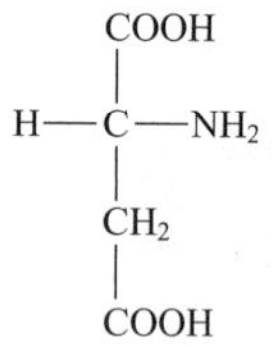

$$\begin{array}{c} COOH \\ | \\ H-C-NH_2 \\ | \\ CH_2 \\ | \\ COOH \end{array}$$

图 2-1-1　L-Asp 的化学结构

L-Asp是氨基酸输液的重要组成部分。L-天冬氨酸钾和L-天冬氨酸镁是钾、镁的有效补充剂，可用于心脏病的治疗，也可作为肝功能促进剂和氨解毒剂，对洋地黄等强心苷类中毒引起的心律失常也有较好的治疗作用，并可解除恶心、呕吐等中毒症状，还可用于维生素B_6及抗肿瘤药物的合成。

（二）L-天冬氨酸的生产方法

L-Asp主要以化学合成法、微生物发酵法和固定化细胞法生产为主。

1. 化学合成法

化学合成法是以马来酸或富马酸及其酯为原料，在加压条件下用氨处理，然后进行水解得到外消旋的天冬氨酸，反应得到的外消旋天冬氨酸由于没有较好的拆分方法，给 L-Asp 的分离与纯化带来了不便，故应用较少。氨基酸常用化学合成方法有斯瑞克合成法——醛的氨氰化法、赫尔-乌尔哈-泽林斯基 α-溴化法、丙二酸酯法、盖布瑞尔法等，其合成原理如图 2-1-2 所示。

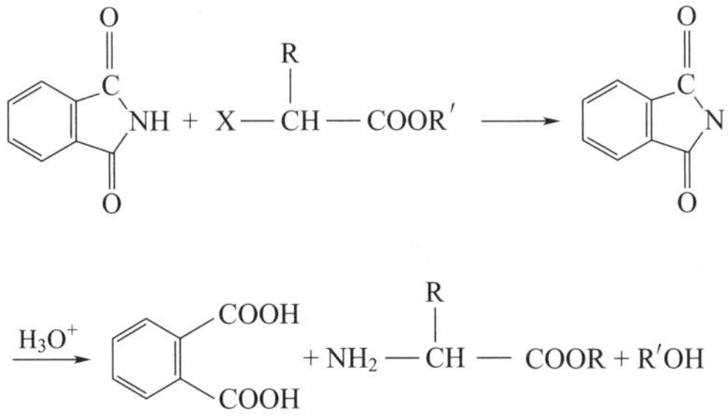

图 2-1-2　氨基酸合成原理

天冬氨酸还可通过以下的化学合成法进行合成，需要原料有顺丁烯二酸酐（49g，0.422mol）、苄胺（107g，1mol）、冰醋酸、钯-炭催化剂（含 30％氯化钯）、丙酮以及刚果红试纸等，其合成技术路线如图 2-1-3 所示。

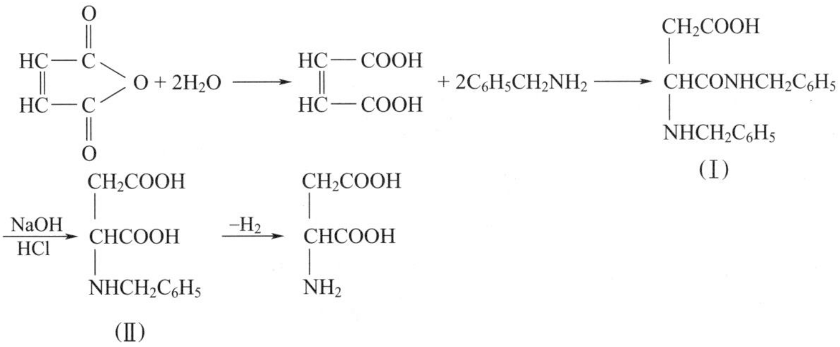

图 2-1-3　L-Asp 合成技术路线

L-Asp 合成步骤（实验室规模）如下：

① 在 500mL 三口瓶中，加入 49g 顺丁烯二酸酐与 150mL 水沸腾回流 30min。

② 冷却条件下慢慢加入 107g 苄胺并继续回流 1h，冷却后加入丙酮使沉淀完全，产物 N-苄基-天冬氨酸苄胺盐（Ⅰ）在乙醇中重结晶。

③ 50g Ⅰ 溶于 60mL 15％ NaOH 溶液，以乙醚反复萃取苄胺多次后，碱性溶液用盐酸酸化至刚果红试纸呈酸性反应，冷却后分离出白色结晶 N-苄基-天冬氨酸（Ⅱ）。

④ 将 5g Ⅱ 悬浮于 110mL 冰醋酸及钯-炭催化剂（含 30％氯化钯）0.3g（钯-炭催化剂加入时不能掉在瓶外，否则容易引起着火）中，在 60℃下低压催化氢化 3h（必须在升温之前用氢气将瓶内空气置换 3 次）。反应物冷却后过滤。

⑤ 滤渣以冷甲酸洗涤，合并滤液及洗涤液，蒸去溶剂得到 L-Asp。烘干后称重，计算产率，测其熔点。天冬氨酸为无色单斜棱柱形结晶，熔点为 278～280℃。

2. 微生物发酵法

微生物发酵法是在微生物酶的催化作用下，以富马酸与氨为原料，通过加成反应生成天冬氨酸，产物只有左旋体，收率高，此为 L-Asp 工业化生产的主要方法。目前，以产生天冬氨酸酶的微生物菌体直接转化富马酸和氨生产 L-Asp 的固定化细胞法应用较为广泛，天冬氨酸酶（EC4.3.1.1）可催化反丁烯二酸（富马酸）与氨合成 L-Asp。反应式如下：

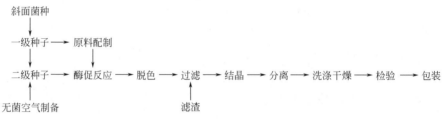

3. 固定化细胞法生产 L-Asp

以卡拉胶为包埋材料固定化高天冬氨酸酶活性的大肠杆菌细胞，并制成生物反应器实现 L-Asp 的连续生产，其反应工艺路线如图 2-1-4 所示。

图 2-1-4   L-Asp 生产工艺流程图

卡拉胶是一种优良无毒的天然凝胶包埋材料，由海藻中提取，作为细胞固定化包埋材料，具有机械性能较好、操作方便、稳定性较好、包埋条件温和等优点，常作为微生物菌体和微生物酶的包埋材料，对酶活性和细胞代谢无影响。固定化细胞技术是利用物理或化学手段将游离的微生物细胞、动物细胞定位于限定的空间区域，并使其保持活性且能反复利用的一项技术。它的制备方法有吸附法、共价交联法、絮凝法、包埋法，其中包埋法因操作简单、对细胞毒性小以及效率高而被广泛使用，是目前细胞固定化的重要手段。

（1）大肠杆菌细胞固定化

① 菌种活化   将冷冻（冷藏）保存的大肠杆菌菌体用 LB 培养基于 37℃培养过夜。取 1mL 已活化的处于对数生长期的大肠杆菌种子液接种至 50mL 灭菌种子培养基中（10%延胡索酸铵、2%玉米浆、2%牛肉膏、0.5% KH_2PO_4、0.05% $MgSO_4 \cdot 7H_2O$，pH 7.0），37℃振荡培养 24h，3000r/min 离心 20～30min，去上清液，菌体用无菌生理盐水洗涤 2 次，离心收集菌体，于 4℃冷藏备用。

② 大肠杆菌细胞固定化   称取 4g 大肠杆菌湿菌体振荡悬浮于 5mL 无菌生理盐水中，45℃恒温 5min，加 1.0g 卡拉胶于 20mL 无菌生理盐水，加热至 70～80℃使其溶解，降温至 45℃，并将悬浮大肠杆菌菌体与冷却至 45℃的卡拉胶混合均匀，4℃冰箱中放置 30min 成型。将成型凝胶在 100mL 0.3mol/L KCl 溶液中浸泡 4h，然后切成 $3mm^3$ 的立方体方块的颗粒。经无菌生理盐水洗涤 2 次后，将固定化细胞加入含有 1mol/L 延胡索酸铵的溶液中于 37℃活化 24h，即可使用。

（2）天冬氨酸酶酶活力测定与延胡索酸标准曲线绘制

① 湿菌体天冬氨酸酶酶活力测定　称取 0.5 g 湿菌体悬浮于 2mL 无菌蒸馏水中，加入 30mL 1.0mol/L 延胡索酸铵溶液（含 1mmol/L $MgCl_2$、1％Triton，pH 9.0），并于 37℃ 搅拌反应 30min，100℃ 灭酶，3000r/min 离心 5min。上清液经适当稀释后于 240nm 波长处测定吸光度并计算延胡索酸残余量，计算酶活力。一个酶活力单位定义为：在测定条件下，每小时每克细胞转化生成 1μmol 天冬氨酸所需酶量。

② 固定化细胞天冬氨酸酶酶活力测定　取相当于 0.5g 天然细胞的固定化细胞，置于 30mL 1.0mol/L 延胡索酸铵溶液（含 1mmol/L $MgCl_2$），37℃ 搅拌反应 30min，迅速过滤除去固定化细胞，分离反应液，适当稀释后于 240nm 波长处测定吸光度，计算延胡索酸残余量，并计算酶活力。总活力用每克固定化细胞每小时内所产生的 L-Asp 物质的量（μmol）表示[μmol/(h·g)]。

③ 延胡索酸标准曲线的绘制　延胡索酸在 240nm 波长处有特征性的吸收峰，在一定范围内，其吸光值与延胡索酸浓度呈正相关，且反应体系没有干扰。按表 2-1-2 配置延胡索酸标准梯度溶液，并于 240nm 波长处测定吸光值，记录在表中。以延胡索酸标准液浓度为横坐标，以测定得到的吸光值 A_{240} 为纵坐标，通过一元线性回归分析，得到标准曲线方程并制作线性回归曲线。

表 2-1-2　延胡索酸标准曲线绘制结果记录表

试管号	1	2	3	4	5	6
延胡索酸标准液(50μg/mL)体积/mL	0	1	2	3	4	5
蒸馏水体积/mL	5	4	3	2	1	0
A_{240}						

（三）L-天冬氨酸的质量控制

1. 天冬氨酸酶酶活力的测定

称取 6g 固定化的大肠杆菌菌体装入恒温的固定化生物反应器（ϕ15cm×30cm）中，底物延胡索酸铵（含 1mmol/L $MgCl_2$，pH9.0）以 1.0mol/L 恒速流过固定化细胞柱，空速（SV，指在连续流动的反应器中单位时间内通过单位天冬氨酸酶床层的延胡索酸量）= 0.87h^{-1}，流出液于 240nm 处测定延胡索酸含量并计算天冬氨酸酶酶活力和转化率。固定化酶的半衰期通过酶活力的衰变速度和工作时间的指数关系确定。

2. L-Asp 质量分析

L-Asp 质量分析方法和标准参照国家行业标准 QB/T 1118—1991。含量（99.5％）采用高氯酸滴定测定，比旋光度（24.5°～26.5°）采取旋光仪测定，硫酸根（≤200mg/L）采取比浊法测定，铁盐（≤10mg/L）采取比色法测定，氯离子（≤200mg/L）采用比浊法测定，铵盐采用比色法测定，延胡索酸采用分光光度法测定。L-Asp 质量检测分析结果记入表 2-1-3中。

表 2-1-3　L-Asp 质量检测项目及标准

检测项目及检测标准	含量 99.5%	比旋光度 24.5°~26.5°	硫酸根 ≤200mg/L	铁盐 ≤10mg/L	氯离子 ≤200mg/L	铵盐	延胡索酸	透光率 ≥95%
测定样品 1								
测定样品 2								
⋮								
测定样品 n								

实例二　L-赖氨酸的生产与质量控制

(一) L-赖氨酸概述

L-赖氨酸 (L-lysine，L-Lys)，也称 L-己氨酸、L-2,6-二氨基己氨酸，分子式为 $C_6H_{14}N_2O_2$，分子量为 146.19，无色针状结晶，比旋光度 $+14.6°$ $(c=6.5)$、$+25.9°$ $(c=2, 6.0mol/L$ HCl)。L-赖氨酸化学结构式如图 2-1-5 所示。

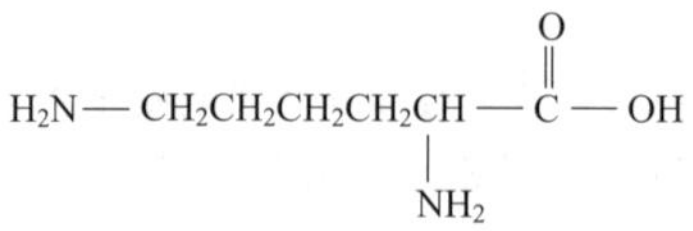

$$H_2N—CH_2CH_2CH_2CH_2CH—\overset{\overset{\displaystyle O}{\|}}{C}—OH$$
$$\underset{NH_2}{|}$$

图 2-1-5　L-赖氨酸化学结构式

其在水溶液中，0℃溶解度为 53.6g/100mL、25℃时为 89g/mL、50℃时为 111.5g/mL，微溶于乙醇，不溶于乙醚。游离赖氨酸在空气中易吸入 CO_2，制得赖氨酸晶体比较困难，工业上常以赖氨酸盐酸盐形式生产，赖氨酸盐酸盐熔点为 263℃，口服半致死量 (LD_{50}) 为 4.0g/kg，其结构中含有 α-氨基和 ε-氨基，只有 ε-氨基为游离状态时才能被机体利用，故具有游离 ε-氨基的赖氨酸称为有效赖氨酸。在提取时要注意避免有效赖氨酸破坏。

赖氨酸是合成脑神经、生物细胞核蛋白及血红蛋白不可或缺的营养成分，可缓解因赖氨酸缺乏产生的功能性障碍和蛋白质代谢不良等症状，若缺乏会导致机体其他氨基酸利用效率的降低，广泛应用于食品、药品以及饲料等工业中；也可作为营养补充剂用于医药领域，对外伤、烙伤、手术病人的康复有非常好的效果；赖氨酸还可作为利尿剂的辅助药物，治疗因血中氯化物减少而引起铅中毒的现象，与酸性药物 (如水杨酸) 联用生成盐类来减轻不良反应。

(二) L-赖氨酸的生产方法

1952 年，日本味之素公司对大豆蛋白进行水解获得了赖氨酸并实现工业化生产，同年，日本中山等人以谷氨酸棒杆菌 (*Corynebacterium glutamicum*) 为出发菌株，经多级诱变处理获得了赖氨酸工业化规模的生产菌，最先实现发酵法工业规模生产。1956 年，谷氨酸棒杆菌从土壤中被分离出来并用于谷氨酸的生产，随后又被用于赖氨酸的生产。微生物发酵法也因此成为赖氨酸制备的重要工业生产方法，赖氨酸工业已成为仅次于谷氨酸的第二大氨基酸工业。以下介绍蛋白质水解法、直接发酵法、酶促法和化学合成法等 L-赖氨酸的生产方法。

1. 蛋白质水解法

蛋白质水解法常以血粉或乳酪素为原料，用 25% H_2SO_4 进行酸解，并用石灰进行中和，过滤去渣。滤液真空浓缩，过滤除去不溶解的中性氨基酸，在热滤液中加入苦味酸，冷却至 $5℃$，保温 $12\sim16h$，析出 L-赖氨酸苦味酸盐结晶。经冷水洗涤后，结晶用水重新溶解，加盐酸生成赖氨酸盐酸盐，滤去苦味酸，滤液浓缩结晶，得赖氨酸盐酸盐。

2. 酶促法

酶促法是利用微生物产生的 D-氨基己内酰胺外消旋酶使 D-型氨基己内酰胺转化为 L-型氨基己内酰胺，再经 L-氨基己内酰胺水解酶作用生成 L-赖氨酸。可产生 D-氨基己内酰胺外消旋酶的常见微生物有奥贝无色杆菌（*Achromobacter obae*）、裂环无色杆菌（*Achromobacter cycloclastes*）、粪产碱杆菌（*Alcaligenes faecalis*）等，可产生 L-氨基己内酰胺水解酶的微生物有劳伦隐球酵母（*Cryptococcus laurentii*）、土壤假丝酵母、丝孢酵母（*Trichosporon pullulans*）等。

L-赖氨酸的酶促法制备工艺路线如图 2-1-6 所示。

图 2-1-6 L-赖氨酸的酶促法制备工艺路线

将可产生 D-氨基己内酰胺外消旋酶的无色杆菌和可产生 L-氨基己内酰胺水解酶的隐球酵母混菌培养，可实现 DL-氨基己内酰胺向 L-Lys 的转化，或用 D-氨基己内酰胺消旋酶将 D-氨基己内酰胺消旋化生成 L-氨基己内酰胺，再用水解酶水解生成 L-Lys，消旋酶来自裂环无色杆菌，水解酶来自隐球酵母。无色杆菌消旋酶的活力可保持约 30h，酵母水解酶可以保持约 100h，除使用干燥菌体外，也可以直接用培养液、菌体提取液进行反应，但要注意添加量。

赖氨酸酶促合成操作过程为：10% $100mL$（$78mmol/L$）的 DL-氨基己内酰胺（pH 调节至 8.0 左右），加入 $0.1g$ 隐球酵母的丙酮干燥菌体及 $0.1g$ 无色杆菌冷冻干燥菌体，置于 $300mL$ 的锥形瓶中，于 $40℃$ 摇床培养 24h。上清液中测不出氨基己内酰胺，L-赖氨酸的量为 $77.84mmol/L$，转化率达到 99.8%。加入少量活性炭进行脱色处理，搅拌并煮沸 3min，冷却至室温，过滤后用 HCl 调 pH 为 4.1，真空浓缩，$60℃$ 干燥得到 L-赖氨酸盐酸盐，纯度为 99.5%。

3. 化学合成法

以己内酰胺为原料，得到外消旋赖氨酸，经拆分可得到 L-赖氨酸。L-赖氨酸化学合成法工艺路线如图 2-1-7 所示。

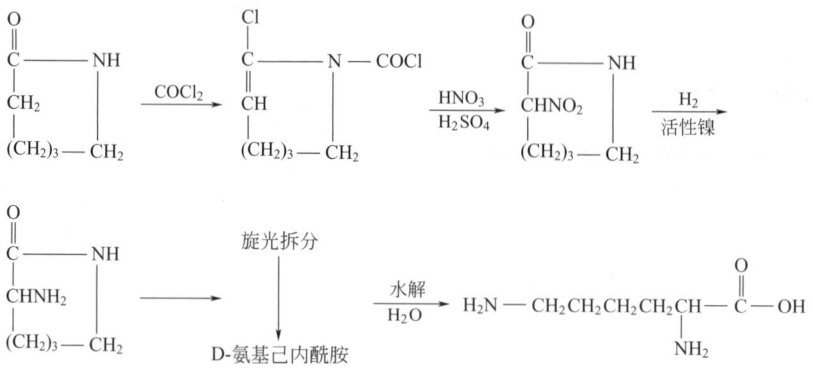

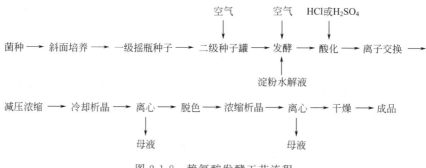

图 2-1-7 L-赖氨酸化学合成法工艺路线图

4. 直接发酵法

这是目前赖氨酸工业生产的主要方法。该方法是利用微生物的代谢调节突变株、营养要求性突变株（突变株的 L-赖氨酸生物合成代谢部分或完全被解除），以淀粉水解糖、糖蜜、乙酸、乙醇等原料直接发酵生成 L-赖氨酸。以下主要介绍微生物发酵法制备赖氨酸的生产工艺及过程质量控制。

赖氨酸发酵工艺流程如图 2-1-8 所示。

图 2-1-8 赖氨酸发酵工艺流程

（1）种子扩大培养 赖氨酸生产菌的扩大培养常分为二级扩大培养，即一级摇瓶种子和二级种子罐培养，二级扩大培养后接入发酵罐进行发酵。种子扩大培养包括配料、灭菌、接种、培养、检测等操作步骤。

（2）赖氨酸发酵 赖氨酸发酵过程控制中控制培养基中生物素、L-苏氨酸和 L-甲硫氨酸含量以及温度、pH、溶解氧（通风量、搅拌速度）等参数具有重要意义，特别是溶解氧控制。赖氨酸整个发酵过程分为菌体生长阶段和产物积累阶段，发酵时间以 16～20h 为分界线。发酵前期和发酵后期的培养温度一般为 30～32℃和 32～34℃，pH 控制在 6.5～7.5，最适 pH 为 7.0，可通过补充尿素或氨水控制 pH。二级种子培养接种量为 2.5%，培养48h。由于赖氨酸生产菌大多是高丝氨酸营养缺陷型，苏氨酸和蛋氨酸含量丰富导致只长菌而不产赖氨酸，要控制苏氨酸和蛋氨酸在亚适量水平。赖氨酸生产菌为生物素缺陷型，培养基中需限量添加生物素。适量添加某些特定物质可促进赖氨酸的生物合成（表 2-1-4）。

表 2-1-4　添加物质对赖氨酸发酵的影响

生产菌种	碳源	添加物质	赖氨酸发酵液中产量/g·L⁻¹		
			添加的	对照	增幅/%
谷氨酸棒杆菌	糖蜜	脱氨酸发酵液	55.0	40.0	37.5
		红霉素	55.8	40.1	39.15
		青霉素菌丝浸出液	40.5	36.2	11.88
乳糖法发酵短杆菌	葡萄糖	20mg/L铜离子	46.0	35.0	31.43
		氯霉素	30.0~33.0	18.0	66.67~83.33

（3）L-赖氨酸的提取　发酵液中赖氨酸的提取工艺分为离子交换、真空浓缩、中和析晶、脱色重结晶和干燥等阶段（图 2-1-9）。

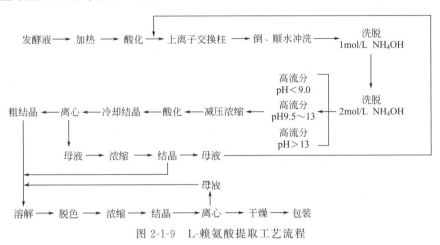

图 2-1-9　L-赖氨酸提取工艺流程

① 准备　赖氨酸发酵结束后，将发酵液加热升温到 80℃并保温约 10min，灭菌并冷却。用 HCl 或 H₂SO₄调节 pH 至 2.0（若发酵液赖氨酸含量较高可适当稀释）。

② 进样　上柱液（含菌体）由树脂底部进料，至一定液面高度，并进行真空抖料（即柱阀关闭，由顶部抽真空并急开一口，使柱内树脂向上翻滚），待树脂全部分散均匀后进行反交换，料液不断从底部向上流动并连续流过离子交换树脂层，此过程树脂保持松动（称倒上柱或反吸附）。另一种上柱方式是将已灭活的发酵液用自动排渣高速离心机离心，除去菌体和固形物，上清液调 pH 并适当稀释后从树脂柱上部进料，自上而下连续流过离子交换树脂层（称正上柱或正吸附）。未经除菌处理的发酵液采取正上柱时，要在柱顶加压，防止菌体堵塞。

③ 注意事项　主要考虑流速、pH、赖氨酸浓度、结晶与脱色几个环节。

a. 流速　吸附过程要注意上柱液的流速，一般每分钟流出体积约为树脂体积的 1%，并随时监测流出液 pH。待流出液 pH 下降至 4.5 时，不再洗脱，同时用茚三酮检测赖氨酸是否流出完全。离子交换完毕后，饱和树脂用水正相和反相冲洗，待树脂充分扩散、流出液澄清透明且 pH 呈中性时即清洗完毕。先用 1mol/L 氨水洗脱，当流出液 pH 达到 8.0 时，改用 2mol/L 氨水进行洗脱，洗脱过程要控制洗脱速度，一般情况下，洗脱速度为每小时 1 倍树脂体积。洗脱过程若流出液流速过快，易出现洗脱高峰不集中，拖尾长，树脂中赖氨酸还未洗脱完全，pH 就上升了，尾液中赖氨酸含量较高的情况。

b. pH 与赖氨酸浓度　洗脱过程中需连续监测流出液的 pH 及赖氨酸浓度的改变，常分为三个阶段洗脱液并分步收集,第一段为 pH<9.0 的流出部分,流出液中赖氨酸含量较低,可用作下批洗脱用氨水;第二段为 pH 9.5~13.0 流出液,其赖氨酸含量高,平均为 6%~7%,流出高峰期可达到 16%~20%,此段流出液是赖氨酸洗脱的主要阶段,为高含量区段,常直接送真空浓缩工段进行结晶浓缩;第三段为上段收集洗脱液的尾流部分,赖氨酸含量较低且铵离子量较高,可重新上柱洗脱或用作下批洗脱氨水之用。赖氨酸在进行离子交换时,常采取多柱串联离子交换（multiple-column series ion exchange,MCSIE）,MCSIE 可提高约 5% 的收率。在分段洗脱时,第三段洗脱液中赖氨酸含量较低,但铵离子浓度较高,因此,需采取减压浓缩除氨,从而提高单位体积的赖氨酸浓度,可采取中央循环管蒸发器、膜式蒸发器及双效或三效蒸发器。在浓缩操作前需将物料用酸调节 pH 至 8.0,真空浓缩温度 60~65℃,真空度 $8.6×10^4$ Pa 以上。物料经浓缩达到 22°Bé（其中赖氨酸含量约 90%）。氨回收装置与蒸发器相连,在浓缩过程中,回收淡氨水。

c. 结晶　浓缩罐放入中和罐,在搅拌条件下加入工业盐酸将料液 pH 调节至 4.8。然后,放料液至结晶罐进行析晶,在罐夹套内通过冷却水缓慢冷却物料,使冷却面与液体间温度差小于 10℃,温差不要过大,否则冷却面溶液因产生局部过饱和而结晶析出,并沉积在结晶罐内壁。物料降至 10℃ 并保温结晶 10~12h。在结晶过程中,要注意适当搅拌以促进结晶进程,使晶体与母液充分搅拌并有利于晶体的均匀长大。结晶罐底部装配的锚式搅拌器以 10~20r/min 低速搅拌,以加速晶体结晶析出。析出的晶体通过离心操作可获得带一个结晶水的赖氨酸盐酸盐粗产品。

d. 脱色　将带有一个结晶水的赖氨酸盐酸盐粗品用 2.5~3.0 倍去离子水溶解（赖氨酸含量为 30%~35%）,然后用活性炭进行脱色,活性炭用量一般为赖氨酸盐酸盐粗品的 3%~5%（以赖氨酸质量为基准计算）,活性炭用量可根据产品色泽进行合理选用,注意脱色温度和脱色时间等因素的影响。一般情况下,脱色温度为 70~80℃,脱色时间为 1~2h。完成脱色后立即用板框压滤机过滤并用水洗涤,合并滤液和洗涤液,真空浓缩至 22°Bé,冷却,结晶。纯化后的赖氨酸盐酸盐晶体用真空干燥或热风干燥或红外干燥,于 60℃ 干燥至水分含量≤0.1%。

(三) L-赖氨酸的质量控制

对产品进行质量分析,药用级、食用级和饲用级 L-赖氨酸质量标准如表 2-1-5 所示。

表 2-1-5　L-赖氨酸质量标准

检测项目	含量/%	溶液 pH	比旋光度 $[\alpha]_D^{20}$	干燥失重/%	灼烧残渣/%	氯化物(Cl⁻)/%	铵盐(NH₄⁺)/%
饲用级	≥98	5.0~6.0	18.0°~22.0°	≤1.5	≤0.5	—	≤0.04
食用级	≥98.5	5.6~6.0	19.0°~21.5°	≤0.6	≤0.3	19.0~19.6	≤0.02
药用级	≥98.5	5.6~6.0	20.5°~21.5°	≤0.1	≤0.1	19.1~19.5	≤0.02

检测项目	硫酸盐(SO₄²⁻)/%	铁/mg·kg⁻¹	砷/mg·kg⁻¹	重金属(以 Pb 计)/mg·kg⁻¹	纸色谱	热原
饲用级	—	—	≤2	≤30	一点(点样 10mg)	—
食用级	≤0.03	—	≤2	≤20	一点(点样 30mg)	—
药用级	≤0.03	≤30	≤2	≤10	一点(点样 50mg)	无

 实训任务

L-胱氨酸的制备

【任务目的】

1. 了解水解法生产氨基酸的主要过程。
2. 掌握 L-胱氨酸的制备工艺。

【实训原理】

L-胱氨酸广泛存在于人发、猪毛、羊毛、马毛、羽毛等动物角蛋白中，是由两个 β-巯基-α-氨基丙酸组成的含硫氨基酸。其形状呈六角形板状，为白色结晶或粉末，微溶于水，不溶于乙醇及其他有机溶剂，溶于无机酸和碱，熔点 260℃ 左右。

L-胱氨酸的结构式如图 2-1-10 所示。

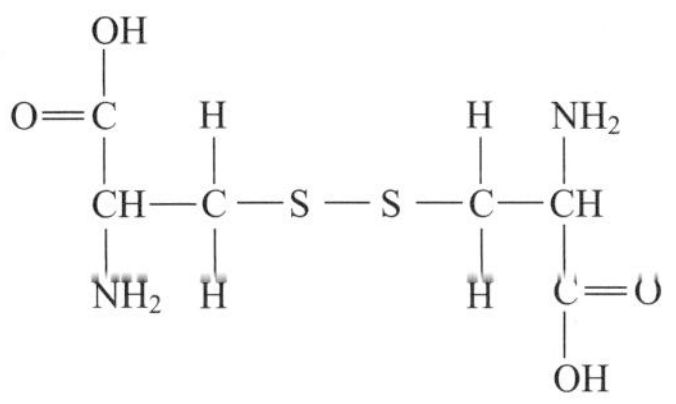

图 2-1-10　L-胱氨酸的结构式

角蛋白在盐酸的作用下逐渐水解为小分子，水解液为各种氨基酸的混合物。根据它们的等电点不同将其分离、提纯（胱氨酸 pI 为 5.02），最终得到纯的 L-胱氨酸。

L-胱氨酸的制备方法有很多种，其中以毛发为原料，通过酸解提取法制备为国内外生产厂家所采用，其原因是方便、经济。本实训采用人毛发为原料经浓盐酸水解，再经碱中和过滤后得到胱氨酸粗品，后经酸溶、脱色、中和、过滤后得到白色晶体，即为 L-胱氨酸。

【实训材料】

烧杯、滴管、玻璃棒、药匙、洗瓶、量筒、普通漏斗、圆形分液漏斗、三颈烧瓶、直型冷凝管、搅拌器、电加热套、铁架台、滤纸、pH 试纸（广泛试纸，精密试纸）等。人发、洗洁精、清水、蒸馏水、NaOH（30％）、盐酸（30％、15％各 180mL、140mL）、活性炭（粗品质量的 5％）、EDTA（粗品质量的 0.1％）等。

【实施步骤】

取去除杂质的干净人发 100g 与 180mL 30％ HCl 混匀，加热至 110～118℃，回流 6h 后热抽滤，滤液用 30％NaOH（40℃）中和至 pH 4.8～5.1，搅拌 15min，晶液混合体静置 24h，抽滤，粗品用 140mL 15％HCl、4.06g 活性炭与 0.1g EDTA 混合液回流 0.5h，抽滤，用 15％NaOH（40℃）中和 pH 至 4.8～5.1，静置，抽滤，得褐色固体，即为 L-胱氨酸成品。

【任务总结】

各小组在完成实训项目后，对实训过程和实训结果进行总结评价，形成工作总结汇报和实训论文，并制作实训 PPT 和 word 形式的实训论文及总结。

 课后习题

一、名词解释

氨基酸类药物；复方氨基酸输液

二、填空题

1. 氨基酸常用制备方法有_____、_____、_____和_____ 4 种。

2. 根据氨基酸对人体营养价值不同，可分为_____、_____和_____。

3. 氨基酸的蛋白质水解法有_____、_____和_____。

4. L-天冬氨酸主要以_____、_____和_____生产为主。

5. 发酵液中赖氨酸的提取工艺分为_____、_____、_____、_____和_____等阶段。

三、问答题

1. 氨基酸药物的类别有哪些？

2. 氨基酸类药物的制备方法有哪些？

3. 阐述 L-天冬氨酸合成的方法。

单元二

多肽和蛋白质类药物的生产与质量控制

目标要求

1. 熟悉多肽与蛋白质类药物的定义、作用及分类。
2. 掌握多肽与蛋白质类药物的生产与质量控制方法。
3. 掌握胸腺激素与胸腺肽的生产与检测方法。
4. 熟悉谷胱甘肽的生产与检测方法。

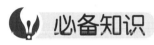

一、多肽和蛋白质类药物概述

（一）多肽和蛋白质类药物的定义

多肽和蛋白质类药物是指用于预防、治疗和诊断的多肽和蛋白质类物质。多肽是 α-氨基酸以肽链连接在一起而形成的化合物，它也是蛋白质水解的中间产物。n 条多肽链按一定的空间结构缠绕纠结就构成了蛋白质。大分子蛋白质水解会生成多肽。自 1953 年第一个人工合成有生物活性的催产素问世以来，多肽与蛋白质类药物取得了巨大的进展，陆续有大量蛋白质与肽类药物被研究开发出来并成功应用于临床疾病的治疗中。相比于小分子药物，多肽与蛋白质类药物生物活性更高、特异性更强、生理毒性更低以及生理功能更确切，当然，也存在稳定性差、易被消化酶降解、生物半衰期短、扩散性差、分配系数小且难于通过生物屏障及脂质体膜等先天性不足，通过对多肽和蛋白质类药物进行化学与生物修饰，可改善原有药物的生物利用度、改善生物组织的适应性、增强受体-配基作用力以及增加药物-受体的选择性和适配性，使多肽及蛋白质类药物的临床应用效果有显著提高。多肽与蛋白质类药物的研制也成了当前生物医药产业极具发展前景和市场潜力的药物类别。多肽与蛋白质类药物是生物药物中非常活跃的领域，在疾病的预防、治疗、诊断等方面发挥着重要作用。

（二）多肽和蛋白质类药物的分类

1. 根据结构组成分类

（1）多肽类药物　多肽类药物是由 2～50 个氨基酸通过肽键（酰胺键）连接而成的链状

化合物，其分子量较小，无特定空间构象，在生物体内活性高、浓度低，对机体有重要调节作用，主要包括激素类和生长调节因子类等。多肽类物质也称多肽类激素或活性多肽。生物体内有多种激素、活性多肽，仅大脑中就发现有近 40 种。如肾上腺皮质激素、加压素、催产素、促胰液素、胃泌素、促甲状腺素释放激素、促性腺激素释放激素、生长激素抑制激素、甲硫氨酸脑啡肽以及血管紧张肽Ⅰ、Ⅱ和Ⅲ等。

（2）蛋白质类药物 蛋白质类药物具有高活性、特异性强、低毒性、生物功能明确、有利于临床应用等特点，分为单纯蛋白质类药物和结合蛋白质类药物。单纯蛋白质类药物有人白蛋白、人丙种球蛋白、血纤维蛋白、抗血友病球蛋白、硫酸鱼精蛋白、胰岛素、生长素、催乳素、明胶等；结合蛋白质类药物有糖蛋白、脂蛋白、色蛋白等。临床常用的蛋白质类药物有绒毛膜促性腺激素（糖蛋白）、垂体促性激素（糖蛋白）、尿促卵泡素（糖蛋白）等。蛋白质类药物除蛋白质激素和细胞生长调节因子外，还有血浆蛋白质类、蛋白酶抑制剂、黏蛋白、胶原蛋白等其他生化药物等。

2. 根据蛋白质与多肽类药物的生理功能分类

（1）多肽激素类药物 多肽激素类药物有分泌器官的特异性。如促肾上腺素激素是脑垂体分泌的，能维持肾上腺皮质的正常生长，促进皮质激素的合成和分泌；加压素也称抗利尿素，具有抗利尿和升高血压两重作用，它能促进肾小管对水分的重吸收，使尿量减少、尿液浓缩、口渴减轻，适用于抗利尿激素缺乏所致的尿崩症的诊断和治疗。

（2）免疫球蛋白生化药物 特异免疫球蛋白制剂，如丙种球蛋白 A、抗淋巴细胞球蛋白，以及从人血中分离纯化的对百日咳、麻疹、带状疱疹、水痘、破伤风、腮腺炎等病毒有强烈作用的特异性免疫球蛋白。丙种球蛋白是从人血浆或血清中分离提纯的蛋白质制品，可提高机体对多种细菌和病毒的抵抗力，主要用于预防麻疹、甲型病毒性肝炎、脊髓灰质炎，预防效果常取决于预防注射的时间和剂量；抗淋巴细胞球蛋白是一种球蛋白，适用于器官移植时免疫排斥的治疗，用于人的同种异体移植有明显疗效，特别是对肾脏移植的病人。

（3）其他蛋白质类生化产品 有些天然蛋白质在体内具有激素的某些生化功能，如胰岛素是目前治疗糖尿病的特效药。绒膜促性激素、血清促性激素、垂体促性激素是天然糖蛋白性激素，适用于治疗性功能不全引起的各种病症；有些蛋白质是天然抗感染物质，如干扰素具广谱抗病毒作用，可干扰病毒在细胞内繁殖，用于治疗人类病毒性疾病；人血液制品如人血浆、白蛋白、丙种球蛋白等都是重要的药物，白蛋白主要生理作用是维持血浆正常的胶体渗透压，占血浆总胶体渗透压的 80% 左右。给药方式一般采用静脉推注或滴注。

二、多肽与蛋白质类药物的生产方法

目前，多肽和蛋白质类药物生产方法主要有生化提取法和基因工程菌（或细胞）生产法。

（一）生化提取法

传统的生化提取法是直接从动植物、微生物等中分离生物活性多肽或蛋白质的生产方法，也包含动植物以及微生物细胞发酵生产得到的蛋白质与多肽类药物。哺乳动物生产的蛋白质与多肽类药物，尤其是人体来源的蛋白质和多肽类药物同源性较好，用于人类安全性高、效价高、疗效确切且稳定性较好。如从动物上获得胰岛素，从人血浆中分离制备免疫球蛋白、凝血系统蛋白、补体系统蛋白和蛋白酶抑制物等，从人胎盘中制备人胎盘丙种球蛋白、人胎盘白蛋白、绒毛促性激素（HCG）等，以及利用人尿制备尿激酶、尿抑胃素、蛋白酶抑制剂、集落刺激因子（CSF）、表皮生长因子等。此外，如骨宁、胎盘提取物、蛇毒、蜂毒、胚胎素、神经营养素、花粉提取物、肝水解物、心脏激素等生化药物或组织制剂其活性成分也主要是一些多肽成分。由于多肽与蛋白质类药物的多样性，会产生较强的免疫反应，多用于口服和外用。另外，海洋资源中也潜藏着大量的蛋白质与多肽类药物，有着很好的发展前景。

（二）基因工程菌（或基因工程细胞）生产

蛋白质与多肽类药物可利用原核或真核表达系统进行生产，如真核生物的酵母菌在多肽与蛋白质类药物中应用较为广泛，通过基因工程技术将目的蛋白质（或多肽）编码基因导入到载体中并在工程菌中有效表达，从而获得蛋白质或多肽类药物。原核生产系统以大肠杆菌应用较为广泛，大肠杆菌宿主系统研究非常成熟，可实现大规模发酵，现已应用超过100t规模的发酵罐进行工程菌的生产，成本较低廉，但大肠杆菌生产的蛋白质多是以无活性的还原状态的包涵体存在，需要通过氧化产生分子内二硫键形成正确的折叠，复性转变为有活性的蛋白质；真核系统（如哺乳动物细胞及酵母）生产蛋白质和多肽类药物的优点是产物为胞外产物，生产的活性蛋白质能特异地折叠，在一级、二级及三级结构上与天然蛋白质一致，但生产成本高，技术难度大，大规模生产存在问题。

三、多肽与蛋白质类药物的分离纯化方法

在等电点时，蛋白质和多肽的导电性、黏度及渗透压也是最小的，可利用等电点溶解度最小的特性进行蛋白质与多肽类药物的分离纯化，也可以利用凝胶过滤法、超滤法、离心法及透析法等方法将蛋白质与其他小分子物质进行分离，还可以将大小不同的蛋白质进行分离。同一条件下，不同蛋白质有不同的溶解度，适当改变外部条件，可以选择性地控制某一种蛋白质的溶解度，从而达到分离的目的，如盐析法、结晶法和低温有机溶剂沉淀法等。通过离子交换色谱法也可以实现蛋白质的分离与纯化。蛋白质和多肽结构上含有能够离子化的基团，一般用离子交换纤维和以葡聚糖凝胶、琼脂糖凝胶、聚丙烯酰胺凝胶等为骨架的离子交换剂进行分离纯化；也可以利用蛋白质功能专一性的不同来纯化蛋白质，如蛋白质的亲和色谱；此外，蛋白质易受pH、温度、酸、碱、金属离子、蛋白质沉淀剂、配位剂的影响，各种蛋白质受到的影响有差异，可基于这种差异进行蛋白质的纯化，甚至还可以利用蛋白质的选择性吸附差异进行蛋白质的纯化。

四、多肽与蛋白质类药物的质量控制

蛋白质与多肽类药物常由动植物及微生物细胞发酵生产，发酵过程中，目标产物易受到理化因素及生物因素影响，因此进行质量控制和检测具有非常重要的作用。蛋白质与多肽类药物生产必须从原料到生产过程实施全程监控。起始原料质量控制包括菌种库或细胞库、种子扩大培养系统、发酵培养基及培养基添加物等；生产过程控制包括培养产物的检定及生产

过程参数的控制，也包括半成品的检定，如稳定性检定、无菌试验及生物学活性检验等；最终产品质量控制要根据纯化工艺过程、产品理化性质、生物学性质以及产品用途等多方面确定质量控制指标及对应的分析检测手段，一般从物理化学性质、生物学活性、产品纯化、杂质分析以及安全性等方面进行蛋白质和多肽类药物的质量控制。

（一）物理化学检定

1. 鉴别

蛋白质与多肽类药物常用鉴别方法有理化鉴别法和生物鉴别法，理化鉴别法如 HPLC、紫外光谱（UV）和红外光谱（IR）等；生物鉴别法主要是利用蛋白质特定抗原性进行鉴别，如 Western 杂交、免疫斑点、免疫电泳、免疫扩散等。以免疫印迹法鉴别时，需进行供试品 SDS-聚丙烯酰胺凝胶电泳，并将相应斑点由电泳凝胶向硝酸纤维素膜转移；免疫斑点法则直接在硝酸纤维素膜上进行酶学反应；免疫印迹法或免疫斑点法检定时供试品应为阳性，如注射用重组人干扰素 α2a 的成品检定中的鉴别试验应为阳性。

2. 分子量的测定

蛋白质与多肽类药物分子量的测定常采用 SDS-PAGE 法进行。若采用 SDS-PAGE 法测定不可靠，可用 MALDI-MS（基质辅助激光解吸电离质谱）或 ESI-MS（电喷雾电离质谱）直接测定。如注射用重组人干扰素 α2a 的分子量采用 SDS-PAGE 电泳法进行测定，考马斯亮蓝 R250 染色，分离胶浓度为 15%，加样量不低于 $0.1\mu g$，测得分子量应为 (19.2 ± 1.9) kDa。

3. 蛋白质纯度分析

重组蛋白质与多肽类药物纯度一般采用 HPLC 和 SDS-PAGE 方法进行检测。SDS-PAGE 电泳图谱应显示单一条带，经扫描产品纯度一般应大于 95%。HPLC 法一般尽量采用与 SDS-PAGE 法原理不同的反相柱或其他离子交换柱进行分析，HPLC 分析结果应呈单一峰，经积分计算产品纯度至少大于 95%。对某些高剂量重组蛋白质药物纯度要达到 99.0% 以上，如出现其他的杂质峰，则应对杂质的性质进行分析。必要时，还需研究采用适宜的方法测定相关蛋白质（如异构或缺失体）的含量，并制定相应的限量标准。如注射用重组人干扰素 α2a 的纯度分析采用非还原型 SDS-PAGE 电泳法，纯度应不低于 95.0%。

4. 等电点

一般采用等电聚焦电泳或毛细管电泳法，并与标准品或理论值相比较。等电聚焦电泳常用于检测蛋白质类药物的等电点。如《中国药典》2015 版第三部收载的重组人干扰素 α1b、干扰素 α2a、干扰素 α2b 和干扰素 γ 等电点，主区带应分别为 4.6～6.5、5.5～6.8、4.0～6.7 和 8.1～9.1。

5. 氨基酸序列分析

N 端氨基酸序列常作为蛋白质和多肽类药物鉴定的重要依据，一般至少要求测定 15 个氨基酸。部分蛋白质药物以单链或中间断裂后形成双链，则会出现两个不同的 N 端，因此，蛋白质与多肽类药物在质量标准中常根据理论值分别设定 N 端为标准。蛋白质与多肽类药物 N 端测序常采取 Edman 化学降解法进行。如《中国药典》2015 版第三部收录的重组人干扰素 α2a 原液的检定中，至少每年测定一次产品 N 端氨基酸序列。

6. 蛋白质含量测定

准确的蛋白质含量对于确定蛋白质药物的产品规格及剂型具有重要的指导意义，同时，也有利于比活性、残留杂质限量控制及其他理化性能监测等指标的检测，特别是临床评价中在体现量-效关系、毒性剂量以及临床方案的制定等方面都具有重要的指导意义。《中国药典》2015 版采用的蛋白质含量测定的方法有凯氏定氮法、Lowry 法和双缩脲法。

（二）安全性与杂质检查

蛋白质与多肽类药物的安全性检定有一般安全检查、外源性污染物检查及过敏性物质检查等。一般安全检查包括有无菌试验、热原试验等；外源性污染物检查包括支原体检查、野毒检查、乙肝表面抗原和丙肝抗体检查、外源 DNA 测定和残余宿主细胞蛋白质测定等。由于大多数蛋白质与多肽类药物采取基因工程方法生产，需进行药物外源性的 DNA 残留量检定和宿主细胞（菌）蛋白质残留量的检查。

1. 残余抗生素的检查

在蛋白质与多肽类药物的生产过程中，通常不建议使用抗生素，但若使用了抗生素，则在蛋白质与多肽类药物分离纯化过程中要进行残余抗生素的检查，而且在药物原液中要增加抗生素残留检查的检测项目。例如，《中国药典》2015 版第三部收录的大肠杆菌表达系统生产的重组蛋白质药物，如注射用重组人干扰素 α1b、干扰素 α2b、干扰素 γ 和注射用重组人白介素-2，在原液制造的种子液制备过程中使用了含适量抗生素的培养基，需进行抗生素残留量检测（通则 3408），如重组霍乱毒素 B 亚单位原液。

2. 宿主细胞（菌）蛋白质残留量的检查

所有重组蛋白质与多肽类药物都不可能做到宿主细胞（菌）蛋白质的零残留，所以主要进行的是限量检查，特别是在临床使用中需反复注射多次（肌内注射）的重组蛋白质或多肽类药物，宿主细胞（菌）蛋白质残留量的检定一定要符合《中国药典》2015 版最新要求。大肠杆菌菌体蛋白质残留量测定法中采用酶联免疫法测定大肠杆菌表达系统生产的重组制品中菌体蛋白质残留量（通则 3412）；假单胞菌菌体蛋白质残留量测定中采用酶联免疫法测定假单胞菌表达系统生产的重组制品蛋白质残留量（通则 3413）；酵母工程菌菌体蛋白质残留量测定法中采用酶联免疫法测定酵母表达系统生产的重组制品菌体蛋白质残留量（通则 3414）。

3. 外源性 DNA 残留量的检定

重组蛋白质与多肽类药物的生产需进行外源性 DNA 残留量的检定，外源性 DNA 残留量测定法收载于《中国药典》（2015 版）第四部通则 3407，该通则中收录了 DNA 探针杂交法和荧光染色法两种。如外用重组牛碱性成纤维细胞生长因子、外用重组人表皮生长因子、重组乙型肝炎疫苗、注射用重组人干扰素 α1b 等均需要进行外源性 DNA 残留量的检查。

4. 生物学活性检定

生物学活性检定是指利用生物体来测定样品的生物活性或效价的检定方法，以生物体对检品的生物活性反应为基础，通过对比检品与相应标准品在一定条件下所产生的特异性生物反应的量效关系进行被检品的效价或生物学活性评定。如注射用乙型肝炎免疫球蛋白（pH 4.0）、静注人免疫球蛋白等应进行 IgG 的 Fc 段生物学活性检测（通则 3514），利用溶血反应动力学曲线，计算生物学活性。常用检定方法有体内测定法（如网织红细胞法，通则 3522）、体外测定法（如细胞病变抑制法，通则 3523）、报告基因法（适用于 I 型干扰素，通则 3523）、比色法（如 CTLL-2 细胞/MTT 比色法——通则 3524，NFS-60 细胞/MTT 比色法——通则 3525，TF-1 细胞/MTT 比色法——通则 3526，细胞增殖法/MTT 比色法——通则 3527、3528）等。活性测定需采用国际上通用惯例或方法对测定结果进行校正，以国际单位或指定单位来表示生物活性。

实例精讲　典型多肽与蛋白质类药物的生产与质量控制

实例一　胸腺素的生产与质量控制

（一）胸腺素概述

胸腺组织是淋巴器官，发生于胚胎的第二个月，到出生后 2 年内，其生长迅速，体积较大，到青春期仍继续发育，青春期后发生萎缩。以胸腺为原料提取胸腺素时，需取幼年动物。胸腺素是由胸腺上皮细胞分泌，是一类激素样物质，有胸腺生长素、胸腺生成素、胸腺因子等 10 多种。1966 年，Goldstein 等首先从小牛胸腺组织中提取到一种具有生物活性的物质，命名为胸腺素。

胸腺素为免疫调节剂，具有保证免疫系统发育、控制 T 淋巴细胞分化及成熟以及参与机体免疫机能调节等生理功能，常用于原发性和继发性免疫缺陷病（如反复上呼吸道感染等）、自发免疫病（如肝炎、肾病、红斑狼疮、类风湿性关节炎、重症肌无力等）、变态反应性疾病（如支气管哮喘等）、细胞免疫功能减退的中年老年疾病并可抗衰老以及肿瘤辅助治疗等方面。目前，人们关于胸腺素制剂进行了大量研究并取得了较好的成果（表 2-2-1）。

表 2-2-1　常用胸腺素的制剂及功能

名称	结构与化学性质	备注
胸腺素组分 5	一族酸性多肽,平均分子量为 1000～15000	具有免疫活性
猪胸腺素注射液	多肽混合物,平均分子量在 15000 以下	
胸腺素 α1	具有 28 个氨基酸残基的多肽,平均分子量为 3108,pI 为 4.2	
胸腺体液因子	多肽,平均分子量为 3200,pI 为 5.7(5.6～5.9),由 31 个氨基酸残基组成,氨基酸顺序未知,对热稳定	诱导正常和去胸腺小鼠淋巴细胞生成和免疫重建

续表

名称	结构与化学性质	备注
血清胸腺因子	9肽，N端被封闭，是焦谷氨酸，自然分离的最小的胸腺肽，平均分子量为857，pI 为 7.5，已确定氨基酸顺序并进行了合成	合成的血清胸腺因子与天然的具有相同的生物学与化学性质，由胸腺上皮细胞产生
胸腺生成素	具有 49 个氨基酸残基的多肽，平均分子量为5562，pI 为 5.7	体外诱导骨髓细胞分化为成熟的 T 细胞，由胸腺上皮细胞合成和分泌
胸腺因子 X	多肽，平均分子量为 4200	
胸腺刺激激素	多肽混合物	
自身稳定胸腺激素	糖肽，平均分子量为 1800～2500	

（二）胸腺素的生产方法

小牛胸腺素提取工艺路线如图 2-2-1 所示。

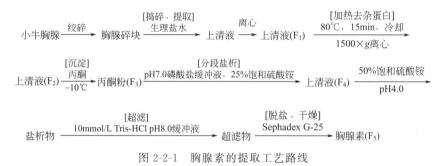

图 2-2-1　胸腺素的提取工艺路线

1. 提取

将新鲜或冷冻胸腺剔去脂肪组织，绞碎后加入约 3 倍量的生理盐水并于组织捣碎机高速捣碎，制成组织匀浆，14000r/min 离心 5min 后得提取液（组分 1，F_1）或 1500 r/min 离心 30min，上清液再用纱布过滤得组分 F_1。

2. 加热去杂蛋白

组分 F_1 于 80℃ 加热 15min，以沉淀对热不稳定的杂蛋白部分。冷却至室温后，1500 r/min 离心 30min，去掉沉淀，得上清液（组分 2，F_2）。

3. 沉淀

组分 F_2 冷却至 4℃，加入 5 倍体积的 −10℃ 预冷的丙酮溶液沉淀，过滤收集沉淀，干燥后得到丙酮粉（组分 3，F_3）。

4. 分段盐析

将丙酮粉（组分 F_3）溶于 pH 7.0 磷酸盐缓冲液中，加硫酸铵到饱和度为 25%，1500 r/min 离心 30min 除去沉淀，收集上清液（组分 4，F_4）。组分 F_4 调 pH 4.0，加硫酸铵至饱和度为 50%，得盐析物。

5. 超滤除盐

将盐析物溶于 pH 8.0 的 10mmol/L Tris-HCl 缓冲液中，超滤，取分子量在 15000 以下的超滤液。

6. 脱盐和干燥

超滤液经 Sephadex G-25 脱盐处理后，冷冻干燥即得胸腺素（组分 5，F₅）。我国为了制剂方便，常采取先脱盐再超滤的工艺路线。胸腺素 F₅ 提取过程需要注意的操作要点有：①除加热去杂蛋白操作外，其他步骤均应在 0～4℃低温条件下完成；②F₅ 过 Sephadex G-150 柱时，在 276nm 波长处检测共有 4 个吸收峰，胸腺素位于第 3 个峰；③超滤液经 Sephadex G-25 柱脱盐时，在 276nm 波长处检测共有 2 个吸收峰，胸腺素 F₅ 位于第 1 峰。

（三）胸腺素的质量控制

1. 产品的纯度与活力测定

胸腺素 F₅ 产品鉴定通过称取 10mg/mL 胸腺素溶液 1mL，加入 25％磺基水杨酸 1mL，溶液应看到混浊；分子量测定采用葡聚糖高效液相色谱法进行，样品中所有多肽的分子量均小于 15000；产品活性测定要求产品的 E-玫瑰花结升高百分数不得低于 10％。

2. 多肽含量测定

根据《中国药典》2015 版中规定的方法测定样品中无机氮含量及用半微量凯氏定氮法测定总氮量，按以下公式计算胸腺素中的多肽含量：

$$样品胸腺素多肽含量 = \frac{(总氮量 - 无机氮量) \times 6.25}{测定时的取样量} \times 100\%$$

实例二　注射用胸腺肽的生产与质量控制

（一）概述

我国临床应用的胸腺肽主要由分子量为 9600 和 7000 左右的两类蛋白质或肽组成，氨基酸种类有 15 种，且主要为必需氨基酸，含有 0.2～0.3mg/mg RNA、0.12～0.18mg/mg DNA。胸腺肽在 80℃ 条件热处理其生物活性能较好保持，具有较好的热稳定性，经蛋白酶酶解后，生物活性消失。

（二）注射用胸腺肽的生产方法

注射用胸腺肽的生产工艺路线如图 2-2-2 所示。

1. 原料预处理

取 -20℃ 冷藏的小牛（或小猪、小羊）胸腺，用无菌剪刀剔去附属脂肪组织和筋膜等组织，用冷无菌蒸馏水洗涤干净并置于无菌绞肉机绞碎。

[原料处理]　　　　　[制匀浆、提取]

小牛胸腺　绞碎　绞碎胸腺　冷重蒸馏水　胸腺匀浆　[部分热变性、离心、过滤]

80℃，5min，5000r/min离心，40min

[超滤、提纯]　　　　　　　　　[分装、冻干]

滤液　超滤膜，$M<10000$　精制液　3%甘露醇　注射用胸腺肽

图 2-2-2　胸腺肽的生产工艺路线图

2. 组织匀浆和提取

将绞碎的胸腺组织与冷重蒸馏水按 1:1 比例混合均匀，于 10000r/min 高速组织捣碎机中捣碎 1min，制成胸腺组织匀浆；10℃ 以下浸渍提取，并放置在 −20℃ 冰冻储藏 48h。

3. 部分热变性、离心和过滤

将冷冻胸腺组织匀浆融化处理后，置水浴上搅拌加温至 80℃ 并保温 5min，迅速降温，并置于 −20℃ 以下冷藏 2~3 天，然后取出融化，并以 5000r/min 离心 40min，2℃ 条件下收集上清液，除去沉淀，收集得到的上清液用滤纸或 0.22μm 微孔滤膜减压抽滤，收集澄清滤液。

4. 超滤、提纯、分装和冻干

将澄清滤液用分子量截留值为 10000 以下的超滤膜进行超滤，收集分子量小于 10000 的活性多肽，得胸腺肽精制液，并置 −20℃ 冷藏；检验合格后，加入 3% 甘露醇作赋形剂，用微孔滤膜除菌过滤、分装、冷冻干燥，即得注射用胸腺肽。

（三）注射用胸腺肽的质量控制

制备得到的注射用胸腺肽其 E-玫瑰花结升高百分数不得低于 10%，分子量在 10000以下。

实例三　谷胱甘肽的生产与质量控制

（一）谷胱甘肽概述

谷胱甘肽（GSH），也称 γ-L-谷氨酰-L-半胱氨酰-甘氨酸，由 Hopkins 于 1921 年发现并于 1930 年确定了化学结构，随后，Rudingen 等进行了化学全合成。GSH 是由谷氨酸、半胱氨酸和甘氨酸经肽键缩合而成，谷胱甘肽的化学结构如图 2-2-3 所示。

从结构中可以看出，GSH 分子中有 1 个特殊肽键，即由谷氨酸的 γ-羧基（—COOH）与半胱氨酸的 α-氨基（—NH$_2$）缩合而成的肽键，这种结构使其不易被多肽水解酶在 N 端氨基酸的 γ-羧基处分解，只能被某些特定的存在于细胞膜外侧的 γ-谷氨酰转移酶清除。GSH 结构中还有一个活泼巯基（—SH）。

GSH 分子量为 307.33，熔点 189~193℃（分解），晶体呈无色透明细长柱状，pI 为 5.93，可溶于水、稀醇、液氨和二甲基甲酰胺，不溶于醇、醚和丙酮。GSH 固体比较稳定，在水溶液中易被空气中的氧氧化。两分子还原型 GSH 中活泼巯基氧化缩合为二硫键，可得

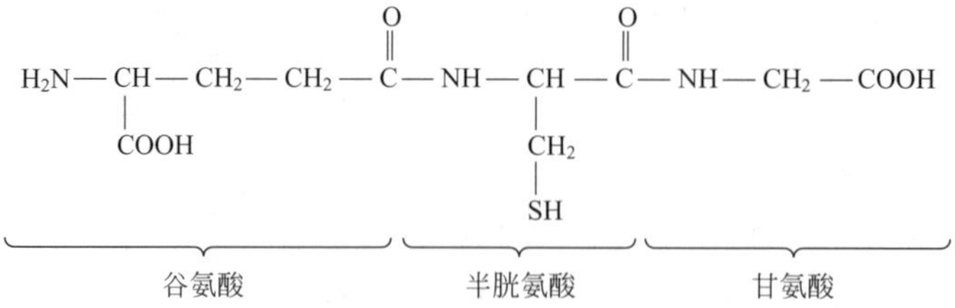

图 2-2-3　GSH 的化学结构

到氧化型谷胱甘肽（GSSG）。只有还原型谷胱甘肽有生物学活性。GSH 存在于所有的动物、植物及微生物细胞中，其中以动物组织中含量较高，植物组织中含量较低，是最主要的非蛋白巯基化合物。

GSH 是一种用途广泛的活性短肽，可作为抗氧化剂保护生物分子蛋白质的巯基被氧化，清除体内过多自由基，参与体内 TCA 循环及糖代谢，具有解毒、延缓衰老、抗过敏、消除疲劳以及预防动脉硬化、糖尿病和癌症等功效，并能抑制乙醇侵害肝脏产生脂肪肝等。GSH 作为一种内源性放射性的防护物质，能有效地改善机体由于放射性治疗引起的症状；GSH 还可在体育运动领域中应用，如 GSH 可增加肌肉中的红细胞蛋白的含量及抗氧化能力。

（二）GSH 的生产方法

目前，GSH 的生产方法有溶剂萃取法、发酵法、酶法和化学合成法 4 种。

1. 溶剂萃取法

溶剂萃取法是以富含 GSH 的动植物组织为原料，采用适当的溶剂进行萃取，或结合淀粉酶、蛋白酶等酶法处理技术进行 GSH 的提取，经分离、纯化、精制等操作制备 GSH 的生产方法。以小麦胚芽为例，GSH 溶剂萃取法提取工艺如图 2-2-4 所示。

以小麦胚芽提取 GSH 时，要采取破壁处理，常用方法有机械破壁法、化学破壁法和酶解破壁法 3 种：①机械破壁法，用高压均质机和高速球磨研磨法将小麦胚芽细胞壁破坏，使 GSH 溶出。②化学破壁法，利用一些无机或有机试剂溶解小麦胚芽细胞的细胞膜和膜上的表面结构或改变细胞膜的通透性，使胞内 GSH 释放的破壁技术。常用热水抽提法、乙醇抽提法、甲醇抽提法、三氯乙酸抽提法及有机溶液混合抽提法等。③酶解破壁法，是将细胞置于合适的温度、pH 和缓冲液中，保温一定时间后激活细胞内自溶酶系统，溶解细胞壁和细胞膜，使其胞内 GSH 释放出来，也可以添加淀粉酶、蛋白酶加速溶解细胞壁、细胞膜及胞内大分子，从而提高 GSH 的提取效率。

2. 酶法

利用生物体内天然存在的 GSH 合成酶，以 L-谷氨酸、L-半胱氨酸及甘氨酸为酶促合成底物，并添加少量 ATP，酶促反应一段时间后即可获得 GSH。GSH 合成酶大多来源于酵母菌或大肠杆菌等，包括 GSH 合成酶 I（γ-L-谷氨酰-L-半胱氨酸合成酶）和 GSH 合成酶 II（γ-L-谷氨酰-L-半胱氨酰-甘氨酸合成酶）两种。酶法合成 GSH 的工艺流程如图 2-2-5 所示。

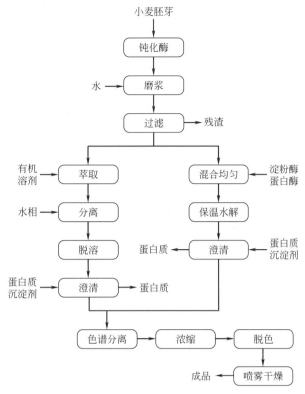

图 2-2-4 小麦胚芽中 GSH 溶剂萃取工艺

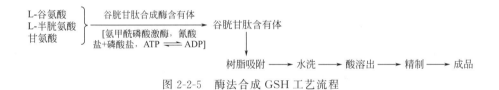

图 2-2-5 酶法合成 GSH 工艺流程

3. 化学合成法

化学合成法生产 GSH 始于 20 世纪 70 年代，化学合成原料有谷氨酸、半胱氨酸和甘氨酸，通过一系列的化学合成反应合成 GSH。化学合成路线如图 2-2-6 所示。

化学合成法得到的 GSH 为消旋体，消旋体分离十分困难，产物纯度得不到较好的保证，且生物效价波动较大，反应步骤多，操作复杂，生产成本高，总收率较低，生产过程中大量废液产生，对环境造成一定的污染，因此，以化学合成法进行 GSH 的生物合成较少使用。

4. 微生物发酵法

自 1938 年首次利用酵母细胞成功制备 GSH 以来，人们对其生产工艺进行了大量的改进和优化，并成为目前生产 GSH 的主要方法。微生物发酵法生产谷胱甘肽包括酵母菌诱变处理法、绿藻培养提取法及固定化啤酒酵母连续生产法等，特别是以酵母菌诱变处理法应用最为广泛。常用诱变方法有物理诱变法（如紫外线、γ 射线照射）和化学诱变法［如 1-甲基-3-硝基-1-亚硝基胍（NTG）法］等，应用于 GSH 的酵母菌有 *Saccharcomyces cystinorolens* KNC-1、岩假

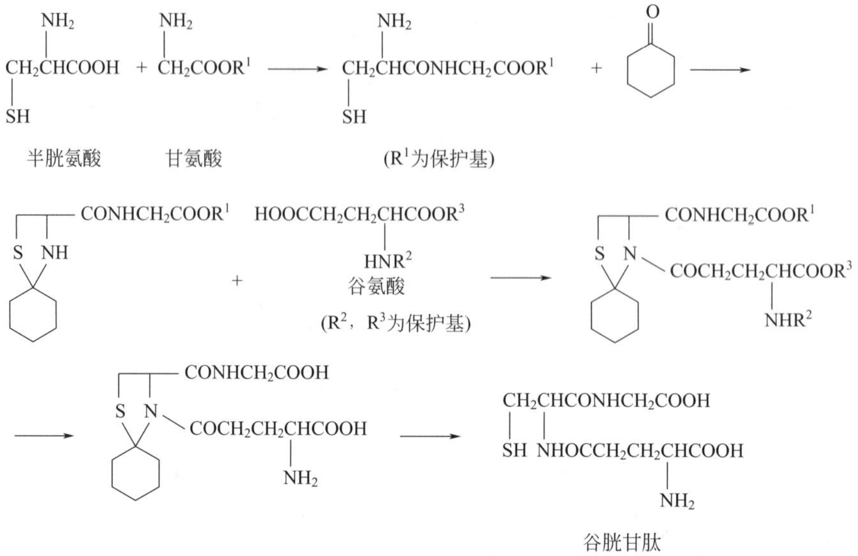

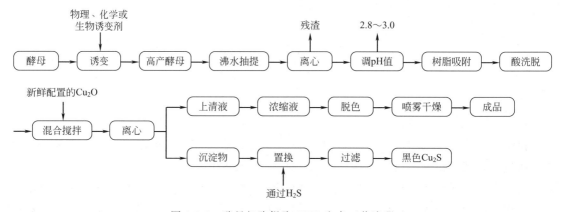

图 2-2-6　化学合成法生产 GSH 的工艺

丝酵母（*Candida petrophilum*）AIO-2、产朊假丝酵母 ER388 和产朊假丝酵母 74-8 等。发酵法生产 GSH 主要有以下 4 种。

（1）酵母细胞提取法　通过大量筛选，选育富含 GSH 的高产酵母菌株，再以此酵母菌进行大规模培养并提取 GSH。从酵母细胞中提取 GSH 的生产工艺流程如图 2-2-7 所示。

图 2-2-7　酵母细胞提取 GSH 生产工艺流程

工艺操作要点为：①沸水抽提，其用水量与新鲜压榨酵母为 1∶1，注意在沸水中缓慢加入酵母，始终保持温度不低于 95℃。②树脂与置换转型必须严格注意质量。③酵母抽提液上柱要控制流速和吸附总量，防止泄漏，洗脱流速与洗脱量要注意终点控制。④必须要精确计算 GSH 铜盐沉淀时所需的 Cu_2O 添加量和根据经验调整 Cu_2O 的添加量。根据 $2GSH + Cu_2O \Longrightarrow 2GSCu + H_2O$，$Cu_2O$ 添加量计算公式为：

$$Cu_2O 加量的理论值 = GSH 总量 \times 143.14/(2 \times 307.33)$$

（其中 GSH 分子量为 307.33，Cu_2O 分子量为 143.14）

（2）绿藻提取法　通过培养富含 GSH 的绿藻，采取与酵母 GSH 提取类似的方法进行

GSH 的提取。绿藻培养提取 GSH 的工艺流程如图 2-2-8 所示。

绿藻 →（培养，离心）→ 湿菌体 →（提取、分离、稳定化 / 喷雾干燥）→ GSH成品

图 2-2-8　绿藻培养提取 GSH 工艺流程

该法生产工艺流程简单，成本较低，但受到地区资源的影响和限制。

（3）基因重组大肠杆菌发酵法　通过基因工程的方法，构建 GSH 合成能力比较高的生产菌，同时筛选和优化培养基配方，建立和优化发酵过程参数，控制发酵过程中的 γ-谷氨酰半胱氨酸合成酶和 GSH 合成酶的活性以及谷氨酰转肽酶的降解，并构建高效的 ATP 再生系统，实现 GSH 合成-ATP 再生的耦合，最终提高 GSH 的产率和质量。

基因重组大肠杆菌发酵法生产 GSH 的路线为：基因重组大肠杆菌→斜面培养→种子培养→发酵培养→离心→热水提取→离心→调节 pH→树脂吸附→酸洗脱→沉淀→过滤→浓缩→干燥→成品。

（4）固定化细胞（或酶）生产 GSH　固定化啤酒酵母连续生产法提取 GSH 工艺路线如图 2-2-9 所示。

啤酒酵母 →（固定化 / 连续供给发酵培养基）→ 富含GSH液 →（分离精制,稳定化 / 喷雾干燥）→ GSH成品

图 2-2-9　固定化啤酒酵母连续生产法提取 GSH 工艺流程

通过将酵母细胞或 GSH 产生酶固定于高分子载体中，然后再进行 GSH 的合成，这是 GSH 合成的新方向。

（三）谷胱甘肽的质量控制

我国 GSH 生产标准要求 GSH 产品的有效含量≥90%，灰分≤0.5%，水分≤2.0%。日本企业标准如表 2-2-2 所示。

表 2-2-2　GSH 质量标准（日本企业标准）

指标名称	标准（数值）	指标名称	标准（数值）
性状	淡黄色粉末，有特殊气味	杂菌数/（个/g）	≤3000
Pb 含量/mg·kg⁻¹	≤20	霉菌数/（个/g）	≤200
干燥失重/%	≤5	大肠杆菌	阴性
谷胱甘肽含量/%	8~15		

《中国药典》（2015 版）中有谷胱甘肽片的质量控制标准与方法，包含了鉴别、检查与含量测定。

> **1. 鉴别**

（1）化学鉴别法　取本品细粉适量，加水溶解成每 1mL 中含谷胱甘肽约 10mg 的溶液，滤过，取滤液 10mL，加氢氧化钠试液 1mL 与亚硝基铁氰化钠试液约 8 滴，摇匀，即显深红色，放置后渐显黄色，上层留有红色环，摇匀后又变成红色。

（2）HPLC 法　供试品溶液主峰的保留时间应与对照品溶液主峰的保留时间一致。

2. 检查

(1) 有关物质 主要测定氧化型谷胱甘肽的含量，其不得过谷胱甘肽标示量的 2.0%，其他单个杂质峰面积不得大于对照溶液主峰面积的 1.0%，其他各杂质峰面积的和不得大于对照溶液主峰面积的 3 倍（3.0%）。

(2) 溶出度 按溶出度与释放度测定法（通则 0931 第一法），限度为标示量的 80%。

(3) 其他 应符合片剂项下有关的各项规定（通则 0101）。

3. 含量测定

照高效液相色谱法（通则 0512）测定，用十八烷基硅烷键合硅胶为固定相，以磷酸盐缓冲液（磷酸二氢钠 6.8g 与庚烷磺酸钠 2.2g，加水 1L 溶解，用磷酸调节 pH 至 3.0）-甲醇（96：4）为流动相，检测波长为 210nm，理论板数按谷胱甘肽峰计算不低于 2000。

用流动相稀释谷胱甘肽片，使之浓度为每 1mL 中含 0.2mg 溶液，作为供试品溶液，精密量取 10μL 注入液相色谱仪，同法测定对照品溶液。按外标法以峰面积计算。

 实训任务

酸醇提取法制备猪胰岛素

【任务目的】

1. 学习猪胰岛素的制备方法。
2. 了解猪胰岛素的理化性质及其在制备方面的应用。
3. 掌握酸醇提取法制备猪胰岛素的技术。

【实训原理】

胰岛素（insulin）是动物胰腺中 β-细胞所分泌的一种动物激素，在体内具有降低血液中葡萄糖含量和调节血糖平衡的作用，医疗上主要用于治疗糖尿病，也是生化工程中作为研究蛋白质结构与功能的常用材料。

胰岛素共有 51 个氨基酸，由 A、B 两条肽链组成，A 链含 21 个氨基酸，B 链含 30 个氨基酸，两条肽链之间借两个二硫键联结，A 链的第 6 位与第 11 位氨基酸之间也有一个二硫键。人胰岛素分子量为 5734Da，等电点 pI 为 5.6。其在酸性环境 pH 2.5～3.5 较稳定，在碱性溶液中极易失去活力，可形成锌、钴等胰岛素结晶。又由于其分子中酸性氨基酸较多，可与碱性蛋白如鱼精蛋白等结合，形成分子量大、溶解度低的鱼精蛋白锌胰岛素。其在显微镜下观察呈正方形或偏斜方形六面体结晶。胰岛素不溶于水和乙醇、乙醚等有机溶剂，但易溶于稀酸和稀碱的水溶液，也能溶于酸性或碱性的稀乙醇和稀丙酮中。

胰岛素一般由动物脏器提取，其生产方法有酸醇提取减压法、分级提取锌沉淀法和磷酸钙凝胶、DEAE-纤维素及离子交换树脂吸附法。本实训介绍酸醇提取减压浓缩法由猪胰提取胰岛素的方法。

【实训材料】

86%乙醇、68%乙醇、草酸、6mol/L硫酸溶液、浓氨水、2mol/L氨水、氯化钠、冷丙酮、20%与6.5%乙酸锌溶液、2%与10%柠檬酸溶液、0.01mol/L盐酸、0.1mol/L磷酸二氢钠溶液、乙醚、乙腈等。组织捣碎机或匀浆机、布氏漏斗（10cm）、抽滤瓶（1000mL）、抽气泵、剪刀、烧杯（400mL、200mL和100mL若干）、纱布、玻璃棒2根、量筒（500mL、100mL和10mL若干）、100mL容量瓶1只、250mL分液漏斗1个、离心机等。

【实施步骤】

（一）提取

取猪冻胰块100g用匀浆机绞碎后加入2.3~2.6倍的86%（质量分数）乙醇、5%冻胰重的草酸（用少许硫酸调至pH2.5~3.0），在10~15℃下搅拌提取3h。过滤或离心取上清液。滤渣再用1倍量68%乙醇和0.4%冻胰重的草酸及少许硫酸按照上法提取2h，同上法分离合并乙醇提取液。

（二）碱化、酸化

提取液在不断搅拌下加入浓氨水调溶液pH为8.0~8.4（液温10~15℃），立即压滤或离心除去碱性蛋白，上清液立即加6mol/L硫酸酸化至pH为3.4~3.8，降温至0~5℃，静置4h以上，使酸性蛋白充分沉淀。

（三）减压浓缩

离心取上清液，在30℃以下真空浓缩除去乙醇，浓缩至浓缩液相对密度为1.04~1.06（为原来体积的1/10~1/9）为止。

（四）去脂、盐析

将浓缩液转入烧杯，于10min内加热至50℃，立即用冰盐水冷却降温至5℃，转至分液漏斗静置3~4h，使油层分离。分出下层清液（上层油脂可用少量蒸馏水洗涤回收胰岛素），调pH为2.3~2.5，于20~25℃在搅拌下加入230g/L固体氯化钠，搅拌盐析，静置数小时，盐析物即为粗品胰岛素（含水量约为40%）。

（五）精制

1. 除酸性蛋白

取粗制胰岛素，按其干重加入7倍量冰冷蒸馏水溶解（7倍量水应包括粗制胰岛素中所含水量），再加入3倍量的冷丙酮（按粗品计），并用2mol/L氨水调节pH为4.2~4.3，然后按耗用的2mol/L氨水量补加丙酮使溶液中水和丙酮的比例为7:3。充分搅拌后，低温放置过夜，使溶液冷至5℃以下，次日在5℃以下用离心分离法或用布氏漏斗过滤法将沉淀分离。

2. 锌沉淀

在滤液中加入 2mol/L 氨水调 pH 到 6.2~6.4，按溶液体积加入 3.6％乙酸锌溶液（浓度为 20％），再用 2mol/L 氨水调节使最终 pH 为 6.0，低温放置过夜，次日用布氏漏斗过滤，分离沉淀。

3. 结晶

经丙酮脱水后按每克精品（干重）加入 2％柠檬酸 50mL、6.5％乙酸锌 2mL、丙酮 16mL，并用冰水稀释至 100mL，置冰浴中速冷至 5℃以下，用 2mol/L 氨水调 pH 至 8.0，迅速过滤。滤液立即用 10％柠檬酸溶液调 pH 至 6.0，然后补加丙酮使整个溶液体系保持丙酮含量为 16％。在 10℃下缓慢搅拌 2~5h 后放入 3~5℃冰箱 72h 使之结晶，前 48h 内需用玻璃棒间歇搅拌，后 24h 静置不动。这一步骤关系到结晶优劣，须仔细操作。在显微镜下观察，外形为正方形或扁斜方形六面体结晶。结晶离心收集，并用毛刷小心刷去晶体上面所覆灰黄色无定形沉淀，用蒸馏水或乙酸铵溶液洗涤，再用丙酮、乙醚脱水，离心后，在五氧化二磷真空干燥箱中干燥，即得结晶胰岛素，效价每毫克应在 25 单位以上。

（六）检测

取对照品及供试品适量，分别加 0.01mol/L 盐酸溶液配制成每 1mL 中含 40 单位的溶液，照高效液相色谱法试验，以十八烷基硅烷键合硅胶为填充剂（5μm）；柱温 40℃；以 0.1mol/L 磷酸二氢钠溶液（用磷酸调节 pH 为 3.0）-乙腈（73：27）或适宜比例的混合液（含 0.1mol/L 硫酸钠）为流动相；检测波长为 214nm；流速为 1mL/min。取供试品溶液及对照品溶液各 20μL 注入液相色谱仪，记录主峰的保留时间，供试品的主峰保留时间应与同种属对照品的主峰保留时间一致。

（七）效价测定

将效价确定的胰岛素标准品用 0.01mol/L 盐酸液配制并稀释成 40U/mL、30U/mL、20U/mL、10U/mL、1U/mL 和 0.5U/mL 溶液。样品原料以 0.01mol/L 盐酸液配制并稀释成 1.5mol/mL 溶液进样测定。效价计算以主峰面积为纵坐标、胰岛素浓度为横坐标进行线性回归，计算而得。

【任务总结】

各小组在完成实训项目后，对实训过程和实训结果进行总结评价，形成工作总结汇报和实训论文，并制作实训 PPT 和 word 形式的实训论文及总结。

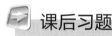 课后习题

一、名词解释

蛋白质与多肽类药物；Western 杂交

二、填空题

1. 多肽和蛋白质类药物生产方法主要有_____法和_____法。

2. 谷胱甘肽的生产方法有_____法、_____法、_____法和_____法 4 种，其中，以_____法应用最为广泛。

3. 蛋白质与多肽类药物常用鉴别方法有_____法和_____法，蛋白质与多肽类药物分子量的测定常采用_____法进行。重组蛋白质与多肽类药物纯度一般采用_____和_____法进行检测。等电点测定一般采用_____法或_____法。

4. 蛋白质与多肽类药物的安全性检定有_____、_____及_____等。

三、问答题

1. 蛋白质与多肽类药物的优缺点各是什么？

2. 简述多肽和蛋白质类药物的分类。

3. 简述小牛胸腺素的提取工艺路线。

4. 简要阐述胸腺肽的生产工艺路线。

单元三 核酸类药物的生产与质量控制

目标要求

1. 熟悉核酸的定义、种类及其作用。
2. 掌握核酸类药物的一般生产与质量控制方法。
3. 掌握 DNA 与 RNA 的生产与质量控制方法。
4. 了解核酸类药物典型产品叠氮胸苷的生产工艺流程。

必备知识

一、核酸类药物概述

（一）核酸的定义

核酸（nucleic acid）是一种重要的生物大分子，是由许多核苷酸以 3′,5′-磷酸二酯键连接而成，是构成生命最基本的物质，在生物的遗传、变异、生长发育及蛋白质合成方面起着重要的作用。核酸最早由米歇尔于 1868 年在脓细胞中发现并分离出来，广泛存在于所有动植物细胞、微生物内。核酸的基本结构为核苷酸，核苷酸由碱基、戊糖和磷酸三部分组成，碱基与戊糖组成的成分叫核苷，具体如图 2-3-1 所示。

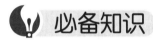

核酸 ⟶ 核苷酸 { 磷酸; 核苷 { 戊糖(核糖或脱氧核糖); 碱基(嘌呤或嘧啶) } }

图 2-3-1　核酸的组成

（二）核酸类药物分类

核酸类药物是具有药用价值的核酸、核苷酸、核苷以及碱基的统称。除了天然存在的碱基、核苷、核苷酸以外，它们的类似物、衍生物均属于核酸类药物。核酸类药物常分为两大类，一类为天然结构碱基、核苷、核苷酸结构类似物或衍生物，该类核酸药物是当今人类治疗病毒病、肿瘤、艾滋病等难治疾病的重要物质，也是免疫抑制剂等药物的重要成分。这些药物往往是由天然的核酸类物质通过半合成生产。临床用于抗病毒的核苷酸类药物主要有三氟胸苷、叠氮胸苷、三氮唑核苷等。第二类是具有天然结构的核酸类物质，缺乏这类物质会导致机体代谢失调。核酸类药物基本上是经过微生物发酵或从生物材料中提取生产的。该类药物有助于改善机体的物质代谢与能量代谢，加速受损组织的修复，临床上已广泛应用于放射病、血小板减少症、白细胞减少症、急慢性肝炎、肌肉萎缩与心血管疾病等。该类药物主要有 ATP、辅酶 A、CTP、腺苷等。

随着分子生物学技术和遗传工程的发展，基因治疗应运而生，并显示出极大的治疗优势，其中极具潜力的是核酸疫苗。核酸疫苗又称基因疫苗，是将编码某种蛋白质的外源基因（DNA 或 RNA）直接导入动物细胞内，并通过宿主细胞的转录合成系统合成抗原蛋白质，诱导宿主产生对该抗原蛋白质的免疫应答从而产生防病或治病的目的。核酸疫苗可以为目前尚无满意疗法的某些疾病，如慢性肝炎、疟疾、艾滋病、肿瘤等提供全新的治疗途径。动物实验显示，乙肝 DNA 疫苗引起的细胞免疫和体液免疫的应答水平要高于传统的乙肝疫苗，提示该疫苗可以作为预防乙肝的全新疫苗，而且 DNA 疫苗能克服乙肝病毒转基因小鼠的免疫耐受表达乙肝病毒抗体，为治愈慢性乙肝提供了可能。

常见的核酸类药物见表 2-3-1。

表 2-3-1　常见的核酸类药物

类别	品种	适应证
碱基	6-氨基嘌呤	升高白细胞
	6-巯基嘌呤	抗嘌呤代谢物，用于白血病、乳腺癌、结直肠癌等恶性肿瘤
核苷类	叠氮胸苷	治疗艾滋病
	阿糖腺苷	治疗疱疹、脑炎
核苷酸类	5′-腺嘌呤核苷酸	周围血管扩张、降压、静脉曲张溃疡并发症、眼疾和肝病
	混合 5′-脱氧核苷酸	用于放疗、化疗中的急性白细胞和血小板减少症
核酸类	DNA	提高细胞毒药物对癌细胞的选择性
	RNA	促白细胞生成，用于精神迟缓、记忆衰退、痴呆等神经疾病与肝炎、肝硬化、肝癌等肝脏疾病

二、核酸类药物的生产方法

（一）核苷酸的制备

核苷酸药物的生产主要有三种方法：一是酶解法或化学降解法，主要是通过 DNA 或 RNA 经酶或化学降解的方法制备；二是发酵法，通过选育某种特定遗传性状的菌种经过发酵生产；三是半合成法，即从核苷经化学方法磷酸化生产核苷酸。

1. 酶解法或化学降解法

酶解法是指使用糖质原料、亚硫酸纸浆废液或其他原料发酵生产酵母，而后从酵母菌体中提取 RNA，再经青霉菌属或链霉菌属等微生物发生的酶进行酶解，制成核苷酸。我国从 20 世纪 60 年代开始使用核酸酶 P1 降解核糖核酸生产单核苷酸，日本年产呈味核苷酸（肌苷酸与鸟苷酸）4000t，其中 70% 使用酶法生产。如图 2-3-2 为酶解法制备戊糖核苷酸。

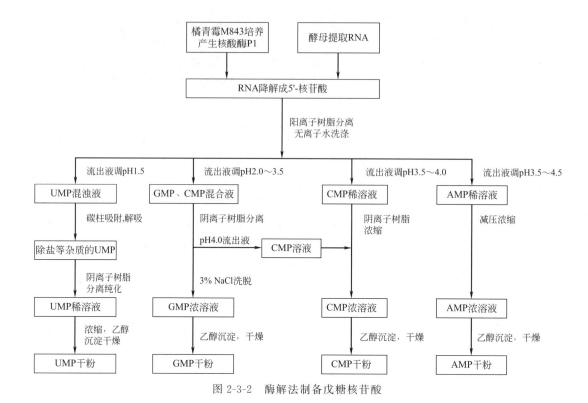

图 2-3-2   酶解法制备戊糖核苷酸

化学降解法是利用化学试剂对核酸进行降解获得核苷酸的方法。2′,3′-混合核苷酸对非特异性血小板减少症、白细胞减少症、肿瘤放化疗后提升白细胞均有较好疗效。而 2′,3′-混合核苷酸的获得往往采用的是化学降解法，运用最多的是碱水解法，因为 RNA 结构中的磷酸二酯键对碱性条件不稳定，易水解。取 RNA 配成 3%～5% 的水溶液，加氢氧化钠成 0.3mol/L，调节温度至 38℃，保温 16～20h，用 6mol/L 盐酸中和至 pH 7.0，该条件下 RNA 水解成 2′,3′-混合核苷酸的降解度能达到 95% 以上。

2. 发酵法

发酵法是根据生产菌的特点，采用营养缺陷型菌株通过发酵法控制适当的发酵条件，打破菌体对核苷酸物质的代谢调控，使之发酵生产大量的目的核苷酸或核苷。如产氨短杆菌腺嘌呤缺陷型突变株直接发酵生产肌苷酸。肌苷酸的衍生物肌苷酸钠是一种高效增鲜剂，在谷氨酸钠中添加 2% 的肌苷酸钠，鲜度可增加 3 倍。用发酵法生产肌苷酸已经在日本完全工业化，年产量上千吨，发酵水平达到 40～50g/L，总收率达 80%。

3. 半合成法

半合成法即微生物发酵与化学合成并用的方法。如由于发酵法生产核苷的产率较高，因此工业生产的呈味核苷酸估计有近 50% 的产量是经过发酵法生产核苷后再经提取、精制，然后经磷酸化制取。

（二）核苷的制备

核苷是多种核苷类药物的原料，这些药物通常是生物自身能够合成的组成遗传物质的结构类似物，在治疗病毒性疾病、提高自身免疫功能、改善生物代谢方面具有极其重要的作用。抗艾滋病药物叠氮胸苷是胸苷的衍生物，是全世界第一个被批准用于临床的核苷类药物。三氮唑核苷可以对抗 10 余种核酸病毒，可由肌苷和鸟苷合成。另外，核苷的发酵法生产水平大大高于同类结构核酸的发酵水平。因此，核苷的主要生产方法有化学水解法和发酵法。

1. RNA 化学水解法制备核苷

RNA 以甲酰胺化学水解，树脂分离、结晶，可制得 4 种核苷。

2. 发酵法生产核苷

发酵法生产核苷是近代发酵工程领域中的杰出成果，产率高，周期短，控制容易，产量大。菌种常采用枯草芽孢杆菌或短小芽孢杆菌变异株，嘌呤核苷分解活性低，而嘌呤核苷酸酶活性高。

三、核酸类药物的质量控制

（一）含量测定

核苷酸、核苷与碱基都具有共轭双键，均具有独特的紫外吸收曲线。以核苷为例，不同核苷的吸收峰峰值往往处于不同波长处。如果以选定某两个波长处的吸收值计算其比值，则不同核苷的比值也是特异的。所以，在某两波长处测定吸收值之比，再与已知核苷的标准比值比较，即可做出判断。此法常用于核苷的定性测试，核苷酸与碱基也可用此方法。因此，对于核苷酸、核苷及碱基的测定常用 UV 法，即先将核苷酸、核苷或碱基配成某一浓度的溶液，然后在某一特定波长下测定该溶液的吸光度，通过计算即可获得该物质的含量。

（二）质量检查

质量检查包括一般杂质检查和特殊杂质检查。一般杂质检查包括氯化物、硫酸盐、铁盐、重金属、砷盐、水分、易炭化物、炽灼残渣、干燥失重等。检查方法均收录于《中国药典》（2015 版）四部通则中，杂质限度要求收录于《中国药典》（2015 版）的正文检查项下。特殊杂质指某一个或某一类核酸药物的生产或贮藏过程中引入的杂质，如巯嘌呤中的 6-羟基嘌呤、氟胞嘧啶中的氟尿嘧啶、三磷酸腺苷二钠中的一磷酸腺苷钠和二磷酸腺苷二钠等、肌苷中的有关物质等特殊杂质。

 实例精讲 **典型核酸类药物的生产与质量控制**

实例一 DNA 的生产与质量控制

（一）DNA 概述

DNA 主要存在于细胞核中，核 DNA 占总 DNA 的 98%，DNA 是储存、复制和传递遗传信息的主要物质基础。

（二）DNA 的生产方法

1. 原料来源与预处理

（1）来源　一般来源于小牛胸腺或鱼精，这类组织的细胞体积较小，如鱼精的整个细胞几乎被细胞核占据，细胞质含量极少，故鱼精的 DNA 含量较高。

（2）预处理　将组织捣碎，制成组织匀浆，然后利用生理盐水能溶解 RNA 核蛋白而不能溶解 DNA 核蛋白的特性，弃掉上清液，留下沉淀。

2. 提取与纯化

（1）提取　用相同体积生理盐水溶解上述经 4 倍体积的生理盐水洗涤过，并经 2500r/min 离心的沉淀物，每次溶解后离心，反复 3 次，然后将沉淀悬浮于 20 倍重量的冷生理盐水中，再捣碎 3min，加入 2 倍量 5％的用 45％乙醇溶解的 SDS，搅拌 2～3h，在 0℃下以 2500r/min 离心 5min，在上层液中加入等体积的经预冷的 95％乙醇，离心即可得纤维状的 DNA，再用冷乙醇与丙酮洗涤，减压干燥得 DNA 粗品。再取适当蒸馏水溶解，加入 5％ SDS 达 1/10 体积，搅拌 30min，经 5000r/min 离心 1h，上清液中加入氯化钠溶液至 1mol/L，再缓慢加入冷 95％乙醇，DNA 析出，经乙醇与丙酮洗涤，真空干燥即得有生物活性的 DNA 粗品。该过程还可以适当加入核糖核酸酶、异丙醇等除去少量的 RNA 杂质。

（2）纯化　用上述方法获得的大多数是 DNA 的混合物，含有多种 DNA。但有时需要均一性的 DNA，这就必须将其进一步分离与纯化，常用的方法有密度梯度离心法、柱色谱法与凝胶电泳法。

①　密度梯度离心法　常采用蔗糖溶液作为分离 DNA 的介质，建立从管底向上逐渐降低的浓度梯度，管底浓度在 30％，管上的浓度在 5％，然后将 DNA 混合样品轻轻铺在蔗糖溶液上部，经高速离心 2～3h 后，大小不同的 DNA 分子即分布在相应浓度的蔗糖部位。然后依次收集一系列样品，分别在 260nm 处测其吸光度，合并同一峰内的收集液，即可得到相应的较纯的 DNA。

②　柱色谱法　用于分离 DNA 的柱色谱法有多种系统，较常用的载体有 DEAE-纤维素、DEAE-葡聚糖凝胶等。混合 DNA 样品经色谱柱分离后往往是分子量大的先流出来，分子量小的后流出来，采用分部收集可以获得不同分子量大小的 DNA。

③　凝胶电泳法　该法是常用的用于分离鉴定 DNA 与 RNA 分子混合物的方法。该方法以琼脂糖凝胶或聚丙烯酰胺凝胶作为支持物，利用 DNA 或 RNA 分子在泳动时的电荷效应和分子筛效应，其泳动速度不同，从而达到分离混合物的目的。

（三）DNA 的质量控制

DNA 的质量控制主要在于对 DNA 产品含量的检测，由于每个 DNA 序列中磷酸或戊糖的含量固定，因此磷酸或戊糖的量正比于 DNA 的量，即通过测定磷酸或戊糖的量来测定 DNA 的量，前者称为定磷法，后者称为定糖法。

1. 定磷法

首先要把 DNA 中的磷酸转化成无机磷，常用浓硫酸或过氯酸将 DNA 消化，使 DNA

中的磷变成正磷酸。正磷酸在酸性条件下与钼酸还原成磷钼酸，磷钼酸再转变成蓝色的还原产物——钼蓝。钼蓝的最大吸收光波长在 660nm 处，在一定范围内，钼蓝溶液的光密度与磷的含量成正比，从而可通过绘制标准曲线、测定吸光度的方法计算出样品的含磷量。DNA 的含磷量在 9.9%。

2. 定糖法

定糖法又称二苯胺法。DNA 在酸性条件下加热，其嘌呤碱与脱氧核糖间的糖苷键断裂，生成嘌呤碱、脱氧核糖和脱氧嘧啶核苷酸，而 2-脱氧核糖在酸性环境中加热脱水生成 ω-羟基-γ-酮基戊糖，与二苯胺试剂反应生成蓝色物质，在 595nm 波长处有最大吸收。DNA 在 $40\sim400\mu g/mL$ 范围内，光吸收与 DNA 的浓度成正比。在反应中若加入少许乙醛，则可在室温下将反应时间延长至 18h 以上，从而使灵敏度提高，使其他物质造成的干扰降低。

实例二　RNA 的生产与质量控制

（一）RNA 概述

RNA 主要存在于细胞质中，胞质 RNA 占总 RNA 的 90%。RNA 在蛋白质合成过程中起着关键作用，其中转运 RNA（tRNA）起着携带和转移活化氨基酸的作用；信使 RNA（mRNA）是合成蛋白质的模板；核糖体 RNA（rRNA）与蛋白质组成核糖体，是蛋白质合成的主要场所。

（二）RNA 的生产方法

1. 提取法制备 RNA

（1）原料来源与预处理

① 来源　制备 RNA 的材料大多选取动物的肝、肾等核酸丰富的组织，所要制备的 RNA 种类不同，选取的材料也不同。工业生产上，主要采用啤酒酵母、面包酵母、白地霉、青霉等，这些物质 RNA 含量丰富，易于提取，且 DNA 含量较少。

② 预处理　方法基本与 DNA 的制备相同，但是 RNA 制备要留下上清液，弃掉沉淀。

（2）提取　RNA 的提取方法较多，常用的是酚提取法，还有乙醇沉淀法和去污剂处理法。

① 酚提取法　酚提取法最大的优点是能得到未被降解的 RNA。酚能沉淀溶液中的蛋白质和 DNA，而 RNA 处于上清液中。向上清液中加入乙醇，将 RNA 与多糖沉淀。其中多糖可用下列方法除去：先用磷酸缓冲液溶解沉淀，再用 2-甲氧乙醇提取 RNA，透析，然后用乙醇沉淀 RNA。往往向酚溶液中加入皂土，能高效吸附蛋白质、核酸酶等杂质。

② 乙醇沉淀法　乙醇沉淀法的主要操作为：将核蛋白溶于碳酸氢钠溶液中，加入少量含辛醇的氯仿，连续振荡，将蛋白质沉淀下来，而 RNA 则溶解在上清液中，再向上清液中

加入乙醇将 RNA 沉淀下来。

③ 去污剂处理法　去污剂处理法主要是将核蛋白溶液加入去污剂，如 1% 的 SDS、ED-TA、三乙醇胺、苯酚、氯仿等以去除蛋白质，将 RNA 留在上清液中，再用乙醇沉淀提取 RNA。

（3）纯化　纯化方法与 DNA 相同，也是采用密度梯度离心法、柱色谱法与凝胶电泳法。

2. 发酵法制备 RNA

（1）筛选高 RNA 含量的酵母菌株　菌体 RNA 含量高的酵母收率高，易于提取 RNA，在工业上主要由 RNA 生产 5′-核苷酸。高 RNA 含量的酵母菌株可以从自然界筛选，也可以用诱变育种的方法提高酵母菌的 RNA 含量，诱变剂可以用亚硝基胍或紫外线诱变。经过筛选，发现解脂假丝酵母和清酒酵母属 RNA 含量普遍较高。在工业上往往使用味精生产的工业废水培养高 RNA 含量酵母，发酵 24h 菌体收率可达 $10 \sim 15g/L$，RNA 含量可达 8%～10%，最适温度为 30℃，最适 pH 为 4.5，用乙酸作为碳源时，获得的菌体中 RNA 的含量较高。用工业废水培养高含量 RNA 酵母可以显著减少环境污染，降低粮食消耗。

（2）生产高 RNA 含量酵母及 RNA 提取工艺流程　如图 2-3-3 所示。

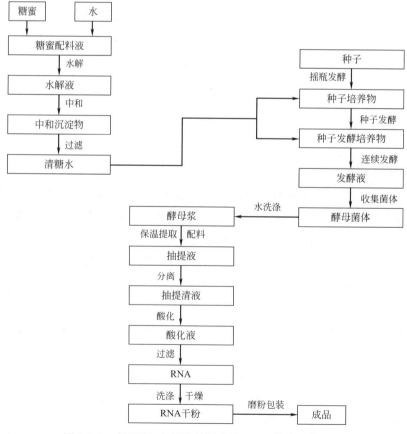

图 2-3-3　高 RNA 含量酵母制备及 RNA 提取工艺流程

（三）RNA 的质量控制

RNA 的质量控制也主要是含量测定，含量测定也有定磷法和定糖法两种。

1. 定磷法

定磷法与 DNA 的定磷法相同，RNA 的含磷量一般在 9.4%，可由含磷量来推算样品中 RNA 的含量。

2. 定糖法

RNA 的定糖法又称地衣酚法，先用盐酸水解 RNA，让核糖游离出来，并进一步转化为糠醛，然后再与地衣酚（又称苔黑酚，即 3,5-二羟基甲苯）反应，产物呈鲜绿色，在 670nm 处有最大吸收，当 RNA 溶液在 $20 \sim 200 \mu g/mL$ 范围时，光吸收度与 RNA 的浓度成正比，从而推算出 RNA 的含量。反应需要三氯化铁作为催化剂。本法中地衣酚反应的特异性不强，凡是戊糖均有可能产生反应，因此对被测 RNA 样品的纯度要求较高，最好能同时测定样品中的 DNA 含量以校正所测得的 RNA 含量。

实例三　叠氮胸苷的生产与质量控制

（一）叠氮胸苷概述

叠氮胸苷（AZT），又名齐多夫定，化学名称是 3'-叠氮-2'-脱氧胸腺嘧啶核苷，分子式为 $C_{10}H_{13}N_5O_4$，分子量为 267.244。其结构式如图 2-3-4 所示。

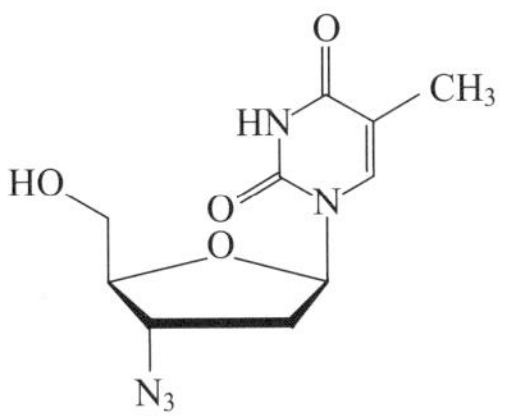

图 2-3-4　AZT 结构式

AZT 呈白色至淡黄色粉末或针状结晶，无臭，易溶于乙醇，难溶于水，其水溶液 pH 为 6.0，遇光分解，避光在 30℃下可保存 2 年。$[\alpha]_D^{25} = +99°$（$c=0.5g/mL$，H_2O）。

AZT 是世界上第一个用于治疗艾滋病的新药，是胸苷的类似物，商品名为 Refrovir，1987 年于英国上市。临床结果表明，其对感染 HIV 而出现症状的人，能够推迟疾病的进展，使艾滋病患者的生存期增加一倍。AZT 主要在体内经磷酸化后生成 3'-叠氮-2'-脱氧胸腺嘧啶核苷酸，取代了正常的胸腺嘧啶核苷酸参与 DNA 的生成，使 DNA 不能继续复制，从而阻止病毒的繁殖。

（二）叠氮胸苷的生产方法

AZT 合成是以 β-胸苷为原料，经 5'-羟基保护、酯化后用氢氧化钠溶液处理制得 2,3'-脱水-5'-O-(三苯甲基) 胸苷，再经叠氮化和脱保护反应得到 AZT，总收率达 70%。该法原料来源方便，工艺简化易行，具体反应路线如图 2-3-5 所示。

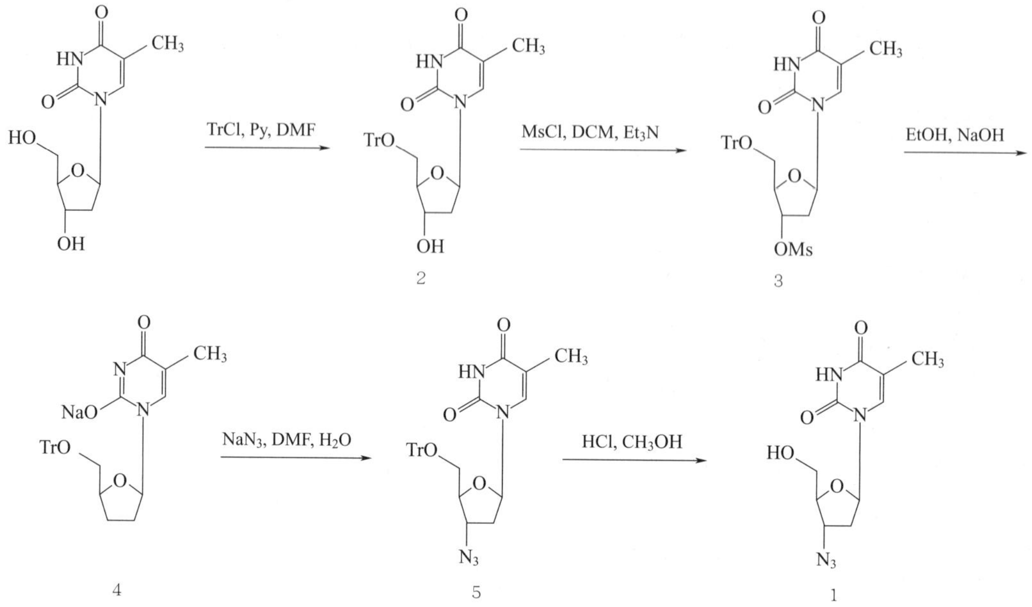

图 2-3-5　AZT 的合成过程

1—AZT；2—5′-O-（三苯甲基）胸苷；3—3′-O-甲磺酰基-5′-O-（三苯甲基）胸苷；

4—2,3′-脱水-5′-O-（三苯甲基）胸苷；5—3′-叠氮-3′-脱氧-5′-O-（三苯甲基）胸苷

（三）叠氮胸苷的质量控制

据《中国药典》（2015 版），AZT 的质量控制主要包括鉴别、检查与含量测定。

1. AZT 的鉴别

（1）UV 法　取本品用水稀释成每 1mL 中含 $10\mu g$ 的溶液，按 UV 法（通则 0401）测定，在 267nm 波长处有最大吸收，267nm 波长处的吸收系数为 361～399。

（2）HPLC 与 IR 法　HPLC 法中供试品溶液主峰的保留时间应与对照品溶液主峰的保留时间保持一致；本品的 IR 吸收图谱与对照品的图谱一致（通则 0402）。

2. AZT 的检查

（1）溶液的澄清度与颜色　取 AZT 0.1g，溶解于 10mL 水中，溶液应为澄清无色。如显色，应与黄色 1 号标准比色液（通则 0901 第一法）比较，不得更深。

（2）有关物质　司他夫定含量不得超过 0.5%，3′-氯-3′-脱氧胸苷、胸腺嘧啶含量不得超过 1.0%。

（3）三苯甲醇　按高效液相色谱法（通则 0512）测定，三苯甲醇含量不得超过 0.5%。

（4）残留溶剂　按残留溶剂测定法（通则 0861 第二法）测定甲醇、二氯甲烷、乙酸乙酯、1,4-二氧六环、吡啶和甲苯含量，均应符合规定。按残留溶剂测定法（通则 0861 第三法）测定三乙胺、N,N-二甲基甲酰胺与二甲基亚砜含量。三乙胺含量不得超过 0.02%，其他均应符合规定。

（5）水分　按水分测定法（通则 0832 第一法 1）测定，含水分不得超过 1.0%。

（6）**炽灼残渣**　取本品 1.0g，依法检查（通则 0841），遗留残渣不得超过 0.1%。

（7）**重金属**　取炽灼残渣遗留的残渣，按重金属检查法（通则 0821 第二法）测定，含重金属不得超过百万分之十。

3. 含量测定

照高效液相色谱法（通则 0512）进行测定。用十八烷基硅烷键合硅胶为固定相，以甲醇-水（20∶80）为流动相，检测波长 265nm，取本品约 10mg，精密称定，置 50mL 量瓶中，加甲醇溶解并稀释至刻度，摇匀，作为供试品溶液，精密量取 10μL 注入液相色谱仪，记录色谱图，另取 AZT 对照品，同法测定，按外标法以峰面积计算。

 **实训任务**

腺嘌呤的制备

【任务目的】

1. 掌握腺嘌呤的制备过程。
2. 熟悉化学反应釜的操作流程与安全防护措施。

【实训原理】

腺嘌呤，又称 6-氨基嘌呤、维生素 B_4，是构成核酸的五种常见碱基之一，呈白色细粉末结晶，具有强烈的咸味；难溶于冷水，溶于沸水、酸和碱，微溶于乙醇，不溶于乙醚及氯仿；最低熔点在 360℃，分子式 $C_5H_5N_5$，分子量 135.14，需要密封干燥保存，其结构如图 2-3-6 所示。

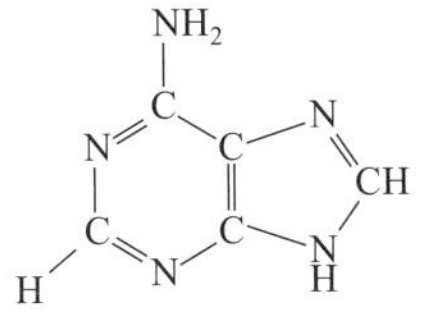

图 2-3-6　腺嘌呤结构式

腺嘌呤有升高白细胞功能，故常用于治疗由化疗及放疗所引起的白细胞减少症。此外，还广泛用于血液储存，以维持红细胞内 ATP 的水平，延长储存血液中红细胞的存活时间。腺嘌呤常以次黄嘌呤为原料，通过一系列有机化学反应合成。

【实训材料】

次黄嘌呤、无水吡啶、氨水、甲醇、N,N-二甲基苯胺、四乙基氯化铵、二氧六环、氢氧化钠、氯气、三氯甲基碳酸酯等。

药物合成反应釜等。

【实施步骤】

目前国内部分生产腺嘌呤的企业，使用的工艺是以次黄嘌呤为起始原料转化合成腺嘌吟。一般有以下两种合成路线。

1. 合成路线一

合成路线一如图 2-3-7 所示。

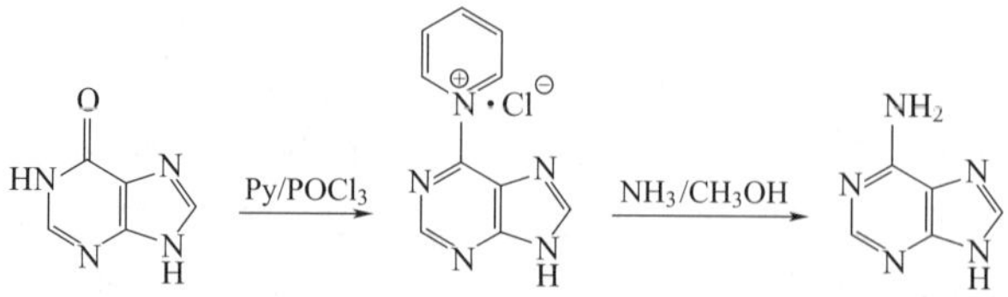

图 2-3-7   以次黄嘌呤为起始合成（路线一）

在无水吡啶存在的条件下，次黄嘌呤氯化得到 N-嘌呤基-6-吡啶鎓氯化物，再与 NH_3/甲醇体系氨化合成目标产物，总收率 73%。此反应条件虽相对温和，但吡啶有恶臭，而且氨解反应是在甲醇回流下进行的，升温降低了氨气在乙醇中的溶解度，使得该反应需要加压，但这无疑会增加设备成本以及安全防护措施。

2. 合成路线二

合成路线二如图 2-3-8 所示。

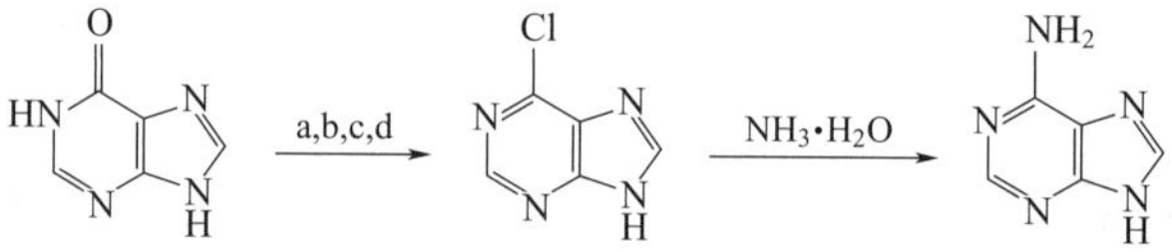

图 2-3-8   以次黄嘌呤为起始合成（路线二）

此合成路线主要分两步反应，第一步是以次黄嘌呤转化合成 6-氯嘌呤，第二步是再和氨水反应合成腺嘌呤。第一步反应有多种反应条件，如下所述。

反应条件 a：在 N,N-二甲基苯胺催化下，次黄嘌呤与三氯氧磷回流反应得到 6-氯嘌呤盐酸，再经氨水碱化，得到 6-氯嘌呤，收率达到 70%。

反应条件 b：催化剂四乙基氯化铵存在下，次黄嘌呤与三氯氧磷回流反应 2h，氨水碱化，活性炭脱色，再中和得到 6-氯嘌呤，收率 80%。

反应条件 c：次黄嘌呤先与液态的碱反应得到其钠盐，然后在二氧六环中、温度为 80℃下通氯气反应 8h，最后精制得到 6-氯嘌呤，收率只有 45%；但是该法工艺流程不仅收率偏低，而且氯气作为剧毒气体，工艺较复杂，具有不易储存与运输、难以准确计量、污染环境等问题。

反应条件 d：在 N,N-二甲基苯胺的催化下，次黄嘌呤与三氯甲基碳酸酯反应一段时间，最后精制得到 6-氯嘌呤，收率达到 65%。

由上可知，以次黄嘌呤为原料合成 6-氨基嘌呤，都是在不同催化剂的条件下氯化，然后再氨解。这种合成方法路线简短、快捷。但次黄嘌呤的价格相对较高，来源有限，使得该工艺有一定的局限性。

【任务总结】

各小组总结实训过程与实训结果，制作 PPT、word 工作总结，形成完整的工作汇报。

课后习题

一、名词解释

核酸类药物；定磷法

二、填空题

1. 依据核酸类药物结构特点及临床应用，可将此类药物分为两类，分别是＿＿＿＿和＿＿＿＿。

2. 核酸类药物的一般生产方法有＿＿＿＿、＿＿＿＿和＿＿＿＿。

三、问答题

1. RNA 的纯化方法有哪些？简述其原理。

2. 制备 DNA 时，生物材料的预处理方法有哪些？

单元四
酶类药物的生产与质量控制

必备知识

一、酶类药物概述

（一）酶类药物定义

酶是活细胞产生的、具有特殊催化功能的生物大分子，分为蛋白酶类和核酸酶类，起催化作用的主要成分分别是蛋白质和核酸。生物体内生命活动的大部分生化反应都是在酶的催化下进行的。没有酶的存在，就没有生物体的生命活动，也就没有生命。酶是生物催化剂，具有催化剂的共同性质，能显著加快化学反应的速度，但不改变反应的平衡点，其本身在反应中保持结构和性质不变。酶催化具有专一性强、效率高和条件温和等优点。

（二）酶类药物的分类

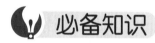

可以分为蛋白酶类和核酸酶类，这两类又可分为几大类，如图 2-4-1 所示。

核酸酶类是一类具有生物催化功能的 RNA 分子，它可以催化 RNA 本身的剪切或剪接作用，还可以催化其他 RNA、DNA、多糖、脂类等分子进行反应。核酸酶类具有抑制人体细胞某些不良基因和某些病毒基因的复制和表达等功能。据报道，一种发夹型核酸酶类，可使人类免疫缺陷病毒（human immunodeficiency virus，HIV）（即艾滋病病毒）在受感染细胞中的复制率降低 90%，在牛血清病毒感染的蝙蝠肺细胞中也观察到核酸酶类抑制病毒复制的结果。这些结果表明，适宜的核酸酶类或人工改造的核酸酶类可以阻断某些不良基因的表达，从而用于基因治疗或进行艾滋病等病毒性疾病的治疗。

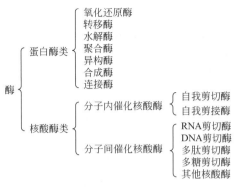

图 2-4-1 酶的分类

当酶的正常生物合成受到影响或酶活力受到抑制时，生物体的代谢将受到阻碍而出现各种疾病。此时若从体外补充所需的酶，将使代谢障碍得以解除而医治和预防疾病，这种酶称为药用酶。目前，自然界已发现的酶多达几千种，结晶出来的酶近几百种，已经应用的商品酶有一千多种。酶和辅酶是我国生化药品中发展比较快的一类，已经正式投产的有 20 多种，载入药典的有 10 多种。

2. 根据药用酶的功效和临床应用分

根据药用酶的功效和临床应用，可将酶分为以下几类，如表 2-4-1 所示。

表 2-4-1 药用酶的分类

功效及临床应用	药用酶种类
治疗消化道疾病	胰酶、胰脂酶、胃蛋白酶、β-半乳糖苷酶、淀粉酶、纤维素酶和消食素等
治疗炎症	胰蛋白酶、糜蛋白酶、胶原酶、超氧化物歧化酶、菠萝蛋白酶、木瓜蛋白酶、核糖核酸酶等
治疗血栓	链激酶、尿激酶、纤溶酶、米曲溶纤酶、蛇毒抗凝酶等
止血作用	凝血酶、人凝血酶、促凝血酶原激酶、蛇毒凝血酶等
降压、降血脂	激肽释放酶、弹性蛋白酶等
抗肿瘤	天冬酰胺酶、蛋氨酸酶、谷氨酰胺酶等
治疗痛风	尿酸酶

二、酶类药物的生产方法

药用酶的生产方法有生物提取分离法、生物合成（转化）法、化学合成法以及固定化酶提取技术。化学合成法是 20 世纪 60 年代中期出现的新技术。1969 年，采用化学合成法得到含有 124 个氨基酸的核糖核酸酶，其后 RNA 的化学合成也取得成功。但化学合成法只能合成化学结构已知的酶，且成本高，难以工业化生产。然而利用化学合成法进行酶的人工模拟和化学修饰，对认识和阐明生物体的行为和规律、设计和合成具有酶的催化特点又克服酶的弱点的高效非酶催化剂等方面具有重要的理论意义和应用前景。如利用环糊精模型，已经获得了酯酶、转氨酶、氧化还原酶、核糖核酸酶等多种酶的模拟酶，取得了可喜的进展。

（一）生物提取分离法

早期药用酶的生产主要采用生物提取分离法，即以动植物和微生物为原料，采用各种提取、分离技术，获得纯化的酶，如从猪颌下腺中提取激肽释放酶、从菠萝中提取菠萝蛋白酶等。然而，动植物原料的生长周期长，来源有限，又容易受地理、气候和季节等因素的影响，不宜大规模生产，单纯依赖动植物来源的酶，已不能满足需求。药用酶生物提取分离过程为：选取符合要求的动植物材料→生物材料预处理→提取→纯化。

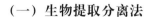

1. 原料的选择

不同生物材料和体液中虽普遍含有酶，但在数量和种类上却有很大的区别。组织中酶的总量虽然不少，但各种酶的含量却非常少。从已有的资料来看，个别酶的含量常在0.0001%～1%。常见酶在动物组织中的含量见表 2-4-2。

表 2-4-2　常见酶在动物组织中的含量

酶	来源	含量（以组织湿重计）/(g/100g)
胰蛋白酶	牛胰脏	0.55
3-磷酸甘油醛脱氢酶	兔骨骼肌	0.40
细胞色素 c 氧化酶	肝脏	0.015
柠檬酸酶	猪心肝	0.07
脱氧核糖核酸酶	胰脏	0.0005

原材料选择时应注意以下几点：①原材料的选择。原材料来源应丰富、广泛，价格低廉。②目的酶的含量。目的酶在原材料中含量要高，如提取乙酰氧化酶宜选用鸽子肝脏作为原料、透明质酸酶选用羊睾丸、溶菌酶选用鸡蛋清、凝血酶提取选用牛血液、超氧化物歧化酶选用血液和肝脏等。③根据生物发育阶段、营养状况和杂质干扰的情况选择。如从鸽子肝脏提取乙酰氧化酶时，在饥饿的状态下取材，可排除杂质肝糖原对提取过程的影响；凝乳酶只能用哺乳期的小牛胃作为材料。④酶活性要高。用动物组织作原料，应在动物宰杀后立即取材。

2. 原材料的预处理

原材料中的酶多存在于动植物组织或细胞中，提取前需将其破碎，以便酶从其中释放出来。预处理时为保持酶活性及其空间构象，应避免剧烈条件；但结合酶则必须进行剧烈处理。生物材料的预处理方法有机械处理、反复冻融和制备丙酮粉三种。这里仅介绍第三种方法。

制备丙酮粉的操作如下：组织经丙酮迅速脱水干燥成丙酮粉，不仅可减少酶的变性，同时因细胞结构的破坏使蛋白质与脂质结合的某些化学键打开，促使某些结合酶释放到溶液中，如鸽肝乙酰氧化酶就是用此法处理。常用的方法是将组织糜或匀浆悬浮于 0.01mol/L pH 6.5 的磷酸缓冲液中，在 0℃下将其一边搅拌一边慢慢倒入 10 倍体积的 −15℃ 无水丙酮内，10min 后，离心过滤取其沉淀物，反复用冷丙酮洗涤几次，真空干燥即得丙酮粉。丙酮粉低温下可保存数年。

3. 酶的提取

应根据酶的基本性质，如等电点、pH、温度和稳定性等选择提取方法。酶提取方法主要有水溶液法、有机溶剂法和表面活性剂法。

（1）水溶液法　常用稀盐溶液或缓冲液提取。提取时应在低温下操作，可防止提取过程中酶活力降低。个别酶，如超氧化物歧化酶，由于其对温度耐受性较高，为使杂蛋白变性，应提高温度。水溶液的 pH 选择对提取也很重要，应考虑的因素有酶的稳定性、酶的溶解度、酶与其他物质结合的性质。如胰脏中核酸酶、胰蛋白酶、胰凝乳蛋白酶在酸性条件下稳定，则应在酸性条件下提取。总之，应在酶稳定的 pH 范围内，选择偏离等电点的适当 pH；碱性蛋白酶用酸性溶液提取，酸性蛋白酶用碱性溶液提取。许多酶在蒸馏水中不溶解，而在低盐浓度下易溶解，所以提取时加入少量的盐可提高酶的溶解度。盐浓度一般以等渗为好，相当于 0.15mol/L NaCl 的离子强度的盐溶液最适宜酶的提取。

（2）有机溶剂法　有些结合酶，如微粒体和线粒体膜的酶，由于其和脂质牢固结合，可用有机溶剂除去结合的脂质，且酶不会变性。最常用的有机溶剂是丁醇。丁醇亲脂性强，特别是亲磷脂的能力较强；兼具亲水性，0℃时在水中的溶解度为 10.5%；在脂与分子间能起类似表面活性剂的桥梁作用。用丁醇提取的方法有两种：一种是均相法，用丁醇提取组织的匀浆然后离心，取下相层；另一种是两相法，在每克组织或菌体的干粉中加 5mL 丁醇，搅拌 20min，离心，取沉淀，接着用丙酮洗去沉淀上的丁醇，再在真空中除去溶剂，所得干粉进一步用水提取。两相法适用于易在水溶液中变性的生物材料。

（3）表面活性剂法　表面活性剂分子具有亲水或疏水性基团，表面活性剂能与酶结合使之分散在溶液中，故可用于提取结合酶，但此法用得比较少。

4. 酶的纯化

酶的纯化方法有盐析法、有机溶剂沉淀法、选择性变性法、柱色谱法、电泳法和超滤法等。设计纯化工艺时应综合考虑两项指标：一是酶比活；二是活力回收率。酶在纯化过程中常遇到的技术问题有以下几点。

（1）杂质的除去　酶提取液中，除所需酶外，还含有大量的杂蛋白、多糖、脂类和核酸等，为了进一步纯化，可用下列方法除去。

① 调 pH 值和加热沉淀法　利用蛋白质在酸、碱条件下的变性性质，可以通过调 pH 值除去某些杂蛋白；也可利用不同蛋白质对热稳定性的差异，将酶液加热到一定温度，使杂蛋白变性而沉淀。超氧化物歧化酶就是利用这个特点，在 65℃加热 10min，除去大量的杂蛋白。

② 蛋白质表面变性法　利用蛋白质表面变性性质的差别，也可除去杂蛋白。例如制备过氧化氢酶时，加入氯仿和乙醇进行振荡，可以除去杂蛋白。

③ 选择性变性法　利用蛋白质稳定性的不同，除去杂蛋白。如对胰蛋白酶等少数特别稳定的酶，甚至可用 2.5%三氯乙酸处理，这时其他杂蛋白都变性而沉淀，而胰蛋白酶等仍留在溶液中。

④ 降解或沉淀核酸法　在用微生物制备酶时，常含有较多的核酸，为此，可用核酸酶将核酸降解成核苷酸，使黏度下降便于离心分离。也可采用一些核酸沉淀剂，如三甲基十六烷基溴化铵、硫酸链霉素、聚乙烯亚胺、鱼精蛋白和二氯化锰等。

⑤ 利用结合底物保护法除去杂蛋白　酶与底物结合或与竞争性抑制剂结合后，稳定性大大提高，这样就可用加热法除去杂蛋白。

(2) 脱盐　酶的提纯以及酶的性质研究中，常常需要脱盐。最常用的脱盐方法是透析和凝胶过滤。

(3) 浓缩　酶的浓缩方法很多，有冷冻干燥、离子交换、超滤、凝胶吸水、聚乙二醇吸水等。

(4) 结晶　把酶提纯到一定纯度以后（通常纯度应达 50％以上），可进行结晶，伴随着结晶的形成，酶的纯度经常有一定程度的提高。从这个意义上讲，结晶既是提纯的结果，又是提纯的手段，酶结晶的明显特征在于有序性，蛋白质分子在晶体中均是对称性排列，并具有周期性的重复结构。形成结晶的条件是设法降低酶分子的自由能，从而建立起一个有利于晶体形成的相平衡状态。

① 酶的结晶方法　酶的结晶方法主要是缓慢地改变酶蛋白的溶解度，使其略处于过饱和状态。常用改变酶溶解度的方法有盐析法、有机溶剂法、复合结晶法、透析平衡法和等电点法。

盐析法即在适当的 pH、温度等条件下，保持酶的稳定，慢慢改变盐浓度进行结晶。结晶时采用的盐有硫酸铵、柠檬酸钠、乙酸铵、硫酸镁和甲酸钠等。我国利用此法已得到羊胰蛋白原和猪胰蛋白酶的结晶。

在酶液中滴加有机溶剂，有时也能使酶形成结晶。这种方法的优点是结晶悬液中含盐少。结晶用的有机溶剂有乙醇、丙醇、丁醇、乙腈、异丙醇、二甲基亚砜等。与盐析法相比，用有机溶剂法易引起酶失活。一般在含少量无机盐的情况下，选择使酶稳定的 pH 值，缓慢地滴加有机溶剂，并不断搅拌，当酶液微呈混浊时，在冰箱中放置 1～2h。然后离心去掉无定形物，取上清液在冰箱中放置令其结晶。加有机溶剂时，应注意不能使酶液中所含的盐析出。所使用的缓冲液一般不用磷酸盐，而用氯化物或乙酸盐。用这种方法已获得不少酶结晶，如天冬酰胺酶。

此外，也可以利用某些酶与有机化合物或金属离子形成复合物或盐的性质来结晶。利用透析平衡进行结晶也是常用方法之一，它既可进行大量样品的结晶，又可进行微量样品的结晶。大量样品的透析平衡结晶是将样品装在透析袋中，对一定的盐溶液或有机溶剂进行透析平衡，这时酶液可缓慢地达到过饱和而析出结晶。这个方法的优点是透析膜内外的浓度差减少时，平衡的速度也变慢。利用这种方法获得了过氧化氢酶、己糖激酶和羊胰蛋白酶等结晶。一定条件下，酶的溶解度明显受 pH 影响，这是由酶所具有的两性离子性质决定的。一般来说，在等电点附近酶的溶解度很小，这一特征为酶的结晶条件提供了理论根据。例如在透析平衡时，可改变透析外液的氢离子浓度，从而达到结晶的 pH。

② 结晶条件的选择　在进行酶的结晶时，要选择一定条件与相应的结晶方法配合。这不仅为了能够得到结晶，也是为了保证不引起酶活力丧失。影响酶结晶的因素很多，如酶液的纯度、温度、时间、pH 值、金属离子等。

酶只有达到相当纯后才能进行结晶。总的来说，酶的纯度越高，结晶越容易，生成大的单晶的可能性也越大。杂质的存在是影响单晶长大的主要障碍，甚至也会影响微晶的形成。在早期的酶结晶研究工作中，大都是由天然酶混合物直接结晶的，例如由鸡蛋清中可获得溶菌酶结晶，在这种情况下，结晶对酶有明显的纯化作用。

结晶母液通常应保持尽可能高的酶的浓度，酶的浓度越高越有利于溶液中溶质分子间的相互碰撞聚合，形成结晶的机会也越大，对大多数酶来说，蛋白质浓度在 $5\sim10\,\mathrm{mg/mL}$ 为好。结晶的温度通常在 4℃ 下或室温 25℃ 下，低温条件下酶不仅溶解度低，而且不易变性。结晶形成的时间长短不一，从数小时到几个月都有，有的甚至需要 1 年或更长时间。一般来说，较大而性能好的结晶是在生长慢的情况下得到的。一般希望使微晶的形成快些，然后慢慢地改变结晶条件，使微晶慢慢长大。

除沉淀剂的浓度外，在结晶条件方面最重要的因素是 pH。有时 pH 只差 0.2 就只能得到沉淀而不能形成微晶或单晶。调整 pH 可使晶体长到最适大小，也可改变晶形。结晶溶液 pH 一般选择在被结晶酶的等电点附近。

许多金属离子能引起或有助于结晶，例如羧肽酶、超氧化物歧化酶、碳酸肝酶，在二价金属离子存在下，有促进晶体长大的作用。在酶的结晶过程中常用的金属离子有 Ca^{2+}、Zn^{2+}、Co^{2+}、Cu^{2+}、Mg^{2+}、Mn^{2+} 和 Ni^{2+} 等。

不易结晶的蛋白质和酶，有的需加入微量的晶种才能结晶。例如，在胰凝乳蛋白酶结晶母液中加入胰凝乳蛋白酶结晶可导致大量结晶的形成。要生长大的单晶时，也可引入晶种，加晶种以前，酶液要调到适于结晶的条件，然后加入晶种，在显微镜下观察，如果晶种开始溶解，就要追加更多的沉淀直到晶种不溶解为止。当达到晶种不溶解又没有无定形物形成时，将此溶液静置，使结晶慢慢长大。

（5）生物提取法生产酶应注意的问题　提纯过程中，酶纯度越高，稳定性越差，因此在酶分离和纯化时尤其要注意以下几点。

① 防止酶蛋白变性　为防止酶蛋白变性，保持其生物活性，应避免高温，避免 pH 过高或过低，一般要在低温（4℃左右）和中性 pH 下操作。为防止酶蛋白的表面变性，不可激烈搅拌，避免产生泡沫。应避免酶与重金属或其他蛋白质变性剂接触。如要用有机溶剂处理，操作必须在低温下短时间内进行。

② 防止辅助因子流失　有些酶除酶蛋白外，还含有辅酶、辅基和金属等辅助因子。在进行超滤、透析等操作时，要防止这些辅助因子的流失，以免影响终产品的活性。

③ 防止酶被蛋白水解酶降解　在提取液尤其是微生物培养液中，除目的酶外，还常常同时存在一些蛋白水解酶，要及时采取有效措施将它们除去。如果操作时间长，还要防止杂菌污染酶液，造成目的酶的失活。

从动物或植物中提取酶受到原料的限制，随着酶的应用日益广泛和需求量的增加，工业生产的重点已逐渐转向生物合成法生产。

（二）生物合成法

1. 植物细胞生产药用酶

植物细胞生产药用酶工艺为：外植体→细胞获取→细胞培养→分离纯化→产物。

（1）细胞获取　外植体是指从植株取出根尖、茎尖等组织器官，经预处理，用于植物组织培养和细胞培养。细胞是从外植体中获得，可以采用机械法或酶法进行直接分离，也可通过愈伤组织诱导法或原生质体再生法得到一定体积的细胞团或单细胞悬浮液。将获得的植物细胞在无菌条件下转入新鲜培养基，在人工控制条件的生物反应器中进行细胞悬浮培养扩增植物细胞的生物量，并获得所需的酶。培养完毕，将细胞从培养液中分离，利用生化分离手段将培养液或者植物细胞中的酶分离出来。

（2）细胞培养

① 培养基组成　植物细胞与微生物对培养基的要求有较大差别。植物细胞需要大量的无机盐，除了 P、S、K、Ca、Mg 等大量元素外，还需要 B、Mn、Zn、Mo、Cu、Co、I 等微量元素；需要多种维生素和植物激素，如硫胺素、烟酸、肌醇及激动素等；无机氮源，如硝酸盐和铵盐；碳源为蔗糖。在培养基中添加适当的诱导剂，比如微生物细胞壁碎片和胞外酶，可以有效地提高某些产物的积累量。

② pH 与温度　植物细胞一般选用室温（25℃左右）培养，pH 微酸性，即 pH 为 5.0～6.0。

③ 搅拌　植物细胞代谢较慢，需氧量小，而且过多的氧气反而带来不良影响，对剪切力敏感，所以通风和搅拌不能太强烈。

2. 动物细胞生产药用酶

（1）动物细胞培养方法　动物细胞培养方法有两种：一类是来自血液或淋巴组织的细胞、肿瘤细胞和杂交瘤细胞等，采用悬浮培养；另一类是来自复杂器官的细胞，具有锚地依赖性，必须采用贴壁培养，如使用滚瓶培养系统和微载体系统。而固定化细胞培养既适用于锚地依赖性细胞，又适用于非锚地依赖性细胞。

（2）动物细胞培养条件

① 渗透压　培养液渗透压与动物细胞内渗透压要呈等渗状态，一般控制在 700～850kPa。

② 温度　不同种类的动物细胞对温度的要求不同，如哺乳动物细胞的最适温度为 37℃，昆虫类细胞为 25～28℃，鱼类细胞为 20～26℃。一般细胞对低温的耐受力强于对高温的耐受力。

③ pH 值　大多数动物细胞最适 pH 为 7.2～7.4，pH 低于 6.8 或高于 7.6 时，细胞停止生长，甚至死亡。通常在培养基中加入一定浓度的磷酸缓冲液，用于防止培养过程中代谢产物造成 pH 值的变化。

④ 溶解氧　不同种类的动物细胞，或处于不同生长阶段的同种细胞，对溶解氧的要求都不一样，应根据具体情况，随时加以检测和调节控制。

3. 微生物生产药用酶

微生物发酵法生产酶不受气候、地域、资源的限制，生产周期短，产量高，成本低，能大规模生产。目前药用酶生产的培养方法主要有固体培养方法和液体培养方法。

固体培养法也称麸曲培养法，通常以麸皮或米糠为主料，另外还需要添加谷糠、豆饼等，加水拌成含水适度的固态物料作为培养基。发酵的菌株通常有酵母、米曲霉、黑曲霉、白地霉等。目前我国酿造业用的糖化曲普遍采用固体培养法。固体培养法根据所用设备和通气方法又可分为浅盘法、转桶法、厚层通气法等。固体培养法周期较长，发酵过程中对温度、pH、培养基原料消耗和成分变化的检测相对困难，不利于大规模工业生产。

液体培养法是利用液体培养使微生物生长繁殖和产酶。根据通气（供氧）方法的不同，又分为液体表面培养和液体深层培养两种，其中液体深层通气培养是目前应用最广泛的方法。

微生物发酵生产的工艺过程为：选育优良菌株→微生物发酵→产酶→分离纯化→产物。

（1）选育优良菌株　菌种是工业发酵生产酶制剂的重要条件。优良菌种不仅能提高酶制剂的产量和发酵原料的利用率，而且能增加品种、缩短生产周期。目前，优良菌种的获得有三条途径：从自然界分离筛选；用物理或化学方法处理、诱变；或用基因重组与细胞融合技术，构建性能优良的工程菌。

（2）微生物发酵　菌种的产酶性能是决定发酵产量的重要因素，但是发酵工艺条件对产酶量的影响也是十分明显的，除培养基组成外，其他如温度、pH、通气、搅拌、泡沫、湿度、诱导剂和抑制剂等必须配合恰当，才能得到良好的效果。

① 温度　各种菌体对培养温度有不同的要求，一般真菌发酵产酶的温度控制在 25～30℃，细菌和放线菌在 37℃左右。发酵过程既包括营养物质合成菌体的细胞物质和酶的吸热反应，也包括菌体生长时营养物质分解代谢的放热反应，当放出的热量大于吸收的热量时，发酵液温度就上升，而通气带入的热量和搅拌产生的热量也会使温度升高，此时需要降温才能保证微生物生长繁殖和产酶所需的适当温度。需要注意的是，微生物发酵最适温度的选择要考虑多方面的因素，适合菌体生长的温度不一定是产酶的最适温度。例如，酱油曲霉生产蛋白酶，在 28℃的条件下，蛋白酶的产率比在 40℃条件下高 2～4 倍；在 20℃的条件下，蛋白酶产率更高，但是菌体生长速度较慢。

② 发酵液的 pH　微生物产酶的最适 pH 与生长最适 pH 常有所不同。微生物产酶的最适 pH 通常接近该酶催化反应的最适 pH，如米曲霉发酵生产碱性蛋白酶的最适 pH 为碱性（pH 8.5～9.0），生产中性蛋白酶的最适 pH 为中性或微酸性（pH 6.0～7.0），而酸性条件（pH 4.0～6.0）有利于酸性蛋白酶的产生。在发酵过程中，随着微生物生长繁殖和新陈代谢产物的积累，发酵液中的 pH 值是不断变化的，这种变化是反映发酵液中各种生化反应因素的综合标志。一般来说，如果培养基成分中碳氮比（C/N）高，发酵液倾向于酸性；C/N 低，发酵液倾向于中性或碱性。pH 值还与通气、糖和脂肪的氧化有关。在酶的生产过程中，需对发酵液的 pH 值进行调节和控制，可通过调节培养基原始 pH 值、调节培养基的组分及比例、控制 C/N、添加缓冲液、调节通气量等手段来实现。

③ 溶解氧和搅拌　微生物在深层发酵中能利用的氧是溶解于培养基中的氧。用于酶制剂生产的微生物，基本上都是好氧微生物，不同的菌种在培养时，对通气量的要求也各不相同，供氧过少，则达不到临界氧浓度而抑制了微生物的正常生长；供氧过多，不仅造成浪费，而且还可能改变代谢途径。在其他条件不变的情况下，增大通气量，可以提高溶氧速率。

④ 泡沫和消泡剂　发酵过程中，泡沫的存在会阻碍 CO_2 排除，直接影响氧的溶解，因而将影响微生物的生长和产物的形成；同时泡沫层过高，往往造成发酵液随泡沫溢出罐外，不但浪费原料，还易引起染菌；又因泡沫上升，发酵罐装料量受到限制，降低了发酵罐的利用率，因此，必须采取消泡措施，进行有效控制。常用的消泡剂有天然油类、醇类、脂肪酸类、胺类、酰胺类、磷酸酯类、聚硅氧烷等，其中以聚二甲基硅氧烷为最理想的消泡剂。我国酶制剂工业中常用的消泡剂为甘油聚醚（聚氧丙烯甘油醚）或泡敌（高温硅聚醚、聚醚多元醇的共聚物）。

⑤ 添加诱导剂和抑制剂　有些诱导酶，在培养基中不存在诱导物质时，酶的合成便受到阻碍，而当有底物或类似物存在时，酶的合成就顺利进行。白地霉合成脂肪酶就是一个典

型例子。在由蛋白胨、葡萄糖和少量无机盐组成的培养基中加入橄榄油，才能产生脂肪酶。此外，在某些酶的生产中有时加入适量表面活性剂，也能提高酶制剂的产量，用得较多的是 Tween-80 和 Triton-X。

（三）固定化酶提取技术

见"模块一"中"酶工程技术"部分。

三、酶类药物的质量控制

主要是对酶的活力进行质量控制，具体见"典型酶类药物的生产与质量控制"中各典型酶类药物的"质量控制"部分。

实例精讲　典型酶类药物的生产与质量控制

实例一　胃蛋白酶的生产与质量控制

（一）胃蛋白酶概述

药用胃蛋白酶制剂，外观为淡黄色粉末，具有肉类特殊的气味及微酸味，吸湿性强，易溶于水，水溶液呈酸性；难溶于乙醇、乙醚、氯仿等有机溶剂。干燥的胃蛋白酶较稳定，100℃加热 10min 不会被破坏。在水中，该制剂于 70℃以上或 pH 6.2 以上开始失活，pH 8.0 以上呈不可逆失活，在酸性溶液中较稳定，但在 2mol/L 以上的盐酸中也会慢慢失活。结晶胃蛋白酶呈针状或板状，经电泳可分出 4 个组分。其组成元素除 N、C、H、O、S 外，还有 P、Cl，分子量为 34500；pI 为 1.0，最适 pH 1.5～2.0。胃蛋白酶能水解大多数天然蛋白质底物，如鱼蛋白、黏蛋白、精蛋白等，尤其对两个相邻芳香族氨基酸构成的肽键最为敏感，它对蛋白质水解不彻底，产物为胨、肽和氨基酸的混合物。

胃蛋白酶最早于 1864 年载入英国药典，随后世界许多国家都相继把它纳入药典，作为优良的消化药广泛应用。其主要剂型有含糖胃蛋白酶颗粒、胃蛋白酶片、与胰酶和淀粉酶配伍制成多酶片。临床上主要用于因食蛋白性食物所致的消化不良及病后恢复期消化机能减退等。

（二）胃蛋白酶的生产方法

药用胃蛋白酶（pepsin，EC3.4.4.1）是胃液中蛋白水解酶的混合物，含有胃蛋白酶、组织蛋白酶、胶原酶等，为粗制的酶制剂。胃蛋白酶广泛存在于哺乳类动物的胃液中，药用胃蛋白酶系从猪、牛、羊等家畜的胃黏膜中提取得到。

胃蛋白酶的生产方法如图 2-4-2 所示。

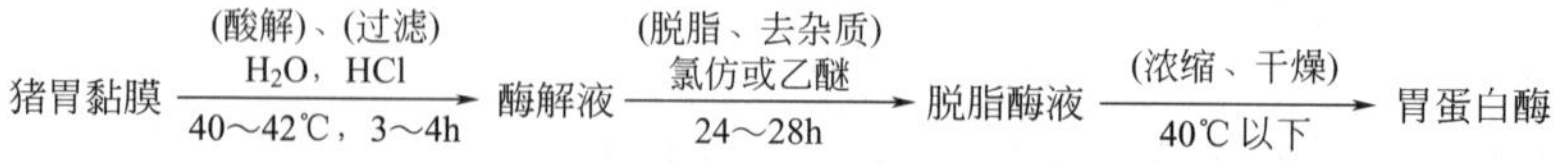

$$\text{猪胃黏膜} \xrightarrow[\substack{40\sim42℃，3\sim4h}]{\substack{（酸解）、（过滤）\\ H_2O，HCl}} \text{酶解液} \xrightarrow[\substack{24\sim28h}]{\substack{（脱脂、去杂质）\\ \text{氯仿或乙醚}}} \text{脱脂酶液} \xrightarrow[\substack{40℃以下}]{\substack{（浓缩、干燥）}} \text{胃蛋白酶}$$

图 2-4-2　胃蛋白酶生产工艺流程

1. 原料的选择和处理

胃蛋白酶主要存在于胃黏膜基底部，采集原料时剥去的黏膜直径大小与收率有关。一般剥取直径 10cm、深 2～3mm 的胃基部黏膜最适宜。对冷冻胃黏膜用水淋解冻会使部分黏膜流失，影响收率，故自然解冻最好。

2. 酸解、过滤

在夹层锅内预先加水 100L 及盐酸 3.6～3.7L，搅拌均匀，加热至 50℃时，在搅拌下加入 200g 猪胃黏膜，快速搅拌使酸度均匀，在 40～42℃消化 3～4h。用纱布过滤除去未消化的组织，收集滤液。

3. 脱脂、去杂质

将滤液降温至 30℃，加入 15％～20％乙醚或氯仿提取脂肪，搅拌均匀后转入沉淀脱脂器，水层静置 24～28h。使杂质沉淀，分出弃去，得脱脂酶液。

4. 浓缩、干燥

取脱脂酶液，在 40℃以下浓缩至原体积的 1/4 左右，真空干燥，球磨机研磨，过 80～100 目筛，即得胃蛋白酶粉。

（三）胃蛋白酶的质量控制

《中国药典》（2015 版）规定了胃蛋白酶的质量控制内容，主要有鉴别、检查与效价测定三部分。

1. 鉴别

取本品的水溶液，加 5％鞣酸或 25％氯化钡溶液，即生成沉淀。

2. 检查

（1）干燥失重　取本品，在 100℃干燥 4h，减失重量不得过 5.0％（通则 0831）。

（2）微生物限度　按微生物计数法（通则 1105）和控制菌检查法（通则 1106）检查。1g 供试品中需氧菌总数不得过 5000cfu，霉菌和酵母菌总数不得过 100cfu，不得检出大肠埃希菌。10g 供试品中不得检出沙门菌。

3. 效价测定

（1）对照品溶液的配制　精密称取在 105℃干燥至恒重的酪氨酸适量，加盐酸溶液（取 1mol/L 盐酸溶液 65mL，加水至 1000mL）制成每毫升含 0.5mg 酪氨酸的溶液。

（2）供试品溶液的配制　取胃蛋白酶适量，精密称定，用上述盐酸溶液制成每毫升含 0.2～0.4 单位的溶液。

（3）测定方法　取试管 6 支，其中 3 支各精密加入对照品溶液 1mL，另 3 支各精密加入供试品溶液 1mL，置 37℃±0.5℃水浴中保温 5min，精密加入预热至 37℃±0.5℃的血红蛋白试液 5mL，摇匀，并准确计时，在 37℃±0.5℃水浴中反应 10min，立即精密加入 5％

三氯乙酸液 5mL，摇匀，滤过，取续滤液备用。另取试管 2 支，各精密加入血红蛋白试液 5mL，其中一支加供试品溶液 1mL，另一支加稀盐酸溶液 1mL，摇匀，滤过，取续滤液分别作为供试品和对照品的空白对照，在 275nm 波长处分别测定吸光度，算出平均值 $\overline{A}_S$ 和 $\overline{A}$，按下式计算：

$$每克样品含胃蛋白酶的量（单位）=\frac{\overline{A}\times W_S\times n}{\overline{A}_S\times W\times 10\times 181.19}$$

式中，$\overline{A}$ 为供试品的平均吸光度；$\overline{A}_S$ 为对照品的平均吸光度；W 为供试品取样量，g；W_S 为对照品溶液中含酪氨酸的量，$\mu g/mL$；n 为供试品稀释倍数；181.19 为 1μmol 酪氨酸的量，μg。

在上述条件下，每分钟能催化水解血红蛋白生成 1μmol 酪氨酸的酶量为 1 个蛋白酶活力单位。

实例二　L-天冬酰胺酶的生产与质量控制

（一）L-天冬酰胺酶概述

大肠杆菌能产生两种天冬酰胺酶，即天冬酰胺酶Ⅰ和天冬酰胺酶Ⅱ，其中天冬酰胺酶Ⅱ的抗癌活性较强。其性状呈白色粉末状，微有湿性，溶于水，不溶于丙酮、氯仿、乙醚及甲醇。其 20% 水溶液，室温贮存 7 天，5℃ 保存 14 天，均不减少酶的活力。干品 50℃ 15min 酶活力降低 30%；60℃ 1h 内失活。最适 pH 为 8.5，最适温度为 37℃。L-天冬酰胺酶（EC3.5.1.1）是酰氨基水解酶，是从大肠杆菌菌体中提取分离的酶类药物，它在血液中特异性地催化天冬酰胺水解形成 L-天冬氨酸和氨，使某些肿瘤细胞因摄取不到足够的 L-天冬酰胺而导致细胞增殖受到抑制，临床上用于治疗急性淋巴细胞白血病，是第一种用于治疗癌症的酶。

（二）L-天冬酰胺酶的生产方法

L-天冬酰胺酶的生产工艺如图 2-4-3 所示。

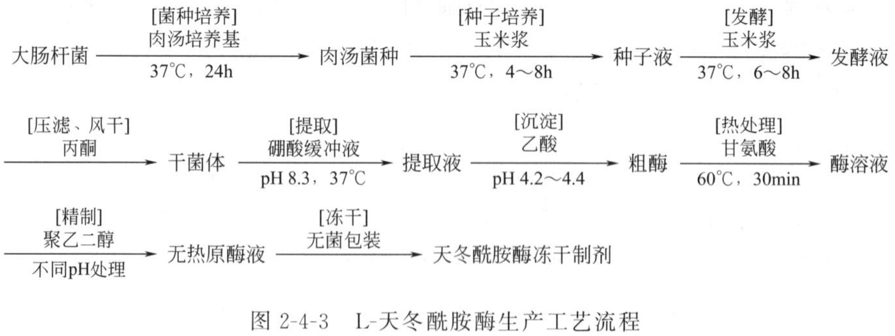

图 2-4-3　L-天冬酰胺酶生产工艺流程

1. 菌种培养

采取大肠杆菌 ASI-357，普通牛肉膏培养基，接种后于 37℃ 培养 24h。

2. 种子培养

16％玉米浆，接种量 1.0％～1.5％，温度 37℃，通气搅拌培养 4～8h。

3. 发酵罐培养

玉米浆培养基，接种量 8％，37℃通气搅拌培养 6～8h，离心分离发酵液，得菌体，加 2 倍量丙酮搅拌，压滤，滤饼过筛，自然风干成菌体干粉。

4. 提取、沉淀、热处理

每千克菌体干粉加入 0.01mol/L pH 8.3 的硼酸缓冲液 10L，37℃保温搅拌 1.5h。降温到 30℃以后，用 5mol/L 乙酸调节 pH 至 4.2～4.4，进行压滤，滤液中加入 2 倍体积的丙酮，放置 3～4h，过滤，收集沉淀，自然风干，即得粗制酶。

取粗制酶 1g，加入 0.3％甘氨酸溶液 20mL，调节 pH 至 8.8，搅拌 1.5h，离心，收集上清液，加热到 60℃进行 30min 热处理。离心弃去沉淀，上清液加 2 倍体积的丙酮，析出沉淀，离心，收集酶沉淀，用 0.01mol/L pH 8.0 磷酸缓冲液溶解，再离心弃去不溶物，得上清酶液。

5. 精制、冻干

取上述酶溶液调节 pH 至 8.8，离心弃去沉淀，清液再调 pH 至 7.7，加入 50％聚乙二醇，使浓度达到 16％。在 2～5℃放置 4～5 天，离心得沉淀。用蒸馏水溶解，加 4 倍量的丙酮，沉淀，同法反复 1 次，沉淀用 0.05mol/L pH 6.4 磷酸缓冲液溶解得精制酶溶液。调节 pH 至 5.0～5.2，再加 50％聚乙二醇，即得无热原的 L-天冬酰胺酶。在无菌条件下用 6 号垂熔漏斗过滤，分装，冷冻干燥制得注射用天冬酰胺酶成品，每支 10000U 或 20000U。

（三）L-天冬酰胺酶的质量控制

L-天冬酰胺酶催化天冬酰胺水解，释放游离氨，奈斯勒试剂与氨反应后形成红色络合物，可借比色进行定量测定。

取 0.04mol/L 的 L-天冬酰胺 1mL、0.5mol/L（pH 8.4）硼酸缓冲液 0.25mL 以及 0.5mL 细胞悬浮液或母液，于 37℃水溶液中保温 15min，加 15％三氯乙酸 0.5mL 以终止反应。沉淀细胞或酶蛋白，离心，取上清液 1mL。加 2mL 奈斯勒试剂和 7mL 蒸馏水，15min 后，于 500nm 波长处比色，测定产生的氨。

活力单位定义：每分钟催化天冬酰胺水解生成 1μmol 氨的酶量定为 1 个活力单位。

实例三 尿激酶的生产与质量控制

（一）尿激酶概述

尿激酶（urokinase，UK，EC3.4.99.26）是专一性很强的蛋白水解酶，血纤维蛋白溶酶原是它唯一的天然蛋白质底物，它作用于精氨酸-缬氨酸键，使纤溶酶原转化为有活性的纤溶酶。UK 对合成底物的活性与胰蛋白酶和纤溶酶近似，也具有酯酶活力，可作用于

N-乙酰甘氨酰-L-赖氨酸甲酯。UK 有多种分子量形式，主要的有 31300、54700 两种。尿中的尿胃蛋白酶原在酸性条件下可以被激活生成尿胃蛋白酶，后者可以把分子量 54700 的天然 UK 降解成为分子量为 31300 的 UK。分子量 54700 的天然 UK 由分子量分别约为 31300 和 21600 的两条肽链通过二硫键连接而成。大分子 UK 溶解血栓能力高于小分子 UK。UK 是丝氨酸蛋白酶，丝氨酸和组氨酸是其活性中心的必需氨基酸。UK 的等电点为 8.4～8.7，主要部分在 pH 8.6 左右。其溶液状态不稳定，冻干状态可稳定数年。

UK 是一种碱性蛋白酶，主要存在于人及哺乳动物的尿中，人尿平均含量 5～6IU/mL。临床上 UK 已广泛应用于治疗各种血栓形成或血栓梗死等疾病。UK 与抗癌剂合用时，由于它能溶解癌细胞周围的纤维蛋白，使得抗癌剂能更有效地穿入癌细胞，从而提高抗癌剂杀伤癌细胞的能力，所以 UK 也是一种很好的癌症辅助治疗剂。UK 无抗原性，毒副作用小，可多次较长时间使用。

（二）UK 的生产方法

UK 的生产方法如图 2-4-4 所示。

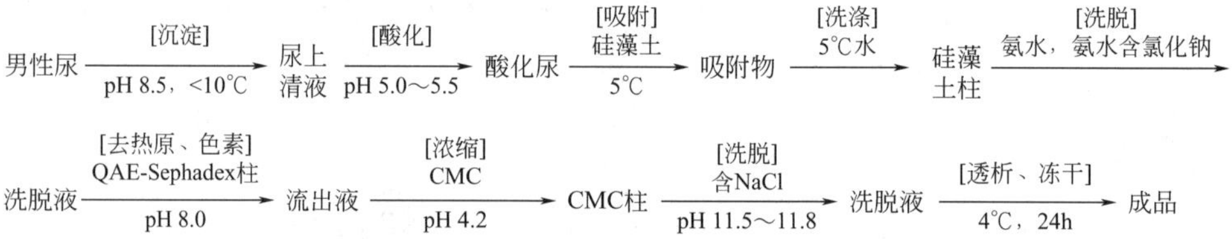

男性尿 $\xrightarrow[\text{pH 8.5, <10℃}]{\text{[沉淀]}}$ 尿上清液 $\xrightarrow[\text{pH 5.0～5.5}]{\text{[酸化]}}$ 酸化尿 $\xrightarrow[\text{5℃}]{\text{[吸附] 硅藻土}}$ 吸附物 $\xrightarrow[\text{5℃水}]{\text{[洗涤]}}$ 硅藻土柱 $\xrightarrow{\text{[洗脱] 氨水, 氨水含氯化钠}}$

洗脱液 $\xrightarrow[\text{pH 8.0}]{\text{[去热原、色素] QAE-Sephadex柱}}$ 流出液 $\xrightarrow[\text{pH 4.2}]{\text{[浓缩] CMC}}$ CMC柱 $\xrightarrow[\text{pH 11.5～11.8}]{\text{[洗脱] 含NaCl}}$ 洗脱液 $\xrightarrow[\text{4℃, 24h}]{\text{[透析、冻干]}}$ 成品

图 2-4-4　UK 生产工艺流程

1. 尿液收集和预处理

用特制的塑料桶收集新鲜、健康的男性尿液，在 8h 内处理，放置在 10℃ 以下阴凉处。用工业盐酸调 pH 至 6.5 以下，电导相当于 20～30mS，细菌数 1000 个/mL 以下，也可加 0.8%～1.0% 苯酚防腐。

2. 沉淀除杂

把在阴凉处放置的尿液，用 20%～30% 的工业 NaOH 溶液调 pH 至 8.5 左右，搅拌均匀，静置 2h 左右，然后虹吸出上层清液，用 1∶1 的稀盐酸调 pH 至 5.3 左右。

3. 硅藻土吸附

取酸化处理好的尿液加入 1% 尿量的硅藻土，于 5℃ 以下搅拌吸附 1h。

4. 洗脱

硅藻土吸附物用 5℃ 左右冷水洗涤，然后装柱，先用 0.02% 氨水加 0.1mol/L 氯化钠洗脱，当洗脱液由清变浑时开始收集，每吨尿液约可收集 15L 洗脱液。

5. 除热原、去色素

上述收集液用饱和磷酸二氢钠调 pH 至 8.0，加氯化钠调电导相当于 22mS，通过 QAE-

Sephadex 色谱柱，收集流出液，柱用三倍床体积的磷酸缓冲液洗，洗液与流出液合并。

6. CMC 浓缩

上述收集液用 1mol/L CH_3COOH 调 pH 至 4.2，以蒸馏水调电导至相当于 16～17mS，通过 CMC（羧甲基纤维素）色谱柱。然后用 10 倍柱床体积量的 pH 4.2 的乙酸-乙酸钠液洗涤柱床后，改用 0.1％氨水加 0.1mol/L NaCl 洗脱尿激酶，分步收集流出液。

7. 透析除盐

洗脱液于 4℃对水透析 24h，离心去沉淀，冻干即得成品。

（三）UK 的质量控制

《中国药典》（2015 版）中 UK 质量控制内容包括鉴别、检查与效价测定三部分。

1. 鉴别

取效价测定项下的供试品溶液，用巴比妥-氯化钠缓冲液（pH 7.8）稀释制成每 1mL 中含 20 单位的溶液，取 1mL，加牛纤维蛋白原溶液 0.3mL，再依次加入牛纤维蛋白溶酶原溶液 0.2mL 与牛凝血酶溶液 0.2mL，迅速摇匀，立即置 37℃±0.5℃恒温水浴中保温，立即计时。应在 30～45s 内凝结，且凝块在 15min 内重新溶解。以 0.9％氯化钠溶液作空白，同法操作，凝块在 2h 内不溶（上述试剂的配制同效价测定）。

2. 检查

（1）溶液的澄清度与颜色　取本品，加 0.9％氯化钠溶液溶解并稀释制成每 1mL 中含 3000 单位的溶液，依法检查（通则 0901 第一法与通则 0902 第一法），应澄清无色。

（2）干燥失重　取本品，以 P_2O_5 为干燥剂，在 60℃减压干燥至恒重，减失重量不得大于 5.0％（通则 0831）。

（3）分子组分比　取本品，加水溶解并稀释制成每 1mL 中含 2mg 的溶液后，加入等体积的缓冲液〔取浓缩胶缓冲液（F 液）2.5mL、20％十二烷基硫酸钠溶液 2.5mL、0.1％溴酚蓝溶液 1.0mL 与 87％甘油溶液 3.5mL，加水至 10mL〕，置水浴中 3min，放冷，作为供试品溶液，取 10μL，加至样品孔，照电泳法（通则 0541 第五法　考马斯亮蓝法染色）测定，按下式计算高分子量 UK 相对含量（％）。

$$高分子量\ UK\ 相对含量（\%）=\frac{高分子量\ UK\ 的峰面积}{高、低分子量\ UK\ 的峰面积之和}\times100\%$$

（4）乙肝表面抗原　取本品，加 0.9％氯化钠溶液溶解并稀释制成每 1mL 中含 10mg 的溶液，按试剂盒说明书项下测定，应为阴性。

（5）异常毒性　取本品，加氯化钠注射液溶解并稀释制成每 1mL 中含 5000 单位的溶液，依法检查（通则 1141），应符合规定。

（6）细菌内毒素　取本品，依法检查（通则 1143），每 1 万单位 UK 中含内毒素的量应小于 1.0EU。

（7）凝血质样活性物质

① 血浆的制备　取新鲜兔血，加 3.8％枸橼酸钠溶液（每 9mL 兔血加 3.8％枸橼酸钠

溶液 1mL），混匀，在 2～8℃条件下，以 5000r/min 离心 20min。取上清液在 -20℃速冻保存备用，用前在 25℃融化。

② 测定法　取本品，加巴比妥缓冲液（pH 7.4）溶解并稀释制成每 1mL 中各含 5000单位、2500 单位、1250 单位、625 单位与 312 单位的供试品溶液。若供试品中含乙二胺四乙酸盐或磷酸盐，必须先经巴比妥缓冲液（pH 7.4）在 2℃透析除去，再配成上述浓度的溶液。

取小试管（12mm×75mm）7 支，在第 1 管和第 7 管各加巴比妥缓冲液（pH 7.4）0.1mL 作空白对照，其余 5 管分别加入上述倍比稀释的供试品溶液各 0.1mL，再依次加入6-氨基己酸溶液［取 6-氨基己酸 1.97g，加巴比妥缓冲液（pH 7.4）使溶解，并稀释至50mL］与血浆各 0.1mL，轻轻摇匀，在 25℃水浴中，静置 3min，加入已预温至 25℃的氯化钙溶液（取氯化钙 1.84g，加水使溶解并稀释至 500mL）0.1mL，混匀，置水浴中，立即计时。注意观察血浆凝固，终点判断为轻轻倾斜试管置水平状，溶液呈斜面但不流动，记录凝固时间（s）。每个浓度测 3 次，求平均值（3 次测定中最大值与最小值的差不得超过平均值的 10%）。以供试品溶液浓度的对数为纵坐标、复钙缩短时间（空白管的凝固时间减去供试品管的凝固时间）为横坐标绘图。连接不同稀释度的供试品各点，应成一直线，延伸直线与纵坐标轴的交点为供试品浓度，即凝血质样活性为零值时的供试品酶活力，按每 1mL 供试品溶液的单位表示，每 1mL 应不得少于 150 单位。

3. 效价测定

（1）酶活力

① 试剂　包含下述四种试剂。

ⅰ. 牛纤维蛋白原溶液　取牛纤维蛋白原，加巴比妥-氯化钠缓冲液（pH 7.8）溶解并稀释制成每 1mL 中含 6.67mg 可凝结蛋白的溶液。

ⅱ. 牛凝血酶溶液　取牛凝血酶，加巴比妥-氯化钠缓冲液（pH 7.8）溶解并稀释制成每 1mL 中含 6.0 单位的溶液。

ⅲ. 牛纤维蛋白溶酶原溶液　取牛纤维蛋白溶酶原，加三羟甲基氨基甲烷缓冲液（pH 9.0）溶解并稀释制成每 1mL 中含 1.0～1.4 酪蛋白单位的溶液（如溶液混浊，离心，取上清液备用）。

ⅳ. 混合溶液　临用前取等体积的牛凝血酶溶液和牛纤维蛋白溶酶原溶液，混匀。

② 标准品溶液的制备　取尿激酶标准品，加巴比妥-氯化钠缓冲液（pH 7.8）溶解并定量稀释制成每 1mL 中含 60 单位的溶液。

③ 供试品溶液的制备　取本品适量，精密称定，加巴比妥-氯化钠缓冲液（pH 7.8）溶解，并定量稀释制成与标准品溶液相同浓度的溶液，摇匀。

④ 测定法　取试管 4 支，各加牛纤维蛋白原溶液 0.3mL，置 37℃±0.5℃水浴中，分别加巴比妥-氯化钠缓冲液（pH 7.8）0.9mL、0.8mL、0.7mL、0.6mL，依次加标准品溶液 0.1mL、0.2mL、0.3mL、0.4mL，再分别加混合溶液 0.4mL，立即摇匀，分别计时。反应系统应在 30～40s 内凝结，当凝块内小气泡上升到反应系统体积一半时作为反应终点，立即计时。每个浓度测 3 次，求平均值（3 次测定中最大值与最小值的差不得超过平均值的10%）。以尿激酶浓度的对数为横坐标，以反应终点时间的对数为纵坐标，进行线性回归。供试品按上法测定，用线性回归方程求得供试品溶液浓度，计算每 1mg 供试品的效价

（单位）。

（2）蛋白质含量　取本品约 10mg，精密称定，照蛋白质含量测定法（通则 0731 第一法）测定，即得。

（3）比活　每 1mg 蛋白中含尿激酶活力单位数。

实训任务

重氮法固定胰蛋白酶及亲和色谱法提取抑肽酶

【任务目的】

1. 学习重氮法固定化酶的方法。

2. 了解亲和色谱法的基本原理和操作过程。

【实训原理】

重氮法是共价法固定化酶的方法之一，其固相载体是琼脂糖凝胶，在碱性条件下接上双功能试剂 β-硫酸酯乙砜基苯胺（β-SESA），制备得到对氨基苯磺酰乙基琼脂糖（ABSE-琼脂糖），然后用亚硝酸进行重氮化，重氮基团可与酶蛋白分子中酪氨酸的酚基或组氨酸的咪唑基发生偶联反应，从而得到固定化酶。

亲和色谱是一种用来纯化酶和其他高分子物质的特别的色谱技术，其是利用被分离物的生物学性能方面的差异，生物分子具有和一些相对应分子专一结合的特性，如酶的活性中心能和专一的底物结合。与其他分离方法相比，亲和色谱法具有纯化效果好、得率高的特点。

本实训所需纯化的抑肽酶是胰蛋白酶的抑制剂，具有较高的专一性，因而可用胰蛋白酶作为配基，通过共价法偶联于固相载体上制成亲和吸附剂。由于抑肽酶与胰蛋白酶在 pH 7.0～8.0 时能"专一"结合，而在 pH 2.0～3.0 时又能重新解离，因而可将抑肽酶提取纯化。

【实训材料】

琼脂糖凝胶、1mol/L NaOH、β-SESA、1mol/L 和 1.5mol/L Na_2CO_3 溶液、固体 Na_2CO_3、0.5mol/L NaOH 溶液、1mol/L HCl、0.1mol/L $NaNO_2$ 溶液、0.05mol/L HCl、胰蛋白酶、1mol/L NaCl、0.1mol/L 硼酸缓冲液（pH 7.8）、抑肽酶粗提液、0.25mol/L 氯化钠-盐酸（pH 1.7）、苯甲酰-L-精氨酰-β-萘酰胺（BANA）、N-(1-萘基)-乙二胺盐酸盐（NEDA）等。烧杯、吸管、量筒、色谱柱、部分收集器、分光光度计、离心机、恒温水浴箱、抽滤装置等。

【实施步骤】

（一）固定化胰蛋白酶的制备

1. ABSE-琼脂糖制备

称取抽滤或半干的琼脂糖凝胶 10g，加入 10mL 蒸馏水，以 1mol/L NaOH 溶液调节

pH 至 13.0；称取 β-SESA 1.25g，悬于 5mL 蒸馏水中，搅拌下缓慢用 1.5mol/L Na_2CO_3 溶液调节 pH 至 6.0，待溶解后离心，除去残渣，取 β-SESA 清液；把上述二者混合放入沸水浴中，待温度至 60℃ 时立即加入 Na_2CO_3 5g，继续在沸水浴中维持 45min，转移至抽滤瓶；抽滤瓶使用前用 0.5mol/L NaOH 溶液润洗 3 次，再用蒸馏水润洗 3 次，抽干即得 ABSE-琼脂糖。

2. ABSE-琼脂糖重氮化

把上述 ABSE-琼脂糖凝胶悬于 20mL 蒸馏水中，放入冰浴中，搅拌下缓慢加入预冷的 1mol/L HCl 20mL，冰浴中间歇搅拌 20min；过滤并用预冷的 0.05mol/L HCl 润洗 3 次，冷蒸馏水洗 3 次，转移至抽滤瓶抽干，即为重氮衍生物。

3. 胰蛋白酶的偶联

将 ABSE-琼脂糖重氮衍生物立即投入胰蛋白酶溶液（200mg 胰蛋白酶溶于 20mL 0.1mol/L 的硼酸缓冲液中，pH 7.8）中，立即用 1mol/L Na_2CO_3 溶液维持 pH 在 8.0，冰浴中间歇搅拌 1.5h，再以少量 1mol/L NaCl 溶液洗 2 次，再用蒸馏水洗 3 次，即得固定化胰蛋白酶。

（二）亲和色谱分离抑肽酶

1. 装柱

将制备的固定化胰蛋白酶装入色谱柱，然后用 0.1mol/L（pH 7.8）的硼酸缓冲液平衡。

2. 抑肽酶的吸附

将抑肽酶溶液 150mL（含抑肽酶粗品 0.75g）以 2.5mL/min 的流速上柱吸附。

3. 淋洗

待上柱吸附完毕后，用上述硼酸缓冲液进行淋洗直到无杂质蛋白流出为止。

4. 收集

最后用 0.25mol/L 氯化钠-盐酸（pH 1.7）进行洗脱，待洗脱峰开始出现即收集。

（三）抑肽酶活性测定

在一定条件下，能抑制 1 个胰蛋白酶单位的活力称为一个抑肽酶单位。测定步骤如下所述。

1. 取试管 11 支，各加入 2mol/L HCl 5mL，并进行编号。

2. 另取试管 2 支，一支加入蒸馏水 1.5mL，另一支加入被测液 1.5mL，36℃ 平衡 5min。

3. 上述 2 支试管各加入经 36℃ 保温平衡的标准胰蛋白酶液 1.5mL。

4. 在上述试管的第 1 管中加入经 36℃ 保温平衡的 BANA 溶液 3mL，并开始计算时间，

1min 后在第 2 管中也加入 BANA 溶液 3mL。

5. 在开始计时后的第 3min、6min、9min、12min、15min 从第 1 管中取出 1mL，分别加入第 1、2、3、4、5 号试管中；在计时后第 5min、8min、10min、13min、16min 从第 2 管中取出 1mL，加入第 6、7、8、9、10 号试管中，第 11 号试管加入 0.001mol/L HCl 0.5mL、BANA 溶液 0.5mL 作为空白对照。

6. 第 1~11 号管中分别加入 0.1mol/L NaNO$_2$ 溶液 1mL。

7. 第 1~11 号管中各加入 0.5% NEDA 溶液 2mL，振摇均匀，溶液逐渐变成蓝色，半小时后用分光光度计在 580nm 波长处进行测定。

（四）效价计算

1. 将第 1~11 管测得的吸收值除以相应时间，求出每分钟吸收度的增加值。

2. 求出标准胰蛋白酶 5 管（第 1~5 管）的每分钟吸收度的平均数 M。

3. 求出标准胰蛋白酶经抑肽酶抑制后的 5 管（第 6~10 管）每分钟吸收度增加值的平均数 M_0。

（五）计算

$$P_1 = M \cdot 0.01/c_1, \quad P_2 = M_0 \cdot 0.01/c_2$$

式中，P_1 为每毫克标准胰蛋白酶单位；P_2 为每毫克标准胰蛋白酶单位经抑肽酶抑制后的剩余单位；c_1 为 0.02（反应中胰蛋白酶浓度，mg/mL）；0.01 为换算数值，即一定条件下，每分钟能导致吸收度变化 0.01 的胰蛋白酶活力，称为 1 个活力单位；c_2 为反应中抑肽酶的浓度（1.5×稀释倍数/6）。

$$每毫升抑肽酶的单位(P_抑) = (P_1 - P_2) \cdot c_1/c_2$$
$$收率 = 上样总效价/洗脱液总效价$$

【任务总结】

各小组在完成实训项目后，对实训过程和实训结果进行总结评价，形成工作总结汇报和实训论文，并制作实训 PPT 和 word 形式的实训论文及总结。

 课后习题

一、填空题

1. 酶是_____产生的，具有特殊催化功能的生物大分子，分为_____类和_____类。

2. 药用酶的生产方法有_____、_____、化学合成法以及_____。

3. 动物细胞培养方法有两种：一类是来自血液或淋巴组织的细胞、肿瘤细胞和杂交瘤细胞等，采用_____培养；另一类是来自复杂器官的细胞，具有锚地依赖性，必须采用_____培养。

二、问答题

1. 以生物提取法制备药用酶时，在进行原料选择时，要注意哪些方面？

2. 酶的生物提取分离过程中的结晶方法有哪些？

3. 绘制 L-天冬酰胺酶的生产工艺流程图，并说明工艺控制要点。

4. 简述尿激酶的生产工艺和控制要点。

糖类药物的生产与质量控制

💡 **目标要求**

1. 熟悉糖类药物的概念、类型、生理活性，了解糖类药物的制备方法。
2. 以糖类典型药物的生产为例，掌握甘露醇、硫酸软骨素等糖类药物的一般生产工艺。

一、糖类药物概述

（一）糖类药物的定义

糖类药物一般由多糖类组成。多糖是由二十个以上到上万个单糖以糖苷键相连组成的大分子聚合物，在自然界高等植物、藻类、细菌类及动物体内均有存在，分布极广，而且资源丰富。多糖在动物体内主要存在于细胞膜中，而在植物中主要存在于细胞壁中。由于组成与结构的不同，多糖的种类不计其数，到目前为止，人们已经从自然界中提取出来的就有几百种。

糖类的研究已有上百年的历史，许多研究成果表明，糖类是生物体内除蛋白质和核酸以外的又一类重要的生物信息分子。糖类作为信息分子在受精、发育、分化以及神经系统和免疫系统衡态的维持等方面起着重要的作用；糖类还具有抗辐射损伤作用，如茯苓多糖、紫菜多糖；此外，糖类也有降血糖/降血脂（硫酸软骨素）、抗凝血（肝素）等作用，亦可作为一种细胞分子表面"识别标志"，参与体内许多生理和病理过程，如炎症反应中白细胞和内皮细胞的粘连，细菌、病毒对宿主细胞的感染，抗原抗体的免疫识别等。随着糖生物学的崛起和发展，对生物体内细胞识别和调控过程的信息分子糖类的研究必将成为 21 世纪对多细胞生物高层次生命现象研究的重要内容之一。

（二）分类

糖及其衍生物广布在自然界生物体中，是一类微观结构变化最多的生物分子，生物体内的糖以不同的形式出现，则有不同的功能。糖类的存在形式，按其聚合的程度可分为单糖、低聚糖和多糖等。

1. 单糖

糖的最小单位，如葡萄糖、果糖、氨基葡萄糖等。

2. 糖的衍生物

如 6-磷酸葡萄糖、1,6-二磷酸果糖、磷酸肌醇等。

3. 低聚糖

常指由 2～9 个单糖组成的多聚糖，如麦芽乳糖、乳果糖、水苏糖等。

4. 多聚糖

常称为多糖，是由十个以上单糖聚合而成的，如香菇多糖、右旋糖酐、肝素、硫酸软骨素、人参多糖和刺五加多糖等。多糖在细胞内的存在方式有游离型与结合型两种。结合型多糖有糖蛋白和脂多糖两种，前者如黄芪多糖、人参多糖和刺五加多糖、南瓜多糖等；后者如胎盘脂多糖和细菌脂多糖等。单糖和低聚糖的分子量不变，而多聚糖的分子量常随来源不同而不同。

常见的糖类药物如表 2-5-1 所示。

表 2-5-1　常见糖类药物

类型	品名	来源	作用与用途
单糖及其衍生物	甘露醇	由海藻提取或由葡萄糖电解	降低颅内压、抗脑水肿
	山梨醇	由葡萄糖氧化或电解还原	降低颅内压、抗脑水肿、治青光眼
	葡萄糖	由淀粉水解制备	制备葡萄糖输液
	葡糖醛酸内酯	由葡萄糖氧化制备	治疗肝炎、肝中毒、风湿性关节炎
	葡萄糖酸钙	由淀粉或葡萄糖发酵	钙补充剂
	植酸钙（菲汀）	由玉米、米糠提取	营养液、促进生长发育
	肌醇	由植酸钙制备	治疗肝硬化、血管硬化、降血脂
	1,6-二磷酸果糖	酶转化法制备	治疗急性心肌缺血休克、心肌梗死
多糖	右旋糖酐	微生物发酵	血浆扩充剂、改善微循环、抗休克
	右旋糖酐铁	用右旋糖酐与铁络合	治疗缺铁性贫血
	糖酐酯钠	由右旋糖酐水解酯化	降血脂、防治动脉硬化
	猪苓多糖	由真菌猪苓提取	抗肿瘤转移、调节免疫功能
	海藻酸	由海带或海藻提取	增加血容量，抗休克，抑制胆固醇吸收，消除重金属离子
	透明质酸	由鸡冠、眼球、脐带提取	化妆品基质、眼科用药
	肝素钠	由肠黏膜和肺提取	抗凝血、防肿瘤转移
	肝素钙	由肝素制备	抗凝血、防治血栓
	硫酸软骨素	由喉骨、鼻中隔提取	治疗偏头痛、关节炎
	硫酸软骨素 A	由硫酸软骨素制备	降血脂、防治冠心病
	冠心舒	由猪十二指肠提取	治疗冠心病
	甲壳素	由甲壳动物外壳提取	人造皮、药物赋形剂
	脱乙酰壳多糖	由甲壳质制备	降血脂、金属解毒、止血、消炎

二、糖类药物的生产方法

（一）动植物来源的糖类药物的生产

1. 单糖、低聚糖及其衍生物的制备

游离单糖及小分子寡糖易溶于冷水及温乙醇，可以用水或在中性条件下以 50% 乙醇为提取溶剂，也可以用 80% 乙醇，在 70～78℃ 下回流提取。溶剂用量一般为材料的 20 倍，需多次提取。

一般提取流程为：粉碎植物材料，以乙醚或石油醚脱脂，拌加碳酸钙，以 50% 乙醇温浸，浸液合并，于 40～45℃ 减压浓缩至适当体积，用中性乙酸铅去杂蛋白及其他杂质，铅离子可通 H_2S 除去，再浓缩至黏稠状；以甲醇或乙醇温浸，去不溶物（如无机盐或残留蛋白质等）；醇液经活性炭脱色，浓缩，冷却，滴加乙醚，或置于硫酸干燥器中旋转，析出结晶。单糖或小分子寡糖也可以在提取后，用吸附色谱法或离子交换法进行纯化。

2. 多糖的提取与纯化

多糖可来自动物、植物和微生物，其来源不同，提取分离方法也不同。植物体内含有水解多糖及其衍生物的酶，必须抑制或破坏酶的作用后，才能制取天然形式存在的多糖。供提取多糖的材料必须新鲜或及时干燥保存，不宜久受高温，以免破坏其原有形式，或使多糖受到内源酶的作用而分解。速冻冷藏是保存提取多糖材料的有效方法。提取方法依照不同种类多糖的溶解性质而定，如昆布多糖、果聚糖、糖原易溶于水；壳多糖与纤维素溶于浓酸；直链淀粉易溶于稀碱；酸性黏多糖常含有氨基己糖、己糖醛酸以及硫酸基等多种结构成分，且常与蛋白质结合在一起，提取分离时，通常先用蛋白酶或浓碱、浓中性盐解离蛋白质与糖的结合键后，用水提取，再将水提取液减压浓缩，以乙醇或十六烷基三甲基溴化铵（CTAB）沉淀酸性多糖，最后用离子交换色谱法进一步纯化。

（1）多糖的提取 提取多糖时，一般需先进行脱脂，以便多糖释放。将植物材料粉碎，用甲醇或乙醇-乙醚（1:1）混合液，加热搅拌温浸 1～3h，也可用石油醚脱脂。动物材料可用丙酮脱脂、脱水处理。多糖的提取方法主要有以下几种。

① 稀碱液提取 主要用于难溶于冷水、热水，可溶于稀碱的多糖。此类多糖主要是一些胶类，如木聚糖、半乳聚糖等，提取时可先用冷水浸润材料，使其溶胀后，再用 0.5mol/L NaOH 提取，提取液用盐酸中和、浓缩后，加乙醇沉淀多糖。如在稀碱中不易溶出者，可加入硼砂，如甘露醇聚糖、半乳聚糖等能形成硼酸配合物，用此法可得到相当纯的产品。

② 热水提取 适用于难溶于冷水和乙醇，易溶于热水的多糖。提取时材料先用冷水浸泡，再用热水（80～90℃）搅拌提取，提取液去除蛋白质，离心，得清液。透析或用离子交换树脂脱盐后，用乙醇沉淀得多糖。

③ 黏多糖的提取 大多数黏多糖可用水或盐溶液直接提取，但因大部分黏多糖与蛋白质结合于细胞中，需用酶解法或碱解法裂解糖-蛋白质间的结合键，促使多糖释放。碱解法可以防止黏多糖中硫酸基的水解破坏，也可以同时用酶解法处理材料。各种黏多糖在乙醇中的溶解度不同，可以用乙醇分级沉淀，达到分离纯化的目的。

ⅰ. 碱解　多糖与蛋白质结合的糖肽键对碱不稳定，故可用碱解法使糖与蛋白质分开。碱处理时，可将组织在 40℃ 以下，用 0.5mol/L NaOH 溶液提取，提取液以酸中和，透析后，以高岭土、硅酸铝或其他吸附剂除去杂蛋白，再用乙醇沉淀多糖。黏多糖分子上的硫酸基一般对碱较稳定，但若硫酸基与邻羟基处于反式结构或硫酸基在 C3 或 C6，此时易发生脱硫作用，因此对这类多糖不宜用碱解法提取。

ⅱ. 酶解　蛋白酶水解法已逐步取代碱提取法而成为提取多糖的最常用方法。理想的工具酶是专一性低的、具有广谱水解作用的蛋白水解酶。鉴于蛋白酶不能断裂糖肽键及其附近的肽键，因此成品中会保留较长的肽段。为除去长肽段，常与碱解法合用。酶解时要防止细菌生长，可加甲苯、氯仿、酚或叠氮化钠作抑菌剂，常用的酶制剂有胰蛋白酶、木瓜蛋白酶和链霉菌蛋白酶及枯草杆菌蛋白酶。酶解液中的杂蛋白可用三氯乙酸法、磷钼酸-磷钨酸沉淀法、高岭土吸附法、三氟三氯乙烷法、等电点法去除，再经透析后，用乙醇沉淀即可制得粗品多糖。

(2) 多糖的纯化　多糖的纯化方法很多，但必须根据目的物的性质及条件选择合适的纯化方法，而且往往用一种方法不易得到理想的结果，因此，必要时可考虑几种纯化方法的联用。

① 乙醇沉淀法　乙醇沉淀法是制备黏多糖的最常用手段。乙醇的加入改变了溶液的极性，导致糖溶解度下降。供乙醇沉淀的多糖溶液，其含多糖的浓度以 1%～2% 为佳。如使用充分过量的乙醇，黏多糖浓度少于 0.1% 也可以沉淀完全，向溶液中加入一定浓度的盐，如乙酸钠、乙酸钾、乙酸铵或氯化钠有助于使黏多糖从溶液中析出，盐的最终浓度为 5% 即可。使用乙酸盐的优点是在乙醇中其溶解度更大，即使在乙醇过量时，也不会发生这类盐的共沉淀。一般只要黏多糖浓度不太低，并有足够的盐存在，加入 4～5 倍乙醇后，黏多糖可完全沉淀。可以使用多次乙醇沉淀法使多糖脱盐，也可以用超滤法或分子筛法（Sephadex G-10 或 G-15）进行多糖脱盐。加完乙醇，搅拌数小时，以保证多糖完全沉淀。沉淀物可用无水乙醇、丙酮、乙醚脱水，真空干燥即可得疏松粉末状产品。

② 分级沉淀法　不同多糖在不同浓度的甲醇、乙醇或丙酮中的溶解度不同，因此，可用不同浓度的有机溶剂分级沉淀分子大小不同的黏多糖。在 Ca^{2+}、Zn^{2+} 等二价金属离子的存在下，采用乙醇分级分离黏多糖可以获得最佳效果。

③ 季铵盐络合法　黏多糖与一些阳离子表面活性剂如 CTAB 和十六烷基氯化吡啶（CPC）等能形成季铵盐络合物。这些络合物在低离子强度的水溶液中不溶解，在离子强度大时，这种络合物可以解离、溶解、释放，使其溶解度发生明显改变的无机盐浓度（临界盐浓度）主要取决于聚阴离子的电荷密度。黏多糖的硫酸化程度影响其电荷密度，根据其临界盐浓度的差异可以将黏多糖分为若干组（表 2-5-2）。

表 2-5-2　用季铵盐分级分离黏多糖

组别	每个单糖残基具有的阴离子基团数	硫酸基与羧基的比值
组Ⅰ:透明质酸,软骨素	0.5	0
组Ⅱ:硫酸软骨素,硫酸乙酰肝素	1.0	1.0
组Ⅲ:肝素	1.5～2.0	2.0～3.0

降低 pH 值可抑制羧基的电离，有利于增强硫酸黏多糖的选择性沉淀。季铵盐的沉淀能力受其烷基链中的—CH_2—数的影响，还可以用不同种季铵盐的混合物作为酸性黏多糖的分

离沉淀剂，如 Cetavlon 和 Arguad 16 等（季铵盐混合物的商品名）。应用季铵盐沉淀多糖是分级分离复杂黏多糖与从稀溶液中回收黏多糖的最有用方法之一。

④ 离子交换色谱法　黏多糖由于具有酸性基团（如糖醛酸和各种硫酸基），在溶液中以聚阴离子形式存在，因而可用阴离子交换剂进行交换吸附。常用的阴离子交换剂有 D254、Dower-X2、DEAE-纤维素、DEAE、Sephadex A-25。吸附时可以使用低盐浓度样液，洗脱时可以逐步提高盐浓度如梯度洗脱或分步阶梯洗脱。如以 Dowex Ⅰ 进行分离时，分别用 0.5mol/L、1.25mol/L、1.5mol/L、2.0mol/L 和 3.0mol/L NaCl 洗脱，可以分离透明质酸、硫酸乙酰肝素、硫酸软骨素、肝素和硫酸角质素。此外，区带电泳法、超滤法及金属络合法等在多糖的分离纯化中也常采用。

动物来源的多糖以黏多糖为主。黏多糖是一类含有氨基己糖与糖醛酸的多糖的总称，是动物体内的蛋白多糖分子中的糖链部分。黏多糖包括中性黏多糖和酸性黏多糖。黏多糖可因组成中所含单糖的种类与比例、N-乙酰基、N-硫酸基和硫酸基的多少及硫酸基的位置，糖苷键的比例和支链程度的不同，而形成功能各异的不同类型黏多糖。如黏多糖的抗凝作用和降血脂功能与其硫酸化程度关系很大。黏多糖大多由特殊的重复双糖单位构成，在此双糖单位中，包含一个 N-乙酰氨基己糖。黏多糖的组成结构单位中有两种糖醛酸，即 D-葡萄糖醛酸和 L-艾杜糖醛酸；两种氨基己糖，即氨基-D-葡萄糖和氨基-D-半乳糖；另外，还有若干其他单糖作为附加成分，其中包括半乳糖、甘露糖、岩藻糖和木糖等。

不同黏多糖的重复单位和其理化性质如表 2-5-3 所示。

表 2-5-3　不同黏多糖的重复单位和其物理化学性质

名称	重复单位	$[\alpha]_D^t/(°)$	红外光谱 /cm^{-1}	特性黏度 /(mL/g)	分子量	存在位置
甲壳素	(1→4)-O-2-乙酰氨基-2-脱氧-β-D-葡萄糖	−14～ +56	884, 890	—	—	骨骼物质
软骨素	(1→4)-O-β-D-葡萄糖醛酸-(1→3)-2-脱氧-β-D-半乳糖	−21	—	—		角膜
4-硫酸软骨素(硫酸软骨素 A)	(1→4)-O-β-D-葡萄糖醛酸-(1→3)-2-乙酰氨基-2-脱氧-4-O-硫酸酯-β-D-半乳糖	−30～ −26	724,851, 930	0.2～ 1.0	5×10⁴	骨、角膜、软骨、皮
6-硫酸软骨素(硫酸软骨素 C)	(1→4)-O-葡萄糖醛酸-(1→3)-2-乙酰氨基-2-脱氧-6-O-硫酸酯-β-D-半乳糖	−22～ −12	775,820, 1000	0.2～ 1.3	5×10³～ 5×10⁴	软骨、主动脉、皮、脐带
硫酸皮肤素(硫酸软骨素 B，β-肝素)	(1→4)-O-α-L-艾杜糖醛酸-(1→3)-2-乙酰氨基-2-脱氧-4-O-硫酸酯-β-D-半乳糖	−55～ −22	724,851, 930	0.5～ 1.0	1.5×10⁴～ 4×10⁴	主动脉、皮、脐带、腱
硫酸乙酰肝素(硫酸类肝素)	葡萄糖醛酸-(1→4)-2-氨基-2-脱氧-O-硫酸酯-D-葡萄糖	+39～ +69	920,1050		—	主动脉、肺
肝素	(1→4)-O-α-D-葡萄糖醛酸-(1→4)-2-硫酸氨基-2-脱氧-6-O-硫酸酯-α-D-葡萄糖 和 (1→4)-O-β-L-艾杜糖醛酸-2-硫酸酯-(1→4)-2-硫酸氨基-2-脱氧-6-O-硫酸酯-α-D-葡萄糖	+48	890,940	0.1～0.2	8×10³～ 2×10⁴	肝、肺、皮、肠等肥大细胞

续表

名称	重复单位	$[\alpha]^{t}_{D}/(°)$	红外光谱/cm^{-1}	特性黏度/(mL/g)	分子量	存在位置
透明质酸	(1→4)-O-β-D-葡萄糖醛酸-(1→3)-2-乙酰氨基-2-脱氧-β-D-葡萄糖	−68	900,950	2.0~4.8	$2×10^5$~$1×10^6$	滑膜液、玻璃体液、脐带、皮
硫酸角质素	(1→3)-O-β-D-半乳糖醛酸-(1→3)-2-乙酰氨基-2-脱氧-β-D-葡萄糖	+4.5	775,820,998	0.2~0.5	$8×10^3$~$1.2×10^4$	主动脉、角膜、软骨、髓核

在组织中，黏多糖几乎没有例外地与蛋白质以共价结合。这些蛋白多糖中，已确定有三种类型的糖蛋白质连接方式：一种是在木糖和丝氨酸之间形成一个 O-糖苷键；二是在 N-乙酰氨基半乳糖和丝氨酸（或苏氨酸）羟基之间形成一个 O-糖苷键；三是在 N-乙酰氨基葡萄糖和天冬酰胺的酰氨基之间形成一个 N-氨基糖残基的键。

黏多糖具有多种生理活性，如作为高分子聚阴离子，可调节体内的阴离子浓度；能预防细菌感染；调节骨胶原纤维的生成；具有净化高脂肪血及抗凝血作用及增强机体免疫功能和抗肿瘤作用。

（二）微生物来源的多糖类药物的生产

微生物来源的多糖类药物用发酵法生产，也可用酶转化法生产，如液体深层培养香菇产生菌生产香菇多糖、1,6-二磷酸果糖的生产等，其方法同其他发酵和酶转化产品，发酵类型多属有氧发酵。

三、糖类药物的质量控制

每种糖类药物质量控制的内容不同，具体可在《中国药典》（2015 版）各部中查询。

实例精讲　典型多糖类药物的生产与质量控制

糖类药物品种繁多，发展迅速，现根据其来源、性质及工艺特点不同，主要介绍具有代表性的几个重要品种的生产工艺。

实例一　D-甘露醇的生产与质量控制

（一）D-甘露醇概述

甘露醇（mannitol）又名己六醇，其化学结构如图 2-5-1 所示。

甘露醇为白色针状结晶，无臭，略有甜味，不潮解；易溶于水，溶于热乙醇，微溶于低级醇类和低价胺类，微溶于吡啶；在无菌溶液中较稳定，不易为空气所氧化；熔点 166℃，$[\alpha]^{20}_{D}=+28.6°$（硼砂溶液）。甘露醇在体内代谢甚少，肾小管内重吸收也极微，静脉注射后，可吸收水分进入血液中，降低颅内压，使由脑水肿引起休克的病人神志清醒。其用于大面积烧伤及烫伤产生的水肿，并有利尿作用，用以防止肾脏衰竭，降低眼内压，治疗急性青

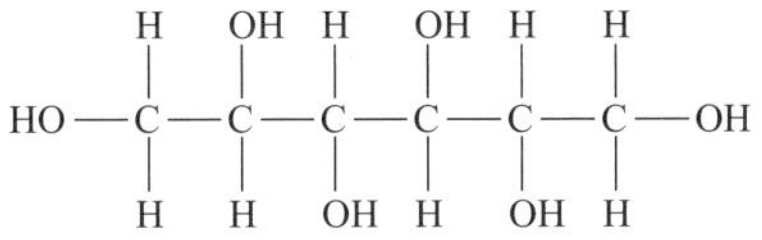

图 2-5-1 甘露醇化学结构式

光眼，还用于中毒性肺炎、循环虚脱症等。

（二）D-甘露醇的生产方法

甘露醇在海藻、海带中含量较高。海藻洗涤液和海带洗涤液中甘露醇的含量分别为 2%与 1.5%，它们是提取甘露醇的重要资源。也可用发酵法和葡萄糖电解转化生产甘露醇。

1. 提取法

工艺流程如图 2-5-2 所示。

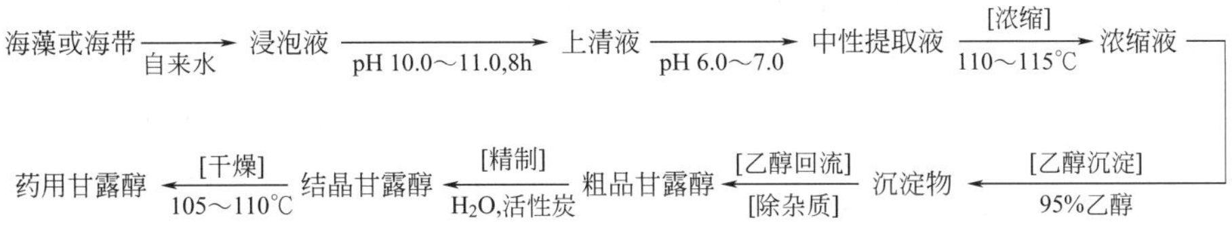

图 2-5-2 提取法生产甘露醇的工艺流程

（1）浸泡提取、碱化、中和　海藻或海带加 20 倍量自来水，室温浸泡 2~3h，浸泡液套用作第二批原料的提取溶剂，一般套用 4 批，浸泡液中的甘露醇含量已较大。取浸泡液用 30% NaOH 调 pH 值为 10.0~11.0，静置 8h，凝集沉淀多糖类黏性物。虹吸上清液，用 50% H_2SO_4 中和至 pH 6.0~7.0，进一步除去胶状物，得中性提取液。

（2）浓缩、沉淀　沸腾浓缩中性提取液，除去胶状物，直到浓缩液含甘露醇 30% 以上，冷却至 60~70℃ 趁热加入 2 倍量 95% 乙醇，搅拌均匀，冷却至室温离心收集灰白色松散沉淀物。

（3）精制　沉淀物悬浮于 8 倍量 94% 乙醇中，搅拌回流 30min，出料，冷却过夜，离心得粗品甘露醇，含量 70%~80%。重复操作一次，经乙醇重结晶后，含量大于 90%，氯化物含量小于 0.5%。取此样品重溶于适量蒸馏水，加入 1/10~1/8 活性炭，80℃ 保温 0.5h，滤清。清液冷却至室温，结晶，抽滤，洗涤，得精品甘露醇。

（4）干燥　结晶甘露醇于 105~110℃ 烘干。

（5）包装　检验氯离子合格后（Cl⁻ 含量<0.007%）进行无菌包装，含量大于 98%。

2. 发酵法

工艺流程如图 2-5-3 所示。

（1）生产菌种　生产 D-甘露醇的菌种为经选育的米曲霉 *Aspergillus oryzae* 3.409。将菌种接种于斜面培养基上，31℃ 左右培养 4~5 天。斜面存于 4℃ 冰箱中，2~3 个月传代一次。使用前重新转接活化培养。

斜面培养基制备：取麦芽 1kg，加水 4.5L，于 55℃ 保温 1h，升温到 62℃，再保温 5~6h，加温煮沸后，用碘液检查糖度应在 12°Bé 以上，pH 5.1 以上，即可存于冷藏室备用。

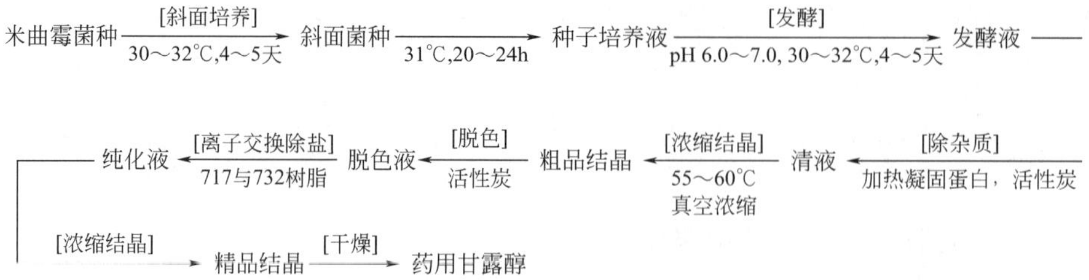

米曲霉菌种 $\xrightarrow[30\sim32℃,4\sim5天]{[斜面培养]}$ 斜面菌种 $\xrightarrow[31℃,20\sim24h]{}$ 种子培养液 $\xrightarrow[pH\ 6.0\sim7.0,\ 30\sim32℃,4\sim5天]{[发酵]}$ 发酵液 ⎯⎯

纯化液 $\xleftarrow[717与732树脂]{[离子交换除盐]}$ 脱色液 $\xleftarrow[活性炭]{[脱色]}$ 粗品结晶 $\xleftarrow[55\sim60℃\ 真空浓缩]{[浓缩结晶]}$ 清液 $\xleftarrow[加热凝固蛋白,\ 活性炭]{[除杂质]}$

$\xrightarrow[]{[浓缩结晶]}$ 精品结晶 $\xrightarrow[]{[干燥]}$ 药用甘露醇

图 2-5-3   发酵法生产药用甘露醇的工艺流程

取此麦芽汁加 2% 琼脂，灭菌后，制成斜面，存于 4℃ 备用。

(2) 种子培养   取经活化培养 4 天的斜面菌种 2 支，转接于 17.5L 种子培养基中，(31 ±1)℃ 搅拌通气培养 20～24h。通风比 1：5 [即通风量为 5m³/(m³·min)]，搅拌速度 350r/ min，罐压 1kgf/cm² (1kgf/cm²＝98.0665kPa)。

种子培养基：$NaNO_3$ 0.3%，KH_2PO_4 0.1%，$MgSO_4$ 0.05%，KCl 0.05%，$FeSO_4$ 0.001%，玉米浆 0.5%，淀粉糖化液 2%，玉米粉 2%，pH 6.0～7.0。

(3) 发酵   于 500L 发酵罐中，加入 350L 发酵培养基，1.5kgf/cm² 蒸汽灭菌 30min，移入种子培养液，接种量 5%，30～32℃ 发酵 4～5 天，通风比 1：0.3 [即通风量为 0.3m³/ (m³·min)]。发酵 20h 后改为 1：0.4，罐压 1kgf/cm²，搅拌速度 230r/min，配料时添加适量豆油，防止产生泡沫。发酵培养基与种子培养基相同。

(4) 提取、分离   发酵液加热 100℃，5min 凝固蛋白，加入 1% 活性炭，80～85℃ 加热 30min，离心，澄清滤于 55～60℃ 真空浓缩至 31°Bé，于室温结晶 24h，甩干得甘露醇结晶。将结晶溶于 0.7 倍体积水中，加 2% 活性炭，70℃ 加热 30min，过滤。清液通过 717 强碱性阴离子交换树脂与 732 强酸性阳离子交换树脂，检查流出液应无氯离子存在。

(5) 浓缩、结晶、烘干   精制液于 55～60℃ 真空浓缩至 25°Bé，浓缩液于室温结晶 24h，甩干结晶，置 105～110℃ 烘干，粉碎包装。

(6) 制剂   取适量注射用水，按 20% 标示量，称取结晶甘露醇，加热 90℃ 搅拌溶解后，加入 1% 活性炭，加热 5min，过滤，再补足注射用水至标示量，检测 pH 值 (4.5～6.5) 和含量。合格后，经 3 号垂熔漏斗澄清过滤，分装于 50mL、100mL、250mL 安瓿或输液瓶中以 1kgf/cm² 蒸汽灭菌 40min，即得甘露醇注射液。20% 甘露醇注射液是饱和溶液，为防止在温度过低时析出结晶，配制时需保温 45℃ 左右趁热过滤。5.07% 甘露醇溶液为等渗溶液，长时间高温加热，会引起色泽变黄，在 pH 8.0 时尤为明显，配制时应注意操作。含热原的注射液可通过阳离子交换树脂 Amberlite IRho (H^+ 型) 与阴离子交换树脂 Amberlite IRA-400 (OH^- 型) 处理，制得 pH 值合适又不含热原的注射液。

(三) D-甘露醇的质量控制

《中国药典》(2015 版) 规定甘露醇质量控制内容包括鉴别、检查与含量测定三部分。

◁ 1. 鉴别 ▷

(1) 化学鉴别法   取本品的饱和水溶液 1mL，加三氯化铁试液与氢氧化钠试液各 0.5mL，即生成棕黄色沉淀，振摇不消失；滴加过量的氢氧化钠试液，即溶解成棕色溶液。

（2）**IR 法**　本品的红外光吸收图谱应与对照的图谱（光谱集 1238 图）一致。

2. 检查

（1）**酸度**　取本品 5.0g，加水 50mL 溶解后，加酚酞指示液 3 滴与氢氧化钠滴定液（0.02mol/L）0.30mL，应显粉红色。

（2）**溶液的澄清度与颜色**　取本品 1.5g，加水 10mL 溶解后，溶液应澄清无色；如显混浊，与 1 号浊度标准液（通则 0902 第一法）比较，不得更浓。

（3）**有关物质**　取本品，加水溶解并稀释制成每 1mL 中含 50mg 的溶液，作为供试品溶液；精密量取 1mL，置 100mL 量瓶中，用水稀释至刻度，作为对照溶液；另取甘露醇与山梨醇各 0.5g，置 100mL 量瓶中，加水溶解并稀释至刻度，作为系统适用性溶液。照高效液相色谱法（通则 0512）试验，用磺化交联的苯乙烯二乙烯基苯共聚物为填充剂的强阳离子钙型交换柱，以水为流动相，流速为每分钟 0.5mL，柱温为 80℃，示差折光检测器，检测温度为 55℃。取系统适用性溶液 20μL 注入液相色谱仪，记录色谱图，甘露醇峰与山梨醇峰之间的分离度应大于 2.0。精密量取供试品溶液与对照溶液各 20μL，分别注入液相色谱仪，记录色谱图至主成分峰保留时间的 2 倍。供试品溶液色谱图中如有杂质峰，各杂质峰面积的和不得大于对照溶液主峰面积的 2 倍（2.0%）。

（4）**还原糖**　取本品 5.0g，置锥形瓶中，加 25mL 水使溶解，加枸橼酸铜溶液（取硫酸铜 25g、枸橼酸 50g 和无水碳酸钠 144g，加水 1000mL 使溶解，即得）20mL，加热至沸腾，保持沸腾 3min，迅速冷却，加 2.4%（体积分数）的冰醋酸溶液 100mL 和 0.025mol/L 的碘滴定液 20.0mL，摇匀，加 6%（体积分数）的盐酸溶液 25mL（沉淀应完全溶解。如有沉淀，继续加该盐酸溶液至沉淀完全溶解），用硫代硫酸钠滴定液（0.05mol/L）滴定，近终点时加淀粉指示液 1mL，继续滴定至蓝色消失。消耗硫代硫酸钠滴定液（0.05mol/L）的体积不得少于 12.8mL。

（5）**氯化物**　取本品 2.0g，依法检查（通则 0801），与标准氯化钠溶液 6.0mL 制成的对照液比较，不得更浓（0.003%）。

（6）**硫酸盐**　取本品 2.0g，依法检查（通则 0802），与标准硫酸钾溶液 2.0mL 制成的对照液比较，不得更浓（0.01%）。

（7）**草酸盐**　取本品 1.0g，加水 6mL，加热溶解后，放冷，加氨试液 3 滴与氯化钙试液 1mL，摇匀，置水浴中加热 15min 后取出，放冷；如发生混浊，与草酸钠溶液〔取草酸钠 0.1523g，置 1000mL 量瓶中，加水溶解并稀释至刻度，摇匀。每 1mL 相当于 0.1mg 的草酸盐（C_2O_4）〕2.0mL 用同一方法制成的对照液比较，不得更浓（0.02%）。

（8）**干燥失重**　取本品，在 105℃ 干燥至恒重，减失重量不得过 0.5%（通则 0831）。

（9）**炽灼残渣**　不得过 0.1%（通则 0841）。

（10）**重金属**　取本品 2.0g，加水 23mL 溶解后，加醋酸盐缓冲液（pH 3.5）2mL，依法检查（通则 0821 第一法），含重金属不得过百万分之十。

（11）**砷盐**　取本品 1.0g，加水 10mL 使溶解，加稀硫酸 5mL 与溴化钾溴试液 0.5mL，置水浴上加热 20min，使保持稍过量的溴存在（必要时可滴加溴化钾溴试液），并随时补充蒸散的水分，放冷，加盐酸 5mL 与水适量使成 28mL，依法检查（通则 0822 第一法），应符合规定（0.0002%）。

3. 含量测定

取本品约 0.2g，精密称定，置 250mL 量瓶中，加水使溶解并稀释至刻度，摇匀；精密量取 10mL，置碘瓶中，精密加高碘酸钠溶液［取硫酸溶液（1→20）90mL 与高碘酸钠溶液（2.3→1000）110mL 混合制成］50mL，置水浴上加热 15min，放冷，加碘化钾试液 10mL，密塞，放置 5min，用硫代硫酸钠滴定液（0.05mol/L）滴定，至近终点时，加淀粉指示液 1mL，继续滴定至蓝色消失，并将滴定的结果用空白试验校正。每 1mL 硫代硫酸钠滴定液（0.05mol/L）相当于 0.9109mg 的 $C_6H_{14}O_6$。

实例二   肝素的生产与质量控制

（一）肝素概述

肝素（heparin）（也称为肝素钠）是一种含有硫酸基的酸性黏多糖，其分子具有由六糖或八糖重复单位组成的线形链状结构。三硫酸双糖是肝素的主要双糖单位，L-艾杜糖醛酸是此双糖的糖醛酸。二硫酸双糖的糖醛酸是 D-葡萄糖醛酸，三硫酸双糖与二硫酸双糖以 2∶1 的比例在分子中交替联结。在其六糖单位中，含有 3 个氨基葡萄糖，分子中的氨基葡萄糖苷是 α-型，而糖醛酸苷是 β-型。

低分子肝素分子结构如图 2-5-4 所示。

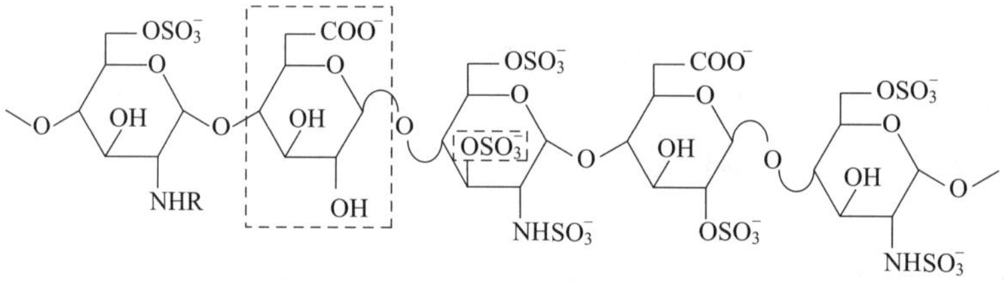

图 2-5-4   低分子肝素分子结构

肝素及其钠盐为白色或灰白色粉末，无臭无味，有吸湿性，易溶于水，不溶于乙醇、丙酮、二氧六环等有机溶剂，其游离酸在乙醚中有一定溶解性。比旋光度：游离酸（牛、猪）$[\alpha]_D^{20}=+53°\sim+56°$；中性钠盐（牛）$[\alpha]_D^{20}=+42°$；酸性钡盐（牛）$[\alpha]_D^{20}=+45°$。肝素在紫外区 185～200nm 有特征吸收峰，在红外区 890cm^{-1}、940cm^{-1} 有特征吸收峰，测定 1210～1150cm^{-1} 的吸收值可用于快速鉴别。

肝素是一种典型的天然抗凝血药，能阻止血液的凝结过程，用于防止血栓的形成，因为肝素在 α-球蛋白参与下，能抑制凝血酶原转变成凝血酶。所以，肝素广泛用于预防血栓疾病，治疗急性心肌梗死症和用作肾病患者的渗血治疗，还可以用于清除小儿肾病形成的尿毒症。小剂量肝素用于防治高脂血症与动脉粥样硬化。肝素软膏在皮肤病与化妆品中已广泛应用。

（二）肝素的生产方法

肝素广泛分布于哺乳动物的肝、肺、心、脾、肾、胸腺、肠黏膜、肌肉和血液里，因此肝素可由猪肠黏膜、牛肺、猪肺等提取。其生产工艺主要有盐解-季铵盐沉淀法、盐解-离子交换法和酶解-离子交换法。

1. 盐解-离子交换生产工艺

盐解-离子交换生产工艺流程可参照图 2-5-5 所示。

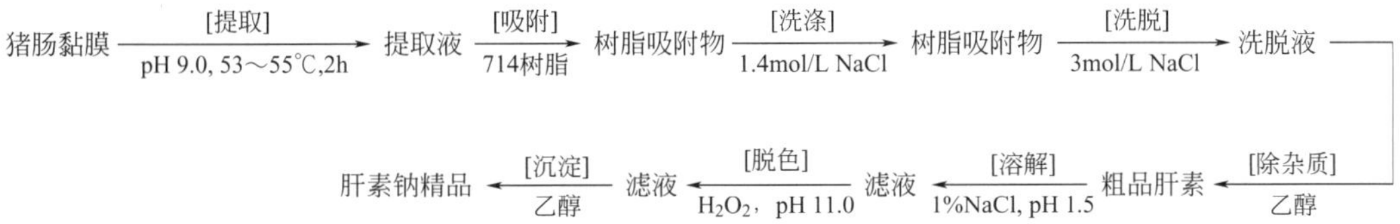

猪肠黏膜 $\xrightarrow[\text{pH 9.0, 53~55℃,2h}]{\text{[提取]}}$ 提取液 $\xrightarrow[\text{714树脂}]{\text{[吸附]}}$ 树脂吸附物 $\xrightarrow[\text{1.4mol/L NaCl}]{\text{[洗涤]}}$ 树脂吸附物 $\xrightarrow[\text{3mol/L NaCl}]{\text{[洗脱]}}$ 洗脱液 —

肝素钠精品 $\xleftarrow[\text{乙醇}]{\text{[沉淀]}}$ 滤液 $\xleftarrow[\text{H}_2\text{O}_2, \text{pH 11.0}]{\text{[脱色]}}$ 滤液 $\xleftarrow[\text{1\%NaCl, pH 1.5}]{\text{[溶解]}}$ 粗品肝素 $\xleftarrow[\text{乙醇}]{\text{[除杂质]}}$

图 2-5-5　盐解-离子交换生产肝素钠的工艺流程

(1) 提取　取新鲜猪肠黏膜投入反应锅内，按 3％加入 NaCl，用 30％NaOH 调 pH 至 9.0，于 53~55℃保温提取 2h。继续升温至 95℃，维持 10min，冷却至 50℃ 以下，过滤，收集滤液。

(2) 吸附　加入 714 强碱性氯型树脂，树脂用量为提取液的 2％。搅拌吸附 8h，静置过夜。

(3) 洗涤　收集树脂，用水冲洗至洗液澄清，滤干，用 2 倍量 1.4mol/L NaCl 搅拌 2h，滤干。

(4) 洗脱　用 2 倍量 3mol/L NaCl 搅拌洗脱 8h，滤干，用 1 倍量 3mol/L NaCl 搅拌洗脱 2h，滤干。

(5) 沉淀　合并滤液，加入等量 95％乙醇沉淀过夜。收集沉淀，以丙酮脱水，真空干燥得粗品。

(6) 精制　粗品肝素溶于 15 倍量 1％ NaCl，用 6mol/L 盐酸调 pH 至 1.5 左右，过滤至清，随即用 5mol/L NaOH 调 pH 至 11.0，按 3‰用量加入 H_2O_2（浓度 30％），25℃放置，维持 pH 11.0，第二天再按 1‰量加入 H_2O_2，调整 pH 至 11.0，继续放置，共 48h，用 6mol/L 盐酸调至 pH 6.5，加入等量的 95％乙醇，沉淀过夜。收集沉淀，经丙酮脱水、真空干燥，即得肝素钠精品。

2. 酶解-离子交换生产工艺

酶解-离子交换生产工艺流程如图 2-5-6 所示。

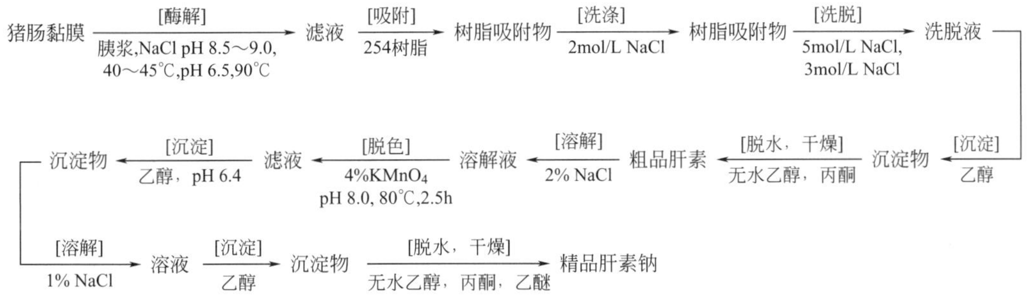

猪肠黏膜 $\xrightarrow[\substack{\text{胰浆,NaCl pH 8.5~9.0,}\\ \text{40~45℃,pH 6.5,90℃}}]{\text{[酶解]}}$ 滤液 $\xrightarrow[\text{254树脂}]{\text{[吸附]}}$ 树脂吸附物 $\xrightarrow[\text{2mol/L NaCl}]{\text{[洗涤]}}$ 树脂吸附物 $\xrightarrow[\substack{\text{5mol/L NaCl,}\\ \text{3mol/L NaCl}}]{\text{[洗脱]}}$ 洗脱液 —

沉淀物 $\xleftarrow[\text{乙醇, pH 6.4}]{\text{[沉淀]}}$ 滤液 $\xleftarrow[\substack{\text{4\%KMnO}_4\\ \text{pH 8.0, 80℃,2.5h}}]{\text{[脱色]}}$ 溶解液 $\xleftarrow[\text{2\% NaCl}]{\text{[溶解]}}$ 粗品肝素 $\xleftarrow[\text{无水乙醇，丙酮}]{\text{[脱水，干燥]}}$ 沉淀物 $\xleftarrow[\text{乙醇}]{\text{[沉淀]}}$

沉淀物 $\xrightarrow[\text{1\% NaCl}]{\text{[溶解]}}$ 溶液 $\xrightarrow[\text{乙醇}]{\text{[沉淀]}}$ 沉淀物 $\xrightarrow[\text{无水乙醇，丙酮，乙醚}]{\text{[脱水，干燥]}}$ 精品肝素钠

图 2-5-6　酶解-离子交换法生产肝素钠的工艺流程

(1) 酶解　取 100kg 新鲜猪肠黏膜加苯酚 200mL（0.2％），如气温低时可不加。在搅拌下，加入绞碎胰脏 0.5~1kg，用 40％NaOH 调 pH 值至 8.5~9.0，升温至 40~45℃，保

温 2～3h，维持 pH 8.0，加入 5kg NaCl（5%），升温至 90℃，用 6mol/L HCl 调 pH 至 6.5，停止搅拌，保温 20min，过滤。

（2）吸附、洗涤 取酶解液冷至 50℃以下，用 6mol/L NaOH 调 pH 至 7.0，加入 5kg 254 强碱性阴离子交换树脂，搅拌吸附 5h。收集树脂，用水冲洗至洗液澄清，滤干，用等体积 2mol/L NaCl 洗涤 15min，滤干，树脂再用 2 倍量 1.2mol/L NaCl 洗涤 2 次。

（3）洗脱 树脂吸附物用 0.5 倍量 5mol/L NaCl 搅拌洗脱 1h，收集洗脱液，再用 1/3 量 3mol/L NaCl 洗脱两次，合并洗脱液。

（4）沉淀、脱水、干燥 洗脱液经滤纸浆助滤，得清液，加入用活性炭处理过的 0.9 倍量的 95% 乙醇，冷处沉淀 8～12h。收集沉淀，按 100kg 黏膜加入 300mL 的比例，向沉淀中补加蒸馏水，再加 4 倍量 95% 乙醇，冷处沉淀 6h。收集沉淀，用无水乙醇洗 1 次，丙酮脱水 2 次，真空干燥，得粗品肝素。

（5）精制 粗品肝素溶于 10 倍量 2% NaCl，加入 4% KMnO₄（加入量为每亿单位肝素加入 0.65mol KMnO₄）。加入方法：将 KMnO₄ 调至 pH 8.0，预热至 80℃，在搅拌下加入，保温 2.5h；以滑石粉作助滤剂，过滤，收集滤液，调 pH 至 6.4，加 0.9 倍量 95% 乙醇，置于冷处沉淀 6h 以上；收集沉淀，溶于 1% NaCl 中（配成 5% 肝素钠溶液），加入 4 倍量 95% 乙醇，冷处理沉淀 6h 以上；收集沉淀，用无水乙醇、丙酮、乙醚洗涤，真空干燥，得精品肝素，最高效价 140U/mg 以上。收率 20000U/kg（肠黏膜）。

（三）肝素的质量控制

《中国药典》（2015 版）列举了肝素钠与肝素钙的质量控制，其内容包括鉴别、检查与含量测定三部分。现以肝素钠为例进行介绍。

1. 鉴别

（1）生物检定法 取本品，照效价测定项下的方法测定，抗 Ⅹa 因子效价与抗 Ⅱa 因子效价比应为 0.90～1.10。

（2）色谱法 取本品适量，加水溶解并稀释制成每 1mL 中约含 10mg 的溶液，作为供试品溶液。照有关物质项下的方法测定，硫酸皮肤素峰高与肝素和硫酸皮肤素峰之间谷高之比不得少于 1.3。

2. 检查

（1）分子量与分子量分布 本品的重均分子量，应为 15000～19000，分子量大于 24000 的级分不得大于 20%，分子量 8000～16000 的级分与分子量 16000～24000 的级分比应不小于 1.0。

（2）总氮量 取本品，照氮测定法（通则 0704 第二法）测定，按干燥品计算，本品总氮（N）含量应为 1.3%～2.5%。

（3）酸碱度 取本品 0.10g，加水 10mL 溶解后，依法测定（通则 0631），pH 值应为 5.0～8.0。

（4）溶液的澄清度与颜色 取本品 0.50g，加水 10mL 溶解后，溶液应澄清无色；如显混浊，照紫外-可见分光光度法（通则 0401），在 640nm 的波长处测定吸光度，不得过 0.018；如显色，与黄色 1 号标准比色液（通则 0901 第一法）比较，不得更深。

（5）核酸　取本品，精密称定，加水溶解并定量稀释制成每 1mL 中含 4mg 的溶液，照紫外-可见分光光度法（通则 0401），在 260nm 的波长处测定吸光度，不得过 0.10。

（6）蛋白质　取本品适量，精密称定，加水溶解并定量稀释制成每 1mL 中约含 30mg 的溶液，作为供试品溶液；另取牛血清白蛋白对照品适量，精密称定，分别加水溶解并定量稀释制成每 1mL 中各含 0、10μg、20μg、30μg、40μg、50μg 的溶液，作为对照品溶液，照蛋白质含量测定法（通则 0731 第二法）测定。按干燥品计算，本品含蛋白质不得过 0.5%。

（7）有关物质　主要是硫酸皮肤素与多硫酸软骨素。

（8）残留溶剂　主要是甲醇、乙醇、丙酮、正丙醇，相邻各色谱峰间分离度均应符合规定。

（9）干燥失重　取本品，置五氧化二磷干燥器内，在 60℃减压干燥至恒重，减失重量不得过 5.0%。

（10）钠　本品含钠应为 10.5%～13.5%。

（11）炽灼残渣　取本品 0.50g，依法检查（通则 0841），遗留残渣应为 28.0%～41.0%。

（12）重金属　取炽灼残渣项下遗留的残渣，依法检查（通则 0821 第二法），含重金属不得过百万分之三十。

（13）细菌内毒素　取本品，依法检查（通则 1143），每 1 单位肝素中含内毒素的量应小于 0.010EU。

3. 效价测定

测定肝素生物效价有硫酸钠兔全血法、硫酸钠牛全血法和柠檬酸羊血浆法。兔全血法系将肝素标准品和供试品用健康家兔新鲜血液比较两者延长血凝时间的程度，以决定供试品的效价。抽取兔的全血，离体后立即加到一系列含有不同量肝素的试管中，使肝素与血液混匀后，测定其凝血时间。按统计学要求，用生理盐水按等比级数稀释成不同浓度的高、中、低剂量稀释液，相邻两浓度的比值不得大于 10∶7，如高∶中∶低剂量分别为 5U/mL∶3.5U/mL∶2.4U/mL。

英国药典和日本药局方采用硫酸钠牛全血法：取 Na_2SO_4 牛全血，加入凝血酶（从牛脑提取）和肝素溶液，测定标准品与供试品的凝血时间，决定样品效价。

美国药典用羊血浆法测定肝素效价：取柠檬酸羊血浆，加入标准品和供试品，重钙化后，观察凝固程度。如标准品和供试品浓度相同，凝固程度也相同，则说明它们效价相同。

肝素的标准生物效价是以每毫克肝素（60℃，266.64Pa 真空干燥 3h）所相当的单位数来表示。1U 为 24h 内在冷处可阻止 1mL 猫血凝结所需的最低肝素量。

国际常用的标准品是 WHO 的第三次国际标准，以国际单位表示为 173IU/mg。我国使用中国食品药品检定研究院颁发的标准品（如 S.6 为 158IU/mg）。美国采用美国药典标准，称为美国药典单位（USPU）。曾对我国标准品 S.6（158IU/mg）用羊血浆法测定，结果为美国药典标准 142.2USPU/mg（此数可供参比）。

4. 天青 A 比色法

天青 A 是一种碱性染料，其正电荷部分能与肝素的阴离子结合，生成肝素-天青复合物，表现异色现象，且反应程度与肝素结合量有关。利用天青 A 与肝素结合后的光吸收值变化为测定依据，巴比妥缓冲液固定离子强度，pH 8.6 的条件下，西黄芪胶为显色稳定剂，在 505nm 处测定吸收值，结果与生物检定法接近，适用于肝素生产研究过程中控制检测。

实例三　硫酸软骨素的生产与质量控制

（一）硫酸软骨素概述

硫酸软骨素（chondroitin sulfate，CS）是从动物软骨中提取制备的酸性黏多糖，主要是硫酸软骨素 A、硫酸软骨素 C 及各种硫酸软骨素的混合物。硫酸软骨素一般含有 50～70 个双糖单位，链长不均一，分子量在 1 万～3 万。硫酸软骨素按其化学组成和结构的差异，又分为 A、B、C、D、E、F、H 等多种。硫酸软骨素 A 和硫酸软骨素 C 都含 D-葡萄糖醛酸和 α-氨基-脱氧-D-半乳糖，且含等量的乙酰基和硫酸残基，两者结构的差别只是在氨基己糖残基上硫酸酯位置的不同。

硫酸软骨素的化学结构式如图 2-5-7 所示。

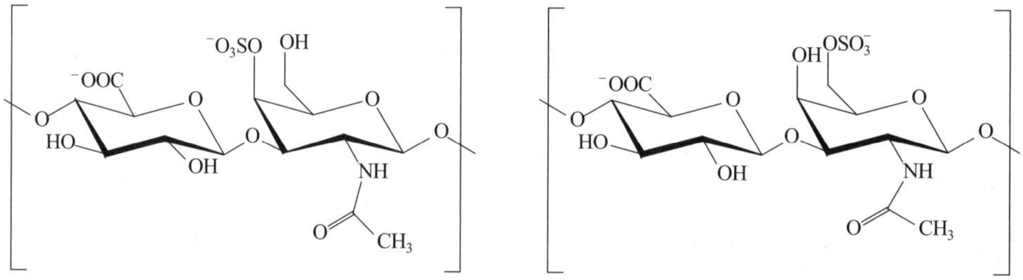

图 2-5-7　硫酸软骨素化学结构式

硫酸软骨素为白色粉末，无臭，无味，吸水性强，易溶于水而成黏度大的溶液，不溶于乙醇、丙酮和乙醚等有机溶剂，其盐对热较稳定，受热 80℃ 亦不被破坏。游离硫酸软骨素水溶液，遇较高温度或酸即不稳定，主要是脱乙酰基和降解成单糖或分子量较小的多糖。

硫酸软骨素，尤其是硫酸软骨素 A 能增强脂肪酶的活性，使乳糜微粒中的甘油三酯分解，使血中乳糜微粒减少而澄清，还具有抗凝血和抗血栓的作用，可用于冠状动脉硬化、血脂和胆固醇增高、心绞痛、心肌缺血和心肌梗死等症。硫酸软骨素还用于防治链霉素所引起的听觉障碍症以及偏头痛、神经痛、老年肩痛、腰痛、关节炎与肝炎等，还可用于皮肤化妆品等。硫酸软骨素的药用商品名为康得灵。

（二）生产工艺

硫酸软骨素广泛存在于动物的软骨、喉骨、鼻骨（猪含 41%）以及牛、马鼻中隔和气管（含 36%～39%）中，在骨腱、韧带、皮肤、角膜等组织中也有，鱼类软骨中其含量也很高，如鲨鱼骨中含 50%～60%。在软骨中，硫酸软骨素与蛋白质结合成蛋白多糖，并与胶原蛋白结合在一起。其提取分离方法有稀碱-酶解法、浓碱水解法、稀碱-浓盐法、酶解-树脂法等。

1. 稀碱-浓盐法

硫酸软骨素稀碱-浓盐法生产工艺流程如图 2-5-8 所示。

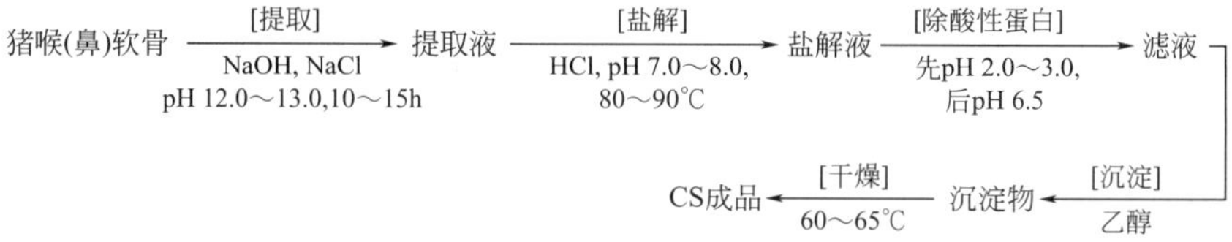

图 2-5-8　稀碱-浓盐法生产硫酸软骨素的工艺流程

（1）提取　取经处理的洁净软骨，粉碎，置于提取罐中，加入 3～3.5mol/L NaCl 浸没软骨，用 50% NaOH 调 pH 至 12.0～13.0，室温搅拌提取 10～15h，过滤。滤渣重复提取一次，合并提取液。

（2）盐解　提取液用 2mol/L HCl 调 pH 至 7.0～8.0，升温至 80～90℃，保温 20min，冷却后过滤，得清液。

（3）除酸性蛋白　将盐解液调 pH 至 2.0～3.0 搅拌 10min，静置后再滤至澄清，调 pH 至 6.5，加 2 倍去离子水调整溶液中的 NaCl 浓度为 1mol/L 左右。

（4）沉淀　在清液中加入 95% 乙醇，使乙醇浓度为 60%，沉淀过夜。

（5）干燥　收集沉淀，用乙醇脱水，60～65℃ 真空干燥，得成品硫酸软骨素。

2. 稀碱-酶解法

硫酸软骨素稀碱-酶解法工艺流程如图 2-5-9 所示。

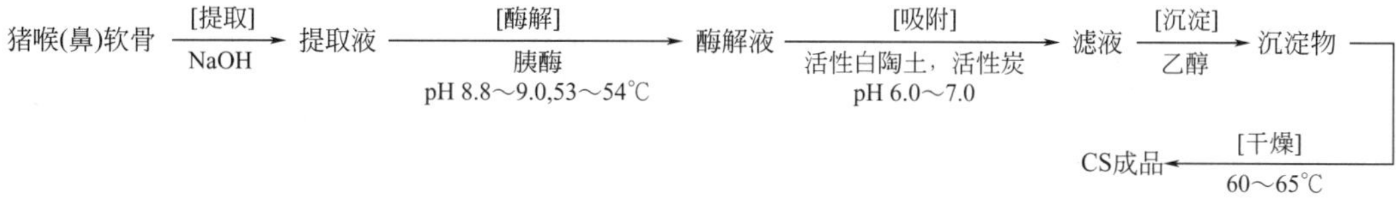

图 2-5-9　稀碱-酶解法生产硫酸软骨素的工艺流程

（1）提取　取洁白干燥软骨 40kg，加 250kg 2% NaOH 于室温搅拌提取 4h，待提出液密度达 5°Bé（20℃）时，过滤，滤渣再以 2 倍量 2% NaOH 提取 24h，过滤，合并滤液。

（2）酶解　提取清液用 HCl 调 pH 至 8.8～9.0，升温至 50℃，加入 1/25 量的胰酶（1300g），于 53～54℃ 保温水解 6～7h。水解终点检查：取水解液 10mL，加 10% 三氯乙酸 1～2 滴，应仅呈现微浑，否则需酌情增加胰酶用量。

（3）吸附　以 HCl 调节水溶液 pH 值至 6.8～7.0，加入活性白陶土 7kg、活性炭 200g，保持 pH 6.0～7.0 搅拌吸附 1h，再用 HCl 调 pH 至 6.4，静置过滤，得清液。

（4）沉淀、干燥　用 10% NaOH 调节 pH 值至 6.0，加入清液体积 1% 量的 NaCl，溶解，过滤至澄明，加入 95% 乙醇至乙醇浓度达到 75%，偶加搅拌，使细粒聚集成大颗粒沉淀，静置 8h 以上。收集沉淀，无水乙醇脱水，60～65℃ 真空干燥。

（5）制剂　按下述配方配制：2% 硫酸软骨素、0.85% NaCl。称取标示量 107% 的硫酸软骨素干粉（以纯品计），撒入注射用水中，使其溶胀，搅拌溶解，再加入 NaCl，调 pH 至 5.5，加热煮沸，用布氏漏斗过滤。滤液加入 0.3%～0.5% 活性炭，加热至微沸，保持

15min，用砂棒包扎滤纸趁热过滤。滤液冷却后，补加注射用水至全量，用 3 号垂熔漏斗过滤至澄清，按每支 2mL 灌封，灭菌，即得硫酸软骨素注射液。

（三）硫酸软骨素的质量控制

《中国药典》（2015 版）以硫酸软骨素钠为例，规定了其质量控制内容，包括鉴别、检查与含量测定三部分。

1. 鉴别

（1）色谱法 在含量测定项下记录的色谱图中，供试品溶液中三个主峰的保留时间应与对照品溶液中软骨素二糖、6-硫酸化软骨素二糖、4-硫酸化软骨素二糖的保留时间一致。

（2）IR 法 本品的红外光吸收图谱应与硫酸软骨素钠对照品的图谱一致（通则 0402）。

（3）钠盐鉴别 本品的水溶液显钠盐鉴别（1）的反应（通则 0301）。

2. 检查

（1）含氮量 取本品，照氮测定法（通则 0704 第二法）测定，按干燥品计算，含氮量应为 $2.5\% \sim 3.5\%$。

（2）酸度 取本品 0.5g，加水 10mL 溶解后，依法测定（通则 0631），pH 值应为 $6.0 \sim 7.0$。

（3）氯化物 取本品约 0.01g，依法检查（通则 0801），与标准氯化钠溶液 5mL 制成的对照液比较，不得更浓（0.5%）。

（4）硫酸盐 取本品 0.1g，依法检查（通则 0802），与标准硫酸钾溶液 2.4mL 制成的对照液比较，不得更浓（0.24%）。

（5）残留溶剂 取本品约 0.2g，精密称定，置顶空瓶中，精密加水 1mL 使溶解，密封，作为供试品溶液；另取乙醇适量，精密称定，用水定量稀释制成每 1mL 中约含乙醇 1.0mg 的溶液，精密量取 1mL，置顶空瓶中，密封，作为对照品溶液。照残留溶剂测定法（通则 0861 第一法）试验，以聚乙二醇 20M 为固定液的毛细管柱为色谱柱；柱温为 60℃；进样口温度为 200℃；检测器温度为 250℃；顶空瓶平衡温度为 85℃，平衡时间为 45min。取供试品溶液与对照品溶液分别顶空进样，记录色谱图。按外标法以峰面积计算，乙醇的残留量应符合规定。

（6）干燥失重 取本品，在 105℃干燥 4h，减失重量不得过 10.0%（通则 0831）。

（7）炽灼残渣 取本品 1.0g，依法检查（通则 0841），按干燥品计算，遗留残渣应为 $20.0\% \sim 30.0\%$。

（8）重金属 取炽灼残渣项下遗留的残渣，依法检查（通则 0821 第二法），含重金属不得过百万分之二十。

3. 含量测定

照高效液相色谱法（通则 0512）测定。

（1）色谱条件与系统适用性试验 用强阴离子交换硅胶为填充剂（Hypersil SAX 柱，4.6mm×250mm，5μm 或效能相当的色谱柱）；以水（用稀盐酸调节 pH 值至 3.5）为流动相 A，以 2mol/L 氯化钠溶液（用稀盐酸调节 pH 值至 3.5）为流动相 B；检测波长为

232nm。按表 2-5-4 进行线性梯度洗脱。取对照品溶液注入液相色谱仪，出峰顺序为软骨素二糖、6-硫酸化软骨素二糖和 4-硫酸化软骨素二糖，软骨素二糖、6-硫酸化软骨素二糖与 4-硫酸化软骨素二糖的分离度均应符合要求。

表 2-5-4　CS 含量测定色谱法流动相配比表

时间/min	流动相 A/%	流动相 B/%
0	100	0
4	100	0
45	50	50

（2）测定法　取本品约 0.1g，精密称定，置 10mL 量瓶中，加水溶解并定量稀释至刻度，摇匀，用 0.45μm 滤膜过滤，精密量取 100μL，置具塞试管中，加三羟甲基氨基甲烷缓冲液（取三羟甲基氨基甲烷 6.06g 与乙酸钠 8.17g，加水 900mL 使溶解，用稀盐酸调节 pH 值至 8.0，用水稀释至 1000mL）800μL，充分混匀，再加入硫酸软骨素 ABC 酶液（取硫酸软骨素 ABC 酶适量，按标示单位用上述缓冲液稀释制成每 100μL 中含 0.1 单位的溶液）100μL，摇匀，置 37℃ 水浴中反应 1h，取出，在 100℃ 加热 5min，用冷水冷却至室温。以 10000r/min 离心 20min，取上清液，用 0.45μm 滤膜滤过，作为供试品溶液。精密量取 20μL 注入液相色谱仪，记录色谱图。另取硫酸软骨素钠对照品适量，精密称定，同法测定。按外标法以软骨素二糖、6-硫酸化软骨素二糖和 4-硫酸化软骨素二糖的峰面积之和计算，即得。

葡萄糖发酵生产赤藓糖醇工艺优化

【任务目的】

1. 掌握葡萄糖发酵生产的原理。
2. 优化赤藓糖醇的生产工艺。

【实训原理】

赤藓糖醇（erythritol），分子式为 $C_4H_{10}O_4$，化学名 1,2,3,4-丁四醇，分子量 122.12。赤藓糖醇化学结构式如图 2-5-10 所示。

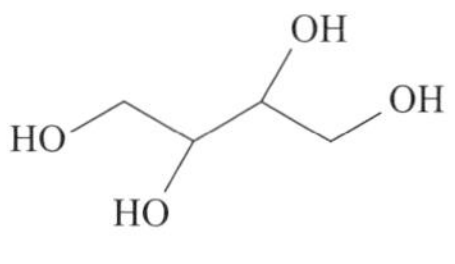

图 2-5-10　赤藓糖醇化学结构式

赤藓糖醇熔点 126℃，沸点 329～331℃，是一种四碳多元醇，外观为白色粉状结晶，微甜，相对甜度为 0.765，有清凉感，发热量低，仅为蔗糖发热量的 1/10，易结晶。其天然品存在于海藻、蘑菇、甜瓜、葡萄中，亦存在于人体眼球、血清、精液里。

赤藓糖醇生产菌多属于酵母，少部分为霉菌和细菌。从菌种生产能力和产物情况来看，耐高渗酵母是比较适宜的菌种。在工业上也主要是用耐高渗酵母和其他生产赤藓糖醇的微生物发酵生产。

【实训材料】

菌种为圆酵母（*Torula* sp.）B 84512，赤藓糖醇标准品（Sigma 公司产品）；葡萄糖、酵母膏、尿素、琼脂、$FeSO_4 \cdot 7H_2O$ 0.001%、$ZnSO_4 \cdot 7H_2O$ 0.001%等，均为分析纯试剂。德国贝朗 22L 全自动发酵罐；上海分析仪器厂 721 型分光光度计；岛津 LC-10AS HPLC 仪等。

【实施步骤】

仅介绍以下重点。

（一）培养基

斜面培养基：葡萄糖 200g，酵母膏 10g，尿素 1g，琼脂 20g，自来水 1000mL，pH 6.0。

种子培养基：葡萄糖 200g，酵母膏 10g，尿素 1g，自来水 1000mL，pH 6.0。

（二）分批发酵培养基

1. 葡萄糖浓度 30.0%，酵母膏含量为 1.0%，尿素为 0.1%，$FeSO_4 \cdot 7H_2O$ 0.001%，$ZnSO_4 \cdot 7H_2O$ 0.001%，pH 6.0，发酵液总体积 12L。

2. 葡萄糖浓度 40.0%，酵母膏含量为 1.0%，尿素为 0.1%，$FeSO_4 \cdot 7H_2O$ 0.001%，$ZnSO_4 \cdot 7H_2O$ 0.001%，pH 6.0，发酵液总体积 12L。

（三）补料分批发酵培养基

葡萄糖浓度 30.0%，酵母膏含量为 1.0%，尿素为 0.1%，$FeSO_4 \cdot 7H_2O$ 0.001%，$ZnSO_4 \cdot 7H_2O$ 0.001%，pH 6.0，发酵液初始体积 9.6L，当糖度降至 20% 左右时以 0.1L/h 的速率流加 80.0% 浓度的葡萄糖液，共 2.4L。

（四）发酵过程控制

发酵温度 34℃，通气量 0.5VVM（每分钟通气量与罐体实际料液体积的比值），菌体生长期控制溶解氧为 30%，50h 后调整溶解氧为 15%，直至发酵结束。

【任务总结】

各小组总结实训过程与实训结果，制作 PPT、word 工作总结，形成完整的工作汇报。

 课后习题

一、名词解释

单糖；低聚糖；多糖

二、填空题

1. 甘露醇在_____和_____中的含量较高，也可用_____和_____电解转化生产。

2. ＿＿＿＿＿＿是肝素的主要双糖单位，＿＿＿＿＿＿是此双糖的糖醛酸。

3. 硫酸软骨素是从＿＿＿＿＿＿中提取制备的＿＿＿＿＿＿，主要是硫酸软骨素＿＿＿＿＿＿及各种硫酸软骨素的混合物。

4. 微生物来源的多糖类药物用＿＿＿＿生产，也可用＿＿＿＿＿＿生产。

5. 酶解液中的杂蛋白可用＿＿＿＿、＿＿＿＿、＿＿＿＿＿、＿＿＿＿＿去除，再经透析后，用＿＿＿＿＿即可制得粗品多糖。

三、问答题

1. 简述糖类药物的类型及生物活性。

2. 简述多糖的提取纯化方法。

3. 简述从海藻中用提取法生产甘露醇的工艺流程及控制要点。

单元六

脂类药物的生产与质量控制

目标要求

1. 了解脂类药物的类别及其在临床和保健中的应用。
2. 掌握脂类药物的四种制备方法。
3. 掌握典型脂类药物前列腺素 E2 的制备与检验过程，熟悉鲨烯、ω-6 多不饱和脂肪酸生产制备原理和检验过程。

必备知识

一、脂类药物概述

（一）脂类药物的定义

脂类是广泛存在于生物体中的脂肪及类似脂肪的、能够被有机溶剂提取出来的化合物，由于其分子中的碳氢比例都较高，能够溶解在乙醚、氯仿、苯等有机溶剂中，不溶于水，在有机体内以游离的或结合的形式存在于组织细胞中，是机体内重要的有机大分子物质。脂类药物是一些具有重要生化、生理、药理效应的脂类化合物，有较好地预防和治疗疾病的效果。

（二）脂类药物分类

1. 依据化学结构分

（1）**胆酸类（cholic acids）** 如鹅去氧胆酸、胆酸钠、去氢胆酸等。

（2）**不饱和脂肪酸类（unsaturated fatty acids）** 如二十碳五烯酸、亚油酸、前列腺素、二十二碳六烯酸等。

（3）**磷脂类（phospholipid）** 如脑磷脂、磷脂酰胆碱等。

（4）**固醇类（sterol）** 如麦角固醇、胆固醇等。固醇，又称甾醇，类固醇的一种。固醇类化合物广泛分布于生物界。用碱性溶液提取动植物组织中的脂类，其中常有多少不等的、不能为碱所皂化的物质，它们均以环戊烷多氢菲为基本结构，并含有醇基，故称为固醇类化合物。合成代谢类固醇类似于合成雄性性激素，它们是一类在结构及活性上与人体雄性激素睾酮相似的化学合成衍生物。合成代谢的作用可以提高骨骼肌的增长，而雄性性激素的作用可以使男性性特征更加明显。这类药物除具有增加肌肉块头和力量，并在主动或被动减少体重时保持肌肉体积的作用外，还具有雄激素的作用。

（5）色素类（pigments） 如血红素、胆红素、胆绿素等。色素类药物有胆红素、胆绿素、血卟啉及其衍生物等。胆红素存在于人及多种动物胆汁中，亦为胆结石主要成分，是由四个吡咯环构成的线性化合物，有清除氧自由基功能，用于消炎，也是人工牛黄的重要组成成分，含量达 72%～76.5%，具有解热、降压、促进红细胞新生等作用，临床用于肝硬化及肝炎的治疗。其结构式如图 2-6-1 所示。

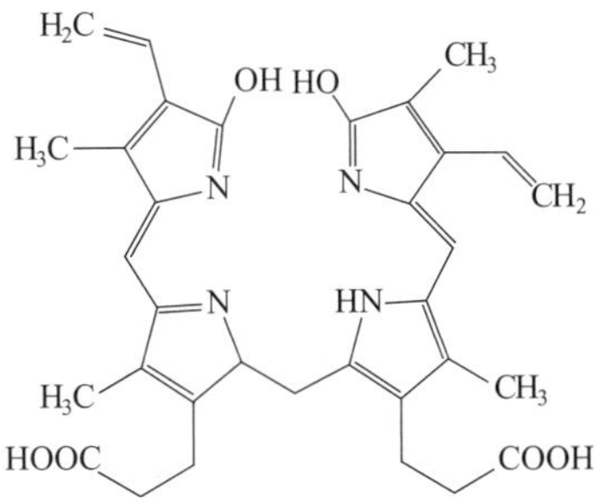

图 2-6-1　胆红素的结构式

（6）萜类 萜类化合物（terpenoids）是自然界存在的一类以异戊二烯为结构单元组成的化合物的统称，也称为类异戊二烯。该类化合物在自然界分布广泛、种类繁多，许多萜类化合物具有很好的药理活性，是中药和天然植物药的主要有效成分。例如，青蒿中的倍半萜青蒿素被用于治疗疟疾，红豆杉的二萜紫杉醇被用于治疗乳腺癌。

（7）其他 如鲨烯（squalene，又称角鲨烯）等。

常用的脂类生化药物见表 2-6-1。

表 2-6-1　常见的脂类生化药物

类别	名称	来源	主要的药学用途
固醇类	胆固醇	脑或脊髓提取	人工牛黄原料
	麦角固醇	酵母提取	维生素 D_2 原料，促进钙吸收
	β-谷固醇	甘蔗渣及米糠提取	降低血浆胆固醇
磷脂类	脑磷脂	酵母及脑中提取	止血，防止动脉粥样硬化及神经衰弱
	卵磷脂	脑、大豆及卵黄中提取	防止动脉粥样硬化、肝疾患及神经衰弱
不饱和脂肪酸类	卵黄油	蛋黄提取	抗铜绿假单胞菌及治疗烧伤
	亚油酸	玉米胚及豆油中分离	降血脂
	亚麻酸	自亚麻油中分离	降血脂、防治动脉粥样硬化
	花生四烯酸	自动物肾上腺中分离	止血，治疗静脉曲张及内痔
	鱼肝油脂肪酸钠	自鱼肝油中分离	止血，治疗静脉曲张及内痔
	前列腺素 E1、E2	羊精囊提取或酶转化	中期引产、催产或降血压
色素类	胆红素	胆汁提取、酶转化	抗氧化剂、消炎、人工牛黄原料
	原卟啉	动物血红蛋白中分离	治疗急性及慢性肝炎
	血卟啉及其衍生物	由原卟啉合成	肿瘤激光疗法辅助剂及诊断试剂

续表

类别	名称	来源	主要的药学用途
胆酸类	胆酸钠	由牛羊胆汁提取	治疗胆汁缺乏、胆囊炎及消化不良
	胆酸	由牛羊胆汁提取	人工牛黄原料
	α-猪去氧胆酸	猪胆汁提取	降胆固醇、治疗支气管炎,人工牛黄原料
	去氢胆酸	胆酸脱氢制备	治疗胆囊炎
	鹅去氧胆酸	禽胆汁提取或半合成	治疗胆结石
	熊去氧胆酸	由胆酸合成	治疗急性和慢性肝炎,溶胆石
	牛磺熊去氧胆酸	化学半合成	治疗炎症,退烧
	牛磺鹅去氧胆酸	化学半合成	抗 AIDS、流感及副流感等病毒感染
	牛磺去氢胆酸	化学半合成	抗 AIDS、流感及副流感等病毒感染
	人工牛黄	由胆红素、胆酸等配制	清热解毒及抗惊厥

2. 依据化学组成分

（1）单纯脂

① 简单脂类　简单脂类是一类不含氮的有机物质,有甘油三酯与蜡质两类。甘油三酯主要存在于植物种子和动物脂肪组织中,蜡质主要存在于植物表面和动物羽、毛表面。

② 脂肪类　由脂肪与多不饱和脂肪酸构成。

脂肪也叫油脂,天然脂肪大多数是混酸甘油酯,具有不对称结构而存在异构体。不饱和脂肪酸组分主要为十八碳烯酸,其中有一个双键的称为油酸,有两个不饱和双键的称为亚油酸,有三个不饱和双键的称为亚麻酸。这三个十八碳烯酸的第一个双键都在 C9 和 C10 之间,这个位置是分子的中间部位。天然的脂肪酸均为顺式结构,有顺反异构体。反式脂肪酸摄入会促进动脉硬化、诱导血栓形成、加速心脏病的危险;膳食中经常性地反式脂肪酸摄入引起血清脂蛋白浓度增加,导致血糖不平衡,诱发糖尿病;多不饱和脂肪酸（PUFAs）是指有 2 个或 2 个以上不饱和双键结构的脂肪酸,也称多烯脂肪酸。常见的 PUFAs 及功能见表 2-6-2。

表 2-6-2　常见的多不饱和脂肪酸及功能

中文名称	主要的医药应用	来源
亚油酸	营养中必需的脂肪酸,可用于治疗血脂过高和动脉硬化等症	植物油,坚果,种子,动物产品
α-亚麻酸	增强智力,提高记忆力,保护视力,改善睡眠。抑制血栓性疾病,预防心肌梗死和脑梗死。降低血脂。降血压。抑制出血性脑中风。预防过敏	葵花子油、大豆油、玉蜀黍油、芝麻油、花生油等
γ-亚麻酸	抗心血管疾病、降血脂、降血糖、抗癌、美白和抗皮肤老化	人乳及某些种子植物、孢子植物的油中
二高-γ-亚麻酸	前列腺素系列的前体,具有扩张血管的功能	自然界中存在不多,可发酵生产
花生四烯酸	具有兴奋子宫的作用,能延长大鼠妊娠,对胃酸的分泌有抑制活性	广泛分布于动物脂肪中,蛋黄以及深海鱼类、海草等海产品中也存在
二十二碳六烯酸(DHA,俗称脑黄金)	神经系统细胞生长及维持的一种主要成分,对胎儿与婴儿智力和视力发育至关重要	蛋黄以及深海鱼类、海草等海产品
二十碳五烯酸(EPA)	帮助降低胆固醇和甘油三酯的含量,促进体内饱和脂肪酸代谢的作用。防止脂肪在血管壁的沉积,预防动脉粥样硬化的形成和发展,预防脑血栓、脑溢血、高血压等心血管疾病	蛋黄以及深海鱼类、海草等海产品

（2）复合脂　复合脂质，指的是除了含脂肪酸和醇之外，尚有所谓非脂分子成分（磷酸、糖、含氮碱基等）。复合脂有甘油磷脂类与鞘氨醇磷脂。甘油磷脂类最常见的是脑磷脂和卵磷脂。脑磷脂是磷脂酰乙醇胺，卵磷脂是磷脂酰胆碱。

卵磷脂广泛存在于动植物体内。纯净的卵磷脂常温下为一种无色无味的白色固体，由于制取或精制方法、储存条件不同被氧化而呈现淡黄色至棕色。卵磷脂含量在55%以下的大部分应用在保健食品、营养食品中，也可应用作医药辅料。卵磷脂化学结构式如图2-6-2所示。

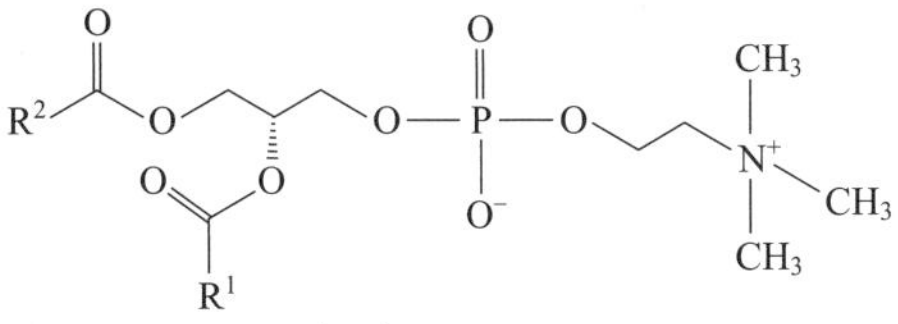

R^1, R^2=脂肪酸残基

图 2-6-2　卵磷脂的化学结构式

脑磷脂是神经细胞膜的重要组成部分，调节神经细胞的一切代谢活动，影响着神经组织的一系列重要功能，并与血液凝固有关。脑磷脂还对神经衰弱、动脉粥样硬化、肝硬化和脂肪性病变等具有一定的疗效。脑磷脂化学结构式如图2-6-3所示。

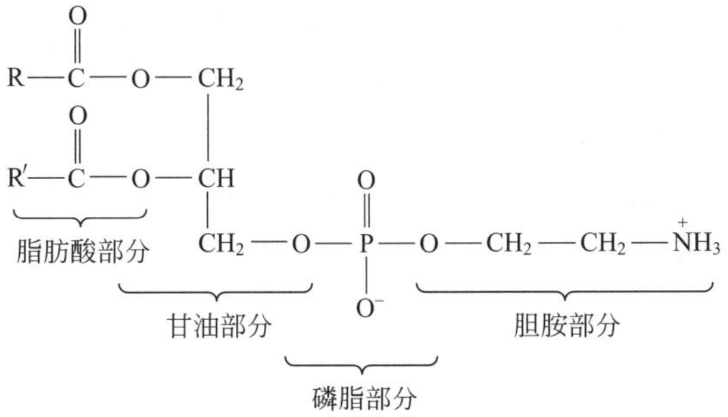

图 2-6-3　脑磷脂的化学结构式

神经鞘磷脂由神经鞘氨醇（简称神经醇）、脂肪酸、磷酸与含氮碱基组成。脂酰基与神经醇的氨基以酰胺键相连，所形成的脂酰鞘氨醇又称神经酰胺；神经醇的伯醇基与磷脂酰胆碱（或磷脂酰乙醇胺）以磷酸酯键相连。其广泛存在于生物组织内，在脑组织中含量特别多。

糖脂是糖类通过其还原末端以糖苷键的形式与脂类结合在一起形成的化合物的总称，研究较为深入和广泛的是鞘糖脂。神经鞘糖脂由一个神经酰胺的骨架与一个或多个糖基连接形成，主要包含疏水的脂肪链以及亲水的糖链两部分（化学结构式见图2-6-4），其在免疫应答、细胞发育、细胞识别及分化中都发挥着重要的作用。它影响细胞的黏附分化、影响细胞耐药性、影响疾病的发展与转移等，在癌症治疗上有可能起到一定的作用。

二、脂类药物的生产方法

脂类药物种类多，结构和性质差异较大，决定了其来源和生产方法的多样性，有的可从生物细胞中直接提取和纯化，有的可由微生物发酵或酶转化法生产。脂类药物制备方法多种

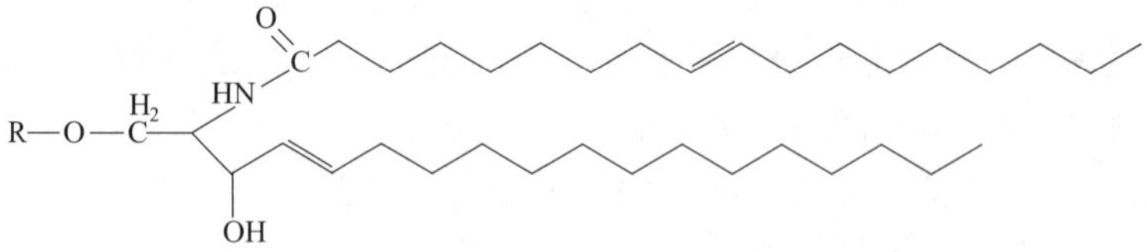

图 2-6-4   鞘糖脂的结构式

R 为糖链

多样，由于脂类药物有不溶或微溶于水、易溶于某些有机溶剂的共性，在制备方法上也有一些规律可循，一些方法适用较广。

（一）直接抽提法

有些脂类药物是以游离形式存在的，如卵磷脂、脑磷脂、亚油酸、花生四烯酸及前列腺素等。选择合适的溶剂可以选择性地将人们所期望的脂类组分抽提出来。抽提法制备脂类药物具有生产能力大、周期短、便于连续操作、容易实现自动化等优点，其原理是利用各脂类组分在某些溶剂中的溶解度不同，将其与其他组分进行分离。以卵磷脂为例，卵磷脂可溶于乙醚、氯仿、正己烷等低极性溶剂及低级醇中，微溶于苯，几乎不溶于丙酮、乙酸乙酯；而脑磷脂不易溶于乙醇。一般的方法是将溶解和沉淀两种手段结合使用，即用合适的溶剂将卵磷脂抽提出，再加沉淀剂（如丙酮）将卵磷脂从杂质中沉淀分离出来。所用的溶剂一般为四碳以下的低级醇、正己烷、石油醚、乙醚、乙酸、氯仿等。在进行萃取时，必须控制好温度、溶剂用量、溶剂浓度、pH 值、萃取次数等条件和因素。有机溶剂从提取方式上分为单一溶剂提取法和混合溶剂（如氯仿-甲醇、氯仿-乙醇等）提取法。

单纯用溶剂萃取制备高纯卵磷脂时所得产品卵磷脂含量不高，可用于卵磷脂的粗提。如果在萃取过程中加入酸、碱或盐类物质，利用金属离子或酸、碱对磷脂分子的选择性，可以使卵磷脂含量大大提高。

（二）水解法

在体内有些脂类药物与其他成分构成复合物，含这些成分的组织需经水解或适当处理后再水解，然后分离纯化。自然界中脂类的形态是以结合形式存在。中性和非极性脂类以分子间力与脂类、蛋白质结合，极性脂类以氢键、静电力与蛋白质分子结合，脂肪酸类与糖分子共价结合。疏水结合的脂类一般用非极性溶剂，与生物膜结合的脂类用极性较强的溶剂处理以断开氢键，共价结合的脂类用酸或碱水解。现多用组合溶剂，以醇为组合溶剂的必需部分，因其可使生物组织中的脂类降解酶失活。

（三）化学合成或半合成法

氢化可的松是甾醇类药物，可以全合成，也可以半合成。但全合成过程需要 30 多步化学反应，工艺过程复杂，总收率太低，无工业化生产价值。目前制备氢化可的松都采用半合成方法。甾体药物半合成的起始原料都是甾醇的衍生物。如从薯芋科植物得到薯芋皂素，从剑麻中得到剑麻皂素，从龙舌兰中得到番麻皂素，从油脂废弃物中获得豆甾醇和 β-谷甾醇，从羊毛脂中得到胆甾醇。这些都可以作为合成甾体药物的半合成原料。60% 的甾体药物的生产原料是薯芋皂素，近年来，由于薯芋皂素资源迅速减少，国外以豆甾醇、β-谷甾醇作原料的比例上升。

（四）生物转化法

发酵、动植物细胞培养及酶工程技术可统称为生物转化法，来源于生物体的多种脂类药物亦可采用生物转化法生产。辅酶 Q_{10}、二十二碳六烯酸（DHA，俗称脑黄金）等可以用提取法生产，也可以用生物转化法来发酵生产，由于微生物的可控性高、生长速度快，因而易于产业化，具有成本优势。辅酶 Q_{10} 的发酵菌种有重组微生物假丝酵母、红极毛杆菌、脱氮极毛杆菌、甲烷微环菌等，发酵法被认为是最有前途的合成工艺。合成 DHA 的微生物主要是较低级真菌中的藻状菌纲，如陆生和海洋藻状真菌、水霉目破囊壶菌、裂殖壶菌、虫霉目等均能产生高含量的 DHA，可以用于发酵法生产 DHA。

三、脂类药物的质量控制

随着生化药物、生物制品研究开发的不断深入，它们在医药市场所占的份额也将越来越大。这也对其质量控制提出了高标准、高要求。脂类药物的质量控制主要包括药物性状、有效成分含量、杂质测定等。药物的性状反映了药物特有的物理性质，包括药物的状态、晶型、色泽、气味、稳定性、酸碱度等。油脂类药物需要测定酸值、过氧化值、皂化值、碘价等指标。药物成分与杂质分析依赖于仪器分析，主要有 HPLC、TLC、GC、高效毛细管电泳（HPCE）、IR、近红外（NIR）、核磁共振（NMR）、原子光谱分析，以及近几年发展起来的气-质（GC-MS）、液-质（LC-MS）、高效液相色谱-核磁（HPLC-NMR）等联用技术。杂质分析主要测定重金属指标，代表性的指标为砷盐含量。

 **实例精讲**　典型脂类药物的生产与质量控制

实例一　前列腺素 E2 的生产与质量控制

（一）前列腺素 E2 概述

前列腺素 E2（PGE2）的化学结构式如图 2-6-5 所示。

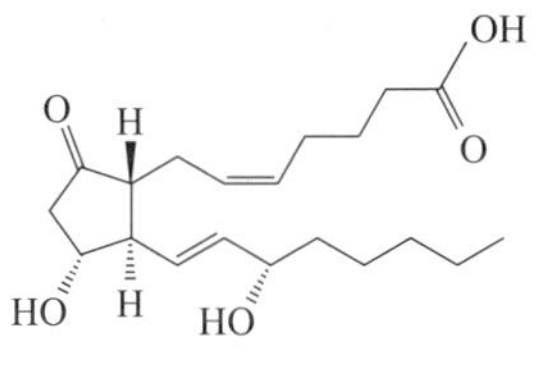

图 2-6-5　前列腺素 E2 的化学结构式

前列腺素 E2 为白色结晶，熔点 68～69℃，溶于乙酸乙酯、丙酮、乙醚、甲醇及乙醇等有机溶剂，不溶于水。其在酸性和碱性条件下可分别异构化为前列腺素 A2（PGA2）和前列腺素 B2（PGB2），二者紫外吸收最大波长分别为 217nm 和 278nm。前列腺素为二十碳五

元环前列腺烷酸的一族衍生物，共分八类。在体内，前列腺素（prostaglandin，PG）皆由花生三烯酸、花生四烯酸及花生五烯酸等经 PG 合成酶转化而成，PG 合成酶存在于动物组织中，如羊精囊、羊睾丸、兔肾髓质及大鼠肾髓质等，以羊精囊含量为最高。前列腺素 E2 可用于中期妊娠引产、足月妊娠引产和治疗性流产，对妊娠毒血症（先兆子痫、高血压）、妊娠合并心肾疾患者、过期妊娠、死胎不下、水泡状胎块、羊膜早破、高龄初产妇等均可应用。

（二）前列腺素 E2 的生产方法

生产工艺如图 2-6-6 所示。

羊精囊 →（绞碎、组织捣碎 0.1mol/L磷酸盐 花生四烯酸）→ 匀浆 →（pH 8.0，37℃ 丙酮过滤）→ 滤液 →（浓缩，精制）→ PGE2

图 2-6-6　前列腺素 E2 生产工艺流程

1. 原材料获取

取羊精囊 1.2kg 在电动绞肉机中绞碎 4 次，加 0.1mol/L 磷酸缓冲液 500mL 冲洗绞肉机。等分四份，在组织捣碎机中捣碎 6 次，每次捣碎用冰冷却，保持匀浆温度在 14～29℃。

2. 提取与精制

然后加 0.1mol/L 磷酸缓冲液 850mL，用氨调 pH 至 8.0，加谷胱甘肽 1.5g、氢醌 55mg、EDTA 12g（均用 0.1mol/L 磷酸缓冲液配成溶液并调 pH 至 8.0），加花生四烯酸 200mL 后搅匀，通氧气，搅拌 1h，反应温度为 37℃，得反应液 2400mL，加丙酮 7200mL，搅拌 0.5h 后，在 0～10℃ 的环境下过夜。次日过滤，滤渣又加丙酮 3000mL 搅拌 0.5h，滤液合并，减压回收丙酮，浓缩液 2300mL 加入 4mol/L HCl 22mL 调 pH 至 3.0，用乙醚 1600mL 分三次抽提，乙醚层体积 1230mL。用 0.2mol/L 磷酸缓冲液 1100mL 分三次提取，水层体积 1370mL。用石油醚 1000mL 分 3 次脱脂，水层用 4mol/L 盐酸调 pH 至 3.0，约耗盐酸 75mL。用二氯甲烷 1000mL 提取，提取液再用无水硫酸钠脱水过滤得纯品。

（三）前列腺素 E2 的质量控制

PGE2 的质量控制主要内容是测定目标产物的积累情况，常用的分析方法有薄层色谱法、高效液相色谱法等。PGE2 常选择酶联免疫分析法（ELISA）来分析产量。

实例二　ω-6 多不饱和脂肪酸的生产与质量控制

（一）ω-6 多不饱和脂肪酸概述

多不饱和脂肪酸因其结构特点及在人体内代谢的相互转化方式不同，主要可分成 ω-3 和 ω-6 两个系列。ω-6 系列多不饱和脂肪酸包括亚油酸、亚麻酸和花生四烯酸。ω-6 系列多不饱和脂肪酸的化学结构如图 2-6-7 所示。

由于 ω-6 系列多不饱和脂肪酸的这些特殊结构，赋予其特殊的生理功能。其可以预防和减缓多种心血管疾病，调节细胞的生长，具有很高的抗癌活性并具有抑制胃溃疡及胃出血的

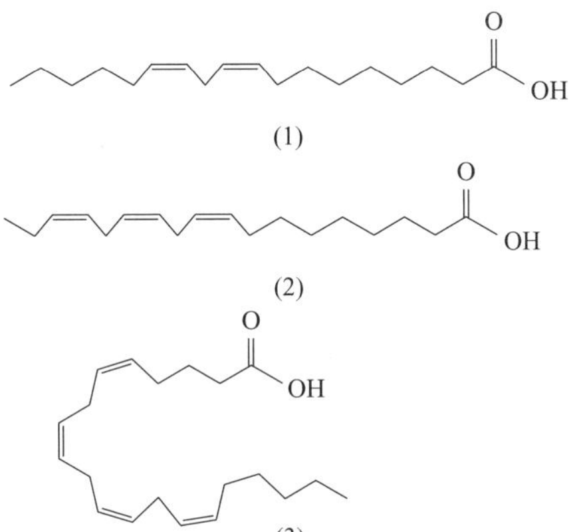

图 2-6-7　ω-6 多不饱和脂肪酸结构式
（1）亚油酸；（2）亚麻酸；（3）花生四烯酸

作用。ω-6 多不饱和脂肪酸还有减肥以及增强免疫力等作用。其应用研究领域不断扩大，表现出良好的市场前景。

（二）ω-6 多不饱和脂肪酸的生产

由于 ω-6 多不饱和脂肪酸易被空气氧化，生产上目前多采用超临界萃取技术提取。该技术优点是临界温度低，适用于热敏性化合物的提取和纯化，提供惰性环境，避免产物氧化，不影响萃取物的有效成分；萃取速度快，无毒、不易燃，使用安全，不污染环境；无溶剂残留，无硝酸盐和重金属离子。采用超临界萃取技术可以直接将芝麻中的 ω-6 多不饱和脂肪酸提取纯化。

工艺流程

ω-6 多不饱和脂肪酸的生产工艺流程为：原料清洗→去杂→远红外快速加热处理→冷却→粉碎→超临界萃取→成品。以下介绍操作要点。

（1）清洗干燥　将芝麻放入洁净水中反复淘洗去除上层的不饱满籽粒、沙石等密度小的杂质，清洗干净后放于阴凉通风处干燥至含水量在 7% 以下备用。

（2）加热处理　对芝麻进行适当的加热处理，可提高芝麻中脂类物质的提取率。传统工艺是通过炒料来实现的，炒料过程中的火候控制相当重要。可采用远红外工艺处理，温度越高、处理时间越长，则产品色泽越深。可于 190℃ 保温 8min 进行加热预处理。

（3）粉碎　使用万能粉碎机对芝麻进行粉碎，20 目过筛。

（4）超临界萃取　超临界萃取芝麻中 ω-6 多不饱和脂肪酸的工艺条件为：萃取压力 30MPa，萃取温度 45℃，萃取时间 2h，流量 15L/h。

（三）ω-6 多不饱和脂肪酸的质量控制

运用高效液相色谱法分析测定原料中亚麻酸和亚油酸的含量。芝麻中的亚麻酸与亚油酸含量可以用石油醚萃取后，用高效液相色谱法进行测定。可通过高效液相色谱测定成品中的亚麻酸和亚油酸的含量，计算回收率与产品中的目标物含量。

色谱条件为：色谱柱 Shim-pack CLC-ODS（250mm×4.6mm，5μm）；保护柱 DIKMA Easy Guard G18（10mm×4.6mm）；流动相甲醇-乙腈-0.5% 磷酸水溶液（60：22：18）；柱

温 26℃；检测波长 210nm；流速 1.1mL/min；进样量 10～20μL。

实例三　角鲨烯的生产与质量控制

（一）角鲨烯概述

角鲨烯又名鲨烯、三十碳六烯、鱼肝油萜，其结构式如图 2-6-8 所示。

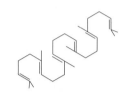

图 2-6-8　角鲨烯结构式

角鲨烯化学名为 2,6,10,15,19,23-六甲基-2,6,10,14,18,22-二十四碳六烯，是一种高度不饱和烃类化合物，最初由日本化学家 Tsujimoto 于 1906 年在黑鲨鱼的肝油中发现。角鲨烯是一种天然三萜烯类、多不饱和脂肪族烃类化合物，含有六个非共轭双键。

角鲨烯具有极强的供氧能力，可抑制癌细胞生成，防止癌细胞扩散和因化疗而使白细胞减少，对胃癌、食道癌、肺癌、卵巢癌具有明显疗效；角鲨烯具有消除自由基、调节免疫功能等作用，角鲨烯进入人体将迅速引起氧化作用，促使超氧化物歧化酶与乳酸脱氢酶显著升高，乳酸迅速分解，体内能量代谢旺盛；角鲨烯又使体内红细胞大增，可有效克服因缺氧所引起的各种疾病；角鲨烯还能促进血液循环，对心脏病、高血压、冠心病、心肌梗死等心脑血管疾病有显著预防和缓解作用；角鲨烯具有渗透、扩散、杀菌作用，对白癣菌、大肠杆菌、痢疾杆菌、铜绿假单胞菌、溶血性链球菌及念珠菌等有杀灭和抑制作用，亦用作杀菌剂。

（二）角鲨烯的生产方法

1. 传统方法

从鲨鱼肝油提取角鲨烯的传统方法为：鲨鱼肝脏→鲨鱼肝油→皂化→不皂化物→减压蒸馏→脱酸→钠盐减压蒸馏→乙醇处理→角鲨烯精制品。该工艺是将原料直接进行减压蒸馏或对肝油进行皂化，分离得不皂化物后再进行减压蒸馏、脱酸，与金属钠减压蒸馏或将氧化或溴化法呢基（Farnesyl）用金属镁或金属钙缩合而成等方法，最后，采用溶剂（乙醇）处理经减压蒸馏，得到角鲨烯精制品。也有采用氧化铝色谱获取高纯度角鲨烯工业化制法。

2. 溶剂提取法

溶剂提取法是利用角鲨烯容易溶解于某些溶剂特性的一种传统提取方法，也是最常用的方法之一。该法必须与其他纯化法相结合才能得到较高纯度的角鲨烯。例如希望从罗汉果中提取角鲨烯，可以选用这样的方法：将罗汉果种仁或种子破碎，用有机溶剂浸取脂溶性物质，除去脂溶性物质中有机溶剂，即制得罗汉果角鲨烯粗品。再将罗汉果角鲨烯粗品经硅胶色谱柱、有机溶剂洗脱，收集洗脱液无色部分，并经减压蒸馏除去有机溶剂，即制得罗汉果角鲨烯精品。其粗品含角鲨烯量大于40%，精品角鲨烯含量大于95%。

3. 超临界二氧化碳（CO_2）萃取法

超临界 CO_2 萃取是一种全新分离技术，具有无易燃性、无化学反应、无毒、无污染、安全性高、操作简单等优点，其在对天然产物提取中的应用越来越受到重视。超临界 CO_2 萃取是通过改变压力和温度以改变超临界 CO_2 流体密度使溶质在其中溶解度发生改变而分离。物质在超临界状态下，将超临界流体与待分离物质接触，使其具选择性，依次将极性、沸点和分子量大小高低不同成分分离萃取。

从罗汉果渣提取角鲨烯工艺如图 2-6-9 所示。

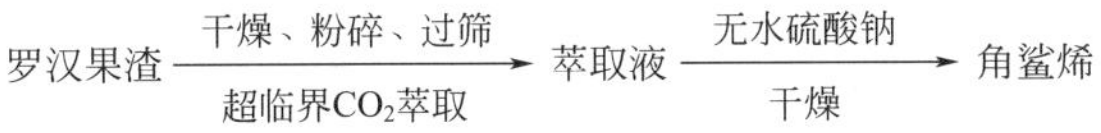

罗汉果渣 $\xrightarrow[\text{超临界}CO_2\text{萃取}]{\text{干燥、粉碎、过筛}}$ 萃取液 $\xrightarrow[\text{干燥}]{\text{无水硫酸钠}}$ 角鲨烯

图 2-6-9　超临界二氧化碳萃取法提取角鲨烯

具体地说，提取甜苷后的罗汉果渣经晒干或烘干至水分含量小于10%，粉碎通过30目筛后可进行超临界萃取。超临界萃取的条件是：萃取压力26.5MPa，萃取温度45℃，萃取时间140min，CO_2 流量20L/h，分离釜温度40℃。萃取物经无水硫酸钠干燥后得角鲨烯。

（三）角鲨烯的质量控制

角鲨烯的质量控制常用气相色谱法。

1. 标准品的配制

准确称取100.0mg角鲨烯标准品于100mL容量瓶内，加入正己烷定容至刻度，摇匀，配成1mg/mL储备液备用。

2. 样品配制

称取1.0g左右样品，加入250mL磨口锥形瓶中，再加入50mL的2mol/L KOH-乙醇溶液，于85℃恒温水浴锅中皂化1h，移出冷却，移至500mL分液漏斗中，加入50mL饱和NaCl溶液和50mL石油醚，摇动萃取2min，静置待分层后将上层有机相转入250mL分液漏斗中，下层皂化液再分别加入50mL和30mL石油醚，萃取两次，合并3次的石油醚层于250mL分液漏斗中，每次加入50mL去离子水洗有机相，至中性，有机相通过无水硫酸钠脱水后，于35℃水浴中旋转蒸发浓缩至接近干燥状态，用正己烷溶解并定容至10mL，过0.45μm有机滤膜，以FID（火焰离子化检测器）测定。

3. 色谱条件

安捷伦 HP-5 毛细管色谱柱（30m×0.32mm，0.25μm）。色谱柱温度：160℃保持2min，按15℃/min升温至280℃，保持5min；再按5℃/min升温至300℃，保持2min。检测器温度330℃，进样温度300℃。载气（氮气纯度99.99%）：流速2.5mL/min；尾吹气用高纯氮：30mL/min。进样量1.0μL；定量方法：峰面积外标法定量。

氯化血红素的制备及含量测定

【任务目的】

1. 掌握氯化血红素制备的原理。
2. 了解血红素的药用价值。

【实训原理】

血红素（heme）是高等动物血的红色素，由原卟啉与 Fe^{2+} 结合而成，它与珠蛋白结合成血红蛋白。其在体内的主要生理功能是载氧，帮助呼出 CO_2，另外它还是细胞色素 P_{450}、细胞色素 c、过氧化物酶的辅基。血红素不溶于水，溶于酸性丙酮，在溶液中易形成聚合物，临床上常用作铁强化剂和抗贫血药及食物中的色素添加剂，另外可用于制备原卟啉来治疗癌症。氯化血红素（hemin）的实验室制备常用酸性丙酮分离提取法，使血细胞在酸性丙酮中溶血，抽提后再经浓缩、洗涤、结晶得到氯化血红素。

氯化血红素结构如图 2-6-10 所示。

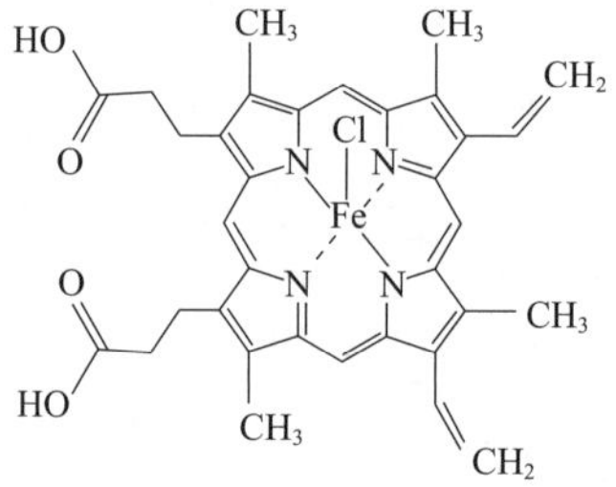

图 2-6-10   氯化血红素结构式

工业上制取氯化血红素常用冰醋酸结晶法，血细胞用丙酮溶血后，制取血红蛋白，再用冰醋酸提取。在氯化钠存在下，氯化血红素沉淀析出。卟啉环系化合物在 400nm 处有强烈吸收，称 Soret 带，该最大吸收波长对各种卟啉化合物是特征的，但溶剂对最大吸收波长也有影响，采用 0.25% 碳酸钠作溶剂。在 600nm 处有特征吸收峰，光吸收值与氯化血红素浓度的关系符合朗伯-比尔定律。

【实训材料】

烧杯（1000mL、500mL、250mL，若干）；抽滤瓶（500mL）；布氏漏斗（8cm）；锥形瓶（500mL）；电动搅拌机；球形冷凝管（30cm）；温度计（200℃）；离心机；小试管若干支等。新鲜猪血，500mL；0.8% 柠檬酸三钠，20mL；丙酮；冰醋酸；氯化钠（固体）；氯化钾（固体）；浓盐酸；20% 氯化锶；0.25% 碳酸钠等。

【实施步骤】

（一）酸性丙酮抽提

0.8% 柠檬酸三钠抗凝猪血 200mL，3000r/min 离心 15min，倾去上层血浆，制得血细胞，加 2～3 倍的蒸馏水，充分溶胀后，沸水浴 20～30min，纱布过滤，滤渣加入含 3％盐酸的丙酮溶液 200mL，振摇抽提 30min，抽滤，将滤液用旋转蒸发仪浓缩至原体积的 1/4～1/3，加入 20％氯化锶至终浓度 2％，静置 15min，离心 10min，沉淀用水、95％乙醇、乙醚各洗涤一次，真空干燥后得氯化血红素粗品，称重，计算收率。

（二）冰醋酸结晶法

0.8％柠檬酸三钠抗凝猪血 500mL，3000r/min 离心 15min，倾去上层血浆，下层红细胞加丙酮 200mL 搅拌，过滤，得红色血红蛋白。取 500mL 带温度计、冷凝器、搅拌插口的锥形瓶，加入 300mL 冰醋酸，加热升温，再加入 16g 氯化钠、8g 氯化钾，在搅拌下加入 100g 血红蛋白，在 105℃继续搅拌 10min，冷却，静置过夜，离心收集沉淀的氯化血红素结晶，用冰醋酸和 0.1％醋酸洗涤，再用水洗至中性，过滤、干燥后的氯化血红素粗品称重，计算得率。

（三）含量测定

取标准氯化血红素，用 0.25％碳酸钠配制成浓度为 0.08mg/mL 备用。取制备所得氯化血红素，用 0.25％碳酸钠配制成 0.1mg/mL 备用。按表 2-6-3 稀释，在 600nm 处测定 OD，以 0.25％碳酸钠溶剂作空白，根据所得数据，计算氯化血红素含量。

表 2-6-3　氯化血红素实验记录表

项目	0	1	2	3	4	5	6	7	8	9	10	11	12	13
hemin 溶液/mL	0	0.4	0.8	1.2	1.6	2.0	2.4	2.8	3.2	3.6	4.0	1.0	2.0	3.0
碳酸钠/mL	4.0	3.6	3.2	2.8	2.4	2.0	1.6	1.2	0.8	0.4	0	3.0	2.0	1.0
hemin 含量/(mg/mL)														
OD_{600}														

【任务总结】

各小组在完成实训项目后，对实训过程和实训结果进行总结评价，形成工作总结汇报和实训论文，并制作实训 PPT 和 word 形式的实训论文及总结。

 ## 课后习题

一、名词解释
麦角固醇；反式脂肪酸；神经鞘磷脂

二、填空题

1. 脂类_____溶于脂溶性溶剂，_____溶于非极性有机溶剂，_____溶于水。

2. 亚麻酸属于_____类脂肪酸。

3. 青蒿素属于_____类化合物。

4. 以花生四烯酸为原料生产前列腺素常用的方法是_____。

5. 人造牛黄的最主要成分是_____。

三、问答题

1. 常见的脂类药物有哪些？各有何功效？

2. 简述前列腺素 E2 是如何生产的。

3. 举例说明超临界二氧化碳萃取技术如何应用于脂类药物的制备中。

单元七

抗生素类药物的生产与质量控制

目标要求

1. 熟悉抗生素定义、种类、作用，了解抗生素的发现过程、生产历史及相关政策。
2. 以典型代表产品青霉素为例，掌握抗生素的通用生产工艺。
3. 了解抗生素典型产品青霉素的生产工艺流程、重要参数控制方法以及分析检测方法。

一、抗生素类药物概述

（一）抗生素的定义

抗生素（antibiotics）是由微生物（包括细菌、真菌、放线菌属）或高等动植物在其生命活动中所产生的具有抗病原体或其他活性的一类次级代谢产物，具有在低浓度下有选择性地抑制或杀死其他微生物的作用，因而被广泛用作治疗疾病的药物。抗生素是最典型、最著名的次级代谢产物，既不参与细胞结构组成，也不是细胞的储存养料；对产生菌本身无害，但对其他微生物则有专一的作用；在有效浓度很低的情况下，能够抑制敏感菌种的生长和代谢活性或使其致死。抗生素可以通过抑制微生物代谢的酶系统进而抑制各种细胞物质的合成、影响细菌的呼吸、妨碍细菌对氨基酸的吸收、妨碍细菌吸收矿物质等形式对微生物起到抑制或杀灭的作用；此外，抗生素也可通过细胞膜的相互作用来发挥抗菌作用，如多黏菌素、短杆菌肽和枯草菌素都具有表面活性，能降低细菌细胞壁的表面张力，使细菌外膜破裂，还能使蛋白质变性，导致酶类变性使细菌死亡。

抗生素是一种生理活性物质，在使用过程中抗生素剂量不足，达不到抑菌能力；使用剂量过高，会产生毒副作用，且常引起病原菌的耐药性。故常用效价单位作为衡量抗生素的一种尺度。如一个青霉素效价单位定义为：在 50mL 肉汤培养基中完全抑制金黄色葡萄球菌标准菌株发育的最小青霉素剂量。当制成抗生素成品纯结晶粉时，由于 1mg 青霉素 G 钠盐能抑制 83300mL 肉汤中生长的葡萄球菌，故青霉素 G 钠盐的毫克单位是 $1667\left(\dfrac{83300}{50}\right)$。1944 年 10 月，世界卫生组织决定采用结晶青霉素 G 钠盐作为国际标准，成为国际单位，即 1 国际单位＝0.6μg 青霉素 G 钠盐，或者十亿单位＝0.6kg。

（二）抗生素类药物的分类

1. β-内酰胺类

如青霉素类、头孢菌素类，其化学结构中具有 β-内酰胺环。

2. 氨基糖苷类

如链霉素、庆大霉素，是既含有氨基糖苷，也含有氨基环醇的碱性水溶性抗生素。

3. 四环类

如四环素、土霉素，其结构均含四并苯基本骨架。

4. 大环内酯类

如红霉素、麦迪加霉素，含一个大环内酯作配糖体，以苷键和 1～3 个分子的糖相连。

5. 多肽类

如多黏菌素、杆菌肽，含有多种氨基酸，经肽键缩合成线状、环状或带侧链的环状多肽。

6. 多烯类抗生素

都含有共轭双键，具有特征性的紫外吸收光谱。

7. 安沙霉素类抗生素

芳香环的两个非相邻位置上有脂肪族碳链相连。

8. 蒽环类抗生素

如阿霉素、表阿霉素等，以蒽环酮为骨架。

9. 其他抗生素

还有一些不属于上述各类的抗生素，其中具重要临床价值的有林可霉素和博莱霉素，前者用于抗菌化疗，后者用于抗癌化疗。

二、抗生素类药物的生产方法

现代抗生素工业生产通用流程为：菌种──→孢子制备──→种子制备──→发酵──→发酵液预处理──→提取及精制──→成品包装。

（一）菌种

从来源于自然界土壤等获得能产生抗生素的微生物，经过分离、选育和纯化后即称为菌种。菌种可用冷冻干燥法制备，然后以超低温，即在液氮冰箱（−196～−190℃）内保存。如条件不足时，则沿用砂土管在 0℃ 冰箱内保存的老方法，但如需长期保存时不宜用此法。一般生产用菌株经多次接种往往会发生变异而退化，故必须经常进行菌种选育和纯化以提高其生产能力。

（二）孢子制备

生产用的菌株需经纯化和生产能力的检验，若符合规定，才能用来制备种子。制备孢子时，将保藏的处于休眠状态的孢子，通过严格的无菌操作，将其接种到经灭菌过的固体斜面培养基上，在一定温度下培养 5～7 天或 7 天以上，这样培养出来的孢子数量还是有限的。为获得更多数量的孢子以供生产需要，必要时可进一步用扁瓶在固体培养基（如小米、大米、玉米粒或麸皮）上扩大培养。

（三）种子制备

其目的是使孢子发芽、繁殖以获得足够数量的菌丝，并接种到发酵罐中，种子制备可用摇瓶培养后再接入种子罐进行逐级扩大培养；或直接将孢子接入种子罐后逐级扩大培养。种子扩大培养级数的多少，取决于菌种的性质、生产规模的大小和生产工艺的特点。扩大培养级数通常为二级。摇瓶培养是在锥形瓶内装入一定数量的液体培养基，灭菌后以无菌操作接入孢子，放在摇床上恒温培养。在种子罐中培养时，接种前有关设备和培养基都必须经过灭菌。接种材料为孢子悬浮液或来自摇瓶的菌丝，以微孔差压法或打开接种口在火焰保护下接种，接种量视需要而定。如用菌丝，接种量一般在 0.1%～2%（体积分数）。从一级种子罐接入二级种子罐接种量一般为 5%～20%，培养温度一般在 25～30℃；如菌种系细菌，则在 32～37℃ 培养。在罐内培养过程中，需要搅拌和通入无菌空气。控制罐温、罐压，并定时取样做无菌试验，观察菌丝形态，测定种子液中发酵单位和进行生化分析等，并观察有无杂菌情况，种子质量如合格方可移种到发酵罐中。

（四）培养基的配制

在抗生素发酵生产中，由于各菌种的生理生化特性不一样，采用的工艺不同，所需的培养基组成亦各异。即使同一菌种，在种子培养阶段和不同发酵时期，其营养要求也不完全一样。因此需根据其不同要求来选用培养基的成分与配比，其主要成分包括碳源、氮源、无机盐类（包括微量元素）和前体等。

1. 碳源

主要用以供给菌种生命活动所需的能量，构成菌体细胞及代谢产物。有的碳源还参与抗生素的生物合成，是培养基中主要组成之一，常用碳源包括淀粉、葡萄糖和油脂类。对有的品种，为节约成本也可用玉米粉作碳源以代替淀粉。使用葡萄糖时，在必要时采用流加工艺，以利于提高产量。油脂类往往还兼用作消泡剂。个别的抗生素发酵中也有用麦芽糖、乳糖或有机酸等作碳源的。

2. 氮源

主要用以构成菌体细胞物质（包括氨基酸、蛋白质、核酸）和含氮代谢物，亦包括用以生物合成含氮抗生素。氮源可分成两类：有机氮源和无机氮源。有机氮源中包括黄豆饼粉、花生饼粉、棉籽饼粉、玉米浆、蛋白胨、尿素、酵母粉、鱼粉、蚕蛹粉和菌丝体等。无机氮源中包括氨水（既作为氮源，也用以调节 pH）、硫酸铵、硝酸盐和磷酸氢二铵等。在含有机氮源的培养基中菌丝生长速度较快，菌丝量也较多。

3. 无机盐和微量元素

抗生素产生菌和其他微生物一样，在生长、繁殖和产生生物产品的过程中，需要某些无机盐类和微量元素，如硫、磷、镁、铁、钾、钠、锌、铜、钴、锰等，它们的浓度对菌种的生理活性有一定影响。因此，应选择合适的配比和浓度。此外，在发酵过程中可加入碳酸钙作为缓冲剂以调节 pH。

4. 前体

在抗生素生物合成中，菌体利用它以构成抗生素分子中的一部分而其本身又没有显著改变的物质，称为前体。前体除直接参与抗生素生物合成外，在一定条件下还控制着菌体合成抗生素的方向并增加抗生素的产量。如丙醇或丙酸可作为红霉素发酵的前体。前体的加入量应当适度，如过量则往往会有毒性，并增加了生产成本；如不足，则发酵单位降低。

5. 培养基的质量

培养基的质量应予严格控制，以保证发酵水平，可以通过化学分析，并在必要时做摇瓶试验以控制其质量。培养基的储存条件对培养基质量的影响应予注意。此外，如果在培养基灭菌过程中温度过高、受热时间过长亦能引起培养基成分的降解或变质。培养基在配制时调节其 pH 亦要严格按规程进行。

（五）发酵

发酵的目的是使微生物大量分泌抗生素。在发酵开始前，有关设备和培养基也必须先经过灭菌后再接入种子。接种量一般为 10% 或 10% 以上，发酵时间视抗生素品种和发酵工艺而定，在整个发酵过程中，需不断通入无菌空气和搅拌，以维持一定罐压或溶解氧，在罐的夹层或蛇管中需通冷却水以维持一定罐温。此外，还要加入消泡剂以控制泡沫，必要时还加入酸、碱以调节发酵液的 pH。对有的品种在发酵过程中还需加入葡萄糖、铵盐或前体，以促进抗生素的产生。对其中一些主要发酵参数可以用计算机进行反馈控制。在发酵期间每隔一定时间应取样进行生化分析、镜检和无菌试验。分析或控制的参数有菌丝形态和浓度、残糖量、氨基氮、抗生素含量、溶解氧、pH、通气量、搅拌转速和液面控制等。其中有些项目可以通过在线控制。在线控制是指不需取样而直接在罐内测定，然后予以控制的技术。

（六）发酵液的过滤和预处理

发酵液过滤和预处理的目的不仅在于分离菌丝，还需将一些杂质除去。尽管对多数抗生素品种，在生产过程中，当发酵结束时，抗生素存在于发酵液中，但也有个别品种当发酵结束时抗生素大量残存在菌丝之中，在此情况下，发酵液的预处理应当包括使抗生素从菌丝中析出、转入发酵液。

1. 发酵液的预处理

发酵液中的杂质如高价无机离子（Ca^{2+}、Mg^{2+}、Fe^{3+}）和蛋白质在离子交换的过程中对提炼影响甚大，不利于树脂对抗生素的吸附。如用萃取法进行提炼时，蛋白质的存在会产生乳化，所用溶剂和水相分层困难。对高价离子的去除，可采用草酸或磷酸，如加草酸则它与钙离子生成的草酸钙还能促使蛋白质凝固以提高发酵滤液的质量；如加磷酸或磷酸盐，则既能降低钙离子浓度，也易于去除镁离子，如下列反应方程式所示。

$$Na_5P_3O_{10} + Mg^{2+} \longrightarrow MgNa_3P_3O_{10} + 2Na^+$$

如加黄血盐及硫酸锌，则前者有利于去除铁离子，后者有利于凝固蛋白质。此外，这二者还有协同作用，它们所产生的复盐对蛋白质有吸附作用。如下列方程式所示。

$$2K_4Fe(CN)_6 + 3ZnSO_4 \longrightarrow K_2Zn_3[Fe(CN)_6]_2 \downarrow + 3K_2SO_4$$

对于蛋白质，还可利用其在等电点时凝聚的特点而将其去除。因其羧基的电离度比氨基大，故很多蛋白质的等电点在酸性（pH $4.0 \sim 5.5$）范围内；某些对热稳定的抗生素发酵液还可用加热法，加热还能使发酵液黏度降低、加快滤速。例如，在链霉素生产中就可用加入草酸或磷酸将发酵液调至 pH 3.0 左右，加热至 70℃，维持约 30min，用此法来去除蛋白质，这样滤速可增大 $10 \sim 100$ 倍，滤液黏度可降低至原来的 1/6。如抗生素对热不稳定，则不应采用此法。

为了更有效地去除发酵液中的蛋白质，还可以加入絮凝剂，它是一种能溶于水的高分子化合物，含有很多离子化基团，如—NH_2、—COOH、—OH 等。蛋白质的稳定性和它所带电荷有关，由于同性电荷间的静电斥力而使蛋白质不发生凝聚。絮凝剂分子中电荷密度很高，它的加入使蛋白质溶液电荷性质改变从而使溶液中蛋白质絮凝。

对絮凝剂的化学结构一般有下列几种要求：①其分子中必须有相当多的活性基团，能和悬浮颗粒表面相结合。②必须具有长链线性结构，但其分子量不能超过一定限度，以使其有较好的溶解度。在发酵滤液中多数胶体粒子带负电荷，因而用阳离子絮凝剂功效较高。例如可用含有季铵基团的聚苯乙烯衍生物，分子量在 $26000 \sim 55000$。加入絮凝剂后析出的杂质再经过滤除去，以利于以后的提取。

2. 发酵液的过滤

发酵液为非牛顿型液体，很难过滤。过滤的难易与发酵培养基和工艺条件，以及是否染菌等因素有关。过滤如用板框压滤则劳动强度大，影响卫生，菌丝流入下水道时还影响污水处理。故以选用鼓式真空过滤机为宜，并在必要时在转鼓表层涂以助滤剂硅藻土。当转鼓旋转时，以刮刀将助滤剂连同菌体薄薄刮去一层，以使过滤面不断更新。此外还可用自动出渣离心机和倾析器。采用鼓式真空过滤机简化了发酵液后处理工艺，提高了收率，并缩短了生产周期，也节约了劳力、动力、厂房和成本。

（七）抗生素的提取

提取的目的是从发酵液中制取高纯度的符合药典规定的抗生素成品。在发酵滤液中抗生素浓度很低，而杂质的浓度相对较高。杂质中有无机盐、残糖、脂肪、各种蛋白质及其降解物、色素、热原质或有毒物质等。此外，还可能有一些杂质，其性质和抗生素很相似，这就增加了提取和精制的困难。

由于多数抗生素不很稳定，且发酵液易被污染，故整个提取过程要求：时间短；温度低；pH 宜选择对抗生素较稳定的范围；勤清洗消毒（包括厂房、设备、管路并注意消灭死角）。常用的抗生素提取方法包括萃取法、离子交换法和沉淀法等，现分述如下。

1. 萃取法

这是利用抗生素在不同 pH 条件下以不同的化学状态（游离酸、碱或成盐）存在时，在水及与水互不相溶的溶剂中其溶解度不同的特性，使抗生素从一种液相（如发酵滤液）转移到另一种液相（如有机溶剂）中去，以达到浓缩和提纯的目的。利用此原理就可借助于调节 pH 的办法使抗生素从一个液相被提取到另一液相中去。所选用的溶剂应是互不相溶或仅很小部分互溶，同时所选溶剂在一定 pH 下对于抗生素应有较大的溶解度和选择性，方能用较少量的溶剂使提取完全，并在一定程度上分离掉杂质。目前一些重要的抗生素，如青霉素、红霉素和林可霉素等均采用此法进行提取。

2. 离子交换法

应选用对抗生素有特殊选择性的树脂，使抗生素的纯度通过离子交换有较大的提高。此法由于具有成本低、设备简单、操作方便的特点，已成为提取抗生素的重要方法之一，如链霉素、庆大霉素、卡那霉素、多黏菌素等均可采用离子交换法。此法也有其缺点，如生产周期长，对某些产品质量不够理想。此外，在生产过程中 pH 变化较大，故不适用于在 pH 大幅度变化时稳定性较差的抗生素等。

3. 其他提取方法

由于近年来许多抗生素发酵单位已大幅度提高，提取方法亦相应适当简化，如直接沉淀法就是提取抗生素的方法中最为简单的一种，四环类抗生素的提取即可用此法。发酵液在用草酸酸化后，加黄血盐、硫酸锌，过滤后得滤液，然后以脱色树脂脱色后，直接将其 pH 调至等电点后使其游离碱析出。必要时将此碱转化成盐酸盐。

（八）抗生素的精制

这是抗生素生产的最后工序。对产品进行精制、烘干和包装的阶段要符合 GMP（药品生产质量管理规范）规定。例如其中规定产品质量检验应合格、技术文件应齐全、生产和检验人员应具有一定的专业素质；设备材质不能与药品起反应并易清洗，各项原始记录、批报和留样应妥为保存，对注射品应严格按无菌操作的要求等。对抗生素精制中可选用的步骤分述如下。

1. 脱色和去热原

脱色和去热原是精制注射用抗生素中不可缺少的一步，它关系到成品的色级及热原试验等质量指标。色素往往是在发酵过程中所产生的代谢产物，它与菌种和发酵条件有关，可用脱色树脂去除色素（如 122 树脂）。热原是在生产过程中由于被污染后由杂菌所产生的一种内毒素。各种杂菌所产生的热原反应有所不同。革兰阴性菌产生的热原反应一般比革兰阳性菌的为强。热原是脂多糖、磷脂和蛋白质的结合体，为大分子有机物质，能溶于水，在 $180{}^{\circ}\mathrm{C}$ 加热 2h 或 $250{}^{\circ}\mathrm{C}$ 加热 30min 能被彻底破坏。它亦能被强酸、强碱、氧化剂（如高锰酸钾）等破坏。它能通过一般滤器，但能被活性炭、石棉滤材等所吸附。生产中常用活性炭脱色去除热原，但须注意脱色时 pH、温度、活性炭用量及脱色时间等因素，还应考虑它对抗生素的吸附问题。对某些产品可用超滤去除热原，此外还应加强在生产过程中的环境卫生以防止热原产生。

2. 结晶和重结晶

抗生素常用此法来精制以得到高纯度成品，常用的几种结晶方法如下所述。

（1）改变温度结晶　利用抗生素在溶剂中的溶解度随温度变化而显著变化的这一特性来进行结晶。例如制霉菌素的浓缩液在 5℃条件下保持 4～6h 后即结晶完全。分离掉母液，再洗涤，干燥，磨粉后即得到制霉菌素成品。

（2）利用等电点结晶　当将某一抗生素溶液的 pH 调到等电点时，它在水溶液中的溶解度最小，则沉淀析出。如 6-氨基青霉烷酸（6-APA）水溶液当 pH 调至等电点 4.3 时，6-APA 即从水溶液中沉淀析出。

（3）加成盐剂结晶　在抗生素溶液中加成盐剂（酸、碱或盐类）使抗生素以盐的形式从溶液中沉淀结晶。例如在青霉素 G 或头孢菌素 C 的浓缩液中加入乙酸钾即生成钾盐析出。

（4）加入不同溶剂结晶　利用抗生素在不同溶剂中溶解度大小的不同，在抗生素某一溶剂的溶液中加入另一溶剂使抗生素析出。如巴龙霉素具有易溶于水而不溶于乙醇的性质，在其浓缩液中加入 10～12 倍体积的 95%乙醇，并调 pH 至 7.2～7.3 使其结晶析出。

此外，重结晶是进一步精制以获得高纯度抗生素的有效方法。

3. 其他精制方法

（1）共沸蒸馏法　如青霉素可用丁醇或乙酸丁酯以共沸蒸馏进行精制。

（2）柱色谱法　如丝裂霉素 A、B、C 三种组分可以通过氧化铝色谱来进行分离。

（3）盐析法　如在头孢噻吩水溶液中加入氯化钠使其饱和，其粗晶即被析出后进一步精制。

（4）中间盐转移法　如四环素碱与尿素形成复盐沉淀后再将其分解，使四环素碱析出。用此法可以除去 4-差向四环素等异物，以提高四环素的质量和纯度，又如红霉素能与草酸或乳酸盐形成沉淀等。

（5）分子筛　如青霉素粗品中常含聚合物等高分子杂质，可用葡聚糖凝胶 G-25（粒度 20～80μm）将杂质分离掉。此法仅用于小试验。

三、抗生素类药物的质量控制

主要参照《中国药典》（2015 版）中各抗生素的质量控制内容。对于药典上没有规定的新抗生素，则可参照相近抗生素，按经验规定一些指标。抗生素产品一般分装为大包装的原料药，以供制剂厂进行小包装或制剂加工。也有一些抗生素工厂在无菌条件下用自动分装机进行小瓶分装。

实例精讲　典型抗生素类药物的生产与质量控制

实例一　青霉素的生产与质量控制

（一）青霉素概述

青霉素是6-氨基青霉烷酸（6-APA）苯乙酰衍生物，属于β-内酰胺类抗生素。青霉素G的化学结构如图2-7-1所示。

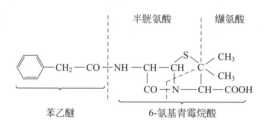

图 2-7-1　青霉素 G 的化学结构

青霉素工业上应用的有其钠盐、钾盐、二苄基乙二胺盐等。青霉素含有 5 种以上的天然青霉素（如青霉素 F、G、X、K、F 和 V 等），它们的差别仅在于侧链 R 基团的结构不同。青霉素在水溶液中很快地分解或异构化，因此应尽量缩短在水中的存放时间，特别是由于温度、酸性、碱性的影响。一般青霉素水溶液在 15℃ 以下和 pH 5～7 范围内较稳定。一些缓冲液，如磷酸盐缓冲液和柠檬酸盐缓冲液对青霉素有稳定作用。

青霉素本身是一种游离酸，能与碱金属或碱土金属及有机胺类结合成盐类。青霉素游离酸易溶于醇类、酮类、醚类和酯类，但在水溶液中溶解度很小；青霉素钾盐、钠盐则易溶于水和甲醇，微溶于乙醇、丙醇、丙酮、乙醚、氯仿，在乙酸丁酯或戊酯中难溶或不溶。青霉素的吸湿性与其内在质量有关，纯度越高，吸湿性越小，也就越易于存放，因此将其制成晶体就比无定形粉末吸湿性小。各种盐类结晶的吸湿性不同，钠盐的吸湿性较强，其次为铵盐，钾盐的较小。

青霉素的分类及其抑菌谱如表 2-7-1 所示。

表 2-7-1　青霉素的分类及其抑菌谱

类别	抑菌谱	典型产品
天然青霉素	不产生青霉素酶的 G+ 细菌和螺旋菌	青霉素 G，青霉素 V
氨基青霉素	不产生 β-内酰胺酶的 G+ 和 G− 细菌	氨苄西林、阿莫西林
耐青霉素酶青霉素	用于上述青霉素耐药菌感染	氯唑西林、苯唑西林
扩大抗菌谱的青霉素	对 G+ 细菌的活性不如天然青霉素和氨基青霉素,主要用于铜绿假单胞菌感染	阿洛西林、美洛西林
脒基青霉素	用于 G− 细菌引起的泌尿道感染	脒基西林

青霉素 G 在医疗中用得最多，它的钠盐或钾盐为治疗革兰阳性菌感染的首选药物，对革兰阴性菌也有强大的抑制作用。

（二）青霉素的生产方法

其工艺流程如图 2-7-2 所示。

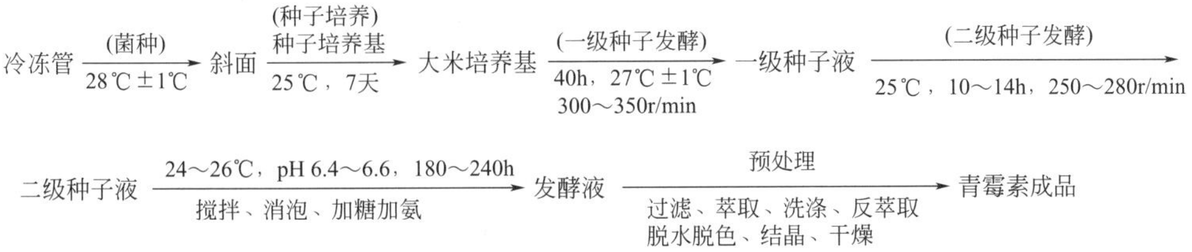

冷冻管 $\xrightarrow[28℃\pm1℃]{（菌种）}$ 斜面 $\xrightarrow[25℃，7天]{（种子培养）种子培养基}$ 大米培养基 $\xrightarrow[\substack{40h，27℃\pm1℃\\300\sim350r/min}]{（一级种子发酵）}$ 一级种子液 $\xrightarrow[25℃，10\sim14h，250\sim280r/min]{（二级种子发酵）}$

二级种子液 $\xrightarrow[\substack{搅拌、消泡、加糖加氨}]{24\sim26℃，pH\ 6.4\sim6.6，180\sim240h}$ 发酵液 $\xrightarrow[\substack{过滤、萃取、洗涤、反萃取\\脱水脱色、结晶、干燥}]{预处理}$ 青霉素成品

图 2-7-2　青霉素的生产工艺流程

1. 种子制备

（1）生产孢子的制备　将冻干或砂土孢子用甘油、葡萄糖和蛋白胨组成的培养基进行斜面培养后，移到大米或小米固体培养基上，于 25℃ 培养 7 天，孢子成熟后进行真空干燥，并以此形式低温保存备用。

（2）生产种子的制备

① 一级种子发酵　接入孢子后，孢子萌发，形成菌丝。培养基成分为：葡萄糖，蔗糖，乳糖，玉米浆，碳酸钙，玉米油，消泡剂等。通无菌空气，通气比为 1∶3 $[m^3/(m^3 \cdot min)]$，搅拌转速为 300～350r/min，40～50h；自然 pH，温度 27℃±1℃。

② 二级种子发酵　一级种子长好后，按 10% 接种量移种到以葡萄糖、玉米浆等为培养基的二级种子罐内，于 25℃，通风比为 (1∶1)～(1∶5)$[m^3/(m^3 \cdot min)]$，搅拌转速为 250～280r/min，培养 10～14h。

2. 灭菌及无菌空气制备

（1）培养基采取分批灭菌的方式　具体操作为：投料结束后，开启起动电机，慢速搅拌；微开夹套排污阀，打开夹套蒸汽阀，保持夹套压力为 0.11MPa，待培养基预热达到 95℃ 以上时停止搅拌，关闭夹套蒸汽阀，开大夹套排污阀；培养基温度达到 95℃ 后，缓慢打开进气阀及底阀处的蒸汽阀，同时向罐内进汽。待罐压升至 0.11MPa 后，打开罐面排气阀进行排汽；调节罐面排气阀，保持罐压 0.11MPa，维持温度在 121～123℃，计时实消 20min；实消完毕，关闭底阀后，再关闭底阀处的蒸汽阀；在关闭进气阀处蒸汽阀的同时打开过滤器的出气阀，进行换气，保持罐压在 0.05～0.08MPa；关闭夹套排污阀后，迅速打开夹套手动进水阀和夹套排水阀进行降温，当培养基温度降到 90℃ 左右后，开搅拌并以低速控制；当培养基温度达到发酵所需的温度后，关闭夹套手动进水阀，关闭排污阀，调整转速至正常，将控制系统切换至"自动"运行状态，调整进风量、罐压。

（2）无菌空气制备系统　青霉素生产中常采用过滤除菌的方式制备无菌空气。过滤器的滤芯为微孔滤膜。图 2-7-3 所示为常见的空气除菌流程。

3. 青霉素发酵生产

（1）温度控制　前期（60h 前）保持在 25～26℃，后期（60h 后）保持在 24℃。

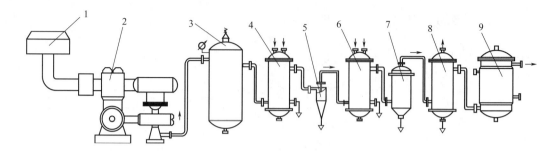

图 2-7-3　常见的空气除菌流程

1—粗过滤器；2—压缩机；3—贮罐；4，6—冷却器；5—旋风分离机；

7—丝网除尘器；8—加热器；9—过滤器

(2) pH 控制　pH 在 6.4～6.6，加酸、加碱及加葡萄糖控制。

(3) 通气　1：0.8VVM（VVM：air volume/culture volume/min，通气比，每分钟通气量与罐体实际料液体积的比值）。

(4) 搅拌　要求发酵液中溶解氧量不低于 30%。

(5) 泡沫与消泡　少量多次加入消泡剂，在发酵前期不宜多用。

(6) 加糖控制　根据残糖量与发酵过程中的 pH 来控制，也可根据排气中 CO_2 与 O_2 的量来控制，一般加糖量控制在 0.6%。

(7) 补氮　发酵液氨氮控制在 0.01%～0.05%。

(8) 加前体　残余苯乙酰胺浓度控制在 0.05%～0.08%。

(9) 装料系数　一般在 80%。

(10) 发酵时间　通常在 180～240h。

4. 提取精制

(1) 发酵液预处理　将发酵液打料至预处理罐，打开预处理罐搅拌器，向青霉素发酵液中加入适量黄血盐，去除铁离子，使铁离子浓度为零；加入一定量磷酸盐，去除镁离子，使镁离子浓度为零；加入絮凝剂，去除蛋白质，使蛋白质浓度为零；加入一定量草酸去除钙离子并促使蛋白质凝固；停止预处理罐搅拌器。

(2) 提取工艺　青霉素分子结构中有一个酸性基团（羧基），青霉素的 $pK_a=2.75$，所以将青霉素 G 的水溶液酸化至 pH 2.0 左右，青霉素即成游离酸。这种青霉素酸在水中溶解度很小，但易溶于醇类、酮类、醚类和酯类，利用这一特性，工业上可用溶剂萃取法从发酵液中分离并提纯青霉素，通常用的萃取剂为乙酸丁酯和戊酯。具体操作步骤与条件如下所述。

① 萃取　打开混合罐搅拌器，向发酵液中加入乙酸丁酯，乙酸丁酯质量为发酵液的 1/4～1/3。加稀硫酸调节 pH 值至 2.0～3.0 时，加破乳剂，充分混合萃取后，将料液打至分离机。萃取相打至反萃取混合罐，萃余相回收。

② 一次反萃取操作　打开混合罐搅拌器，加碳酸氢钠溶液，质量为青霉素溶液的 3～4 倍，并调节 pH 值为 7.0～8.0，充分混合完成反萃取，分离后萃余相回收。

③ 二次逆流（BA）萃取操作　打开混合罐搅拌器，加入乙酸丁酯，质量为发酵液的 1/4～1/3，加稀硫酸调节 pH 值至 2.0～3.0 时，萃余相回收，轻相液能充分地溢流至脱色

罐中。

④ **萃取条件**　为减少青霉素降解，整个萃取过程应在低温下进行（10℃以下）。萃取罐用冷冻盐水冷却。

（3）精制工艺　对产品进行精制、烘干和包装的阶段要符合 GMP 的规定。

① **脱色和去热原**　在二次丁酯萃取液中加入 150～300g/10 亿单位或 0.3％活性炭搅拌10min 进行脱色除去色素，以石棉过滤板过滤。二次丁酯萃取液在结晶前要求有较低的水分（应低于 0.9％）。工业上常用冷冻脱水法，即将脱色后的滤液，冷冻至－15～－10℃脱水，水分在 0.9％以下进行板框过滤（丁酯结晶液）。

② **结晶**　青霉素常采用结晶的方法进行精制，可采用改变温度结晶、利用等电点结晶和加成盐剂结晶三种常用的结晶方法之一。

（三）青霉素的质量控制

《中国药典》（2015 版）第二部以青霉素钠盐为例规定了其质量控制内容，包括鉴别、检查与含量测定三部分。

1. 鉴别

（1）色谱法　在含量测定项下记录的色谱图中，供试品溶液主峰的保留时间应与对照品溶液主峰的保留时间一致。

（2）IR 法　本品的红外光吸收图谱应与对照的图谱（光谱集 222 图）一致。

（3）钠盐　本品显钠盐鉴别（1）的反应（通则 0301）。

2. 检查

（1）结晶性检查　取样品少许，依法检查（通则 0981），应符合规定。

（2）酸碱度检查　取样品，加水制成每 1mL 中含 30mg 的溶液，依法测定（通则 0631），pH 值应为 5.0～7.5。

（3）溶液的澄清度与颜色　取青霉素钠样品 0.3g，加水 5mL 使溶解，溶液应澄清无色；如显混浊，与 1 号浊度标准液（通则 0902 第一法）比较，均不得更浓；如显色，与黄色或黄绿色 1 号标准比色液（通则 0901 第一法）比较，均不得更深。

（4）吸光度　取样品，精密称定，加水溶解并定量稀释制成每 1mL 中约含 1.80mg 的溶液，照紫外-可见分光光度法（通则 0401），在 280nm 与 325nm 波长处测定，吸光度均不得大于 0.10；在 264nm 波长处有最大吸收，吸光度应为 0.80～0.88。

（5）细菌内毒素　取样品，依法检查（通则 1143），每 1000 青霉素单位中含内毒素的量应小于 0.10EU（供注射用）。

（6）无菌　取样品，用适宜溶剂溶解，加青霉素酶灭活后或用适宜溶剂稀释后，经薄膜过滤法处理，依法检查（通则 1101），应符合规定（供无菌分装用）。

（7）其他　除上述列举检查外，另有有关物质、青霉素聚合物、干燥失重、可见异物及不溶性微粒等的检查。

3. 含量测定

照高效液相色谱法（通则 0512）测定。

（1）色谱条件与系统适用性试验　用十八烷基硅烷键合硅胶为填充剂；以磷酸盐缓冲液（取磷酸二氢钾 10.6g，加水至 1000mL，用磷酸调节 pH 值至 3.4）-甲醇（70∶30）为流动相，检测波长为 225nm；取青霉素系统适用性对照品适量，加水溶解并稀释制成每 1mL 中约含 1mg 的溶液，取 20μL 注入液相色谱仪，记录的色谱图应与标准图谱一致。

（2）测定法　取本品适量，精密称定，加水溶解并定量稀释制成每 1mL 中约含 1mg 的溶液，作为供试品溶液，精密量取 20μL 注入液相色谱仪，记录色谱图；另取青霉素对照品适量，同法测定。按外标法以峰面积计算，其结果乘以 1.0658，即为供试品中 $C_{16}H_{17}N_2NaO_4S$ 的含量。

实例二　链霉素的生产与质量控制

（一）链霉素概述

链霉素属于氨基糖苷类抗生素，其结构如图 2-7-4 所示。

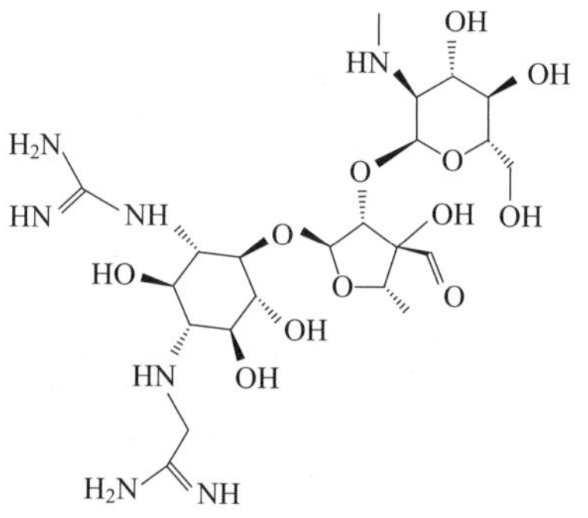

图 2-7-4　链霉素的结构式

该类抗生素是在分子结构中含有氨基糖苷结构的一类抗生素。它们的化学结构都是以氨基环醇与氨基糖缩合而成的苷。链霉素游离碱为白色粉末，无嗅，味微苦。粉末的链霉素比较稳定，水溶液最稳定的 pH 为 4.0～4.5。链霉素溶于水，而难溶于有机溶剂。链霉素盐酸盐易溶于甲醇，难溶于乙醇，而硫酸盐即使在甲醇中也很难溶解。链霉素常用于兔热症、鼠疫、严重布氏杆菌病和鼻疽的治疗（常与四环素或氯霉素合用）；也用于结核病的二线治疗，多与其他抗结核药合用。

（二）链霉素的生产方法

链霉素的工艺流程如图 2-7-5 所示。

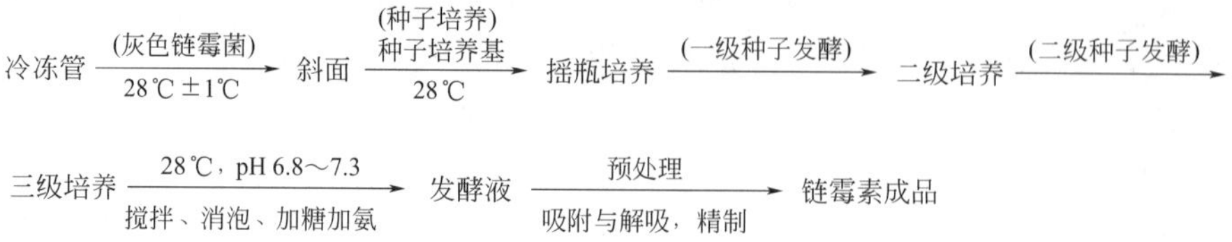

图 2-7-5　链霉素的工艺流程

1. 生产菌种

链霉素的生产菌种是灰色链霉菌（S.griseus）。灰色链霉菌的孢子柄直而短，不呈螺旋形；孢子量很多，呈椭圆球形。气生菌丝和孢子都呈白色。单菌落生长丰满，呈梅花形或馒头形，直径为 3～4mm。基内菌丝透明，在斜面背后产生淡棕色色素。

2. 发酵工艺

（1）链霉素的发酵培养基　培养基主要由葡萄糖、黄豆饼粉、硫酸铵、玉米浆、磷酸盐和碳酸钙等组成。

① 磷酸盐浓度　链霉素的发酵需要在高的氧传递水平和适当的低磷酸盐浓度下进行。磷酸盐浓度一般为 4.65～46.5mg/L。

② 氮源　链霉素发酵使用的有机氮源包括黄豆饼粉、玉米浆、蚕蛹粉、酵母粉和麸质水，其中以黄豆饼粉为最佳，其他可作为辅助氮源。无机氮源以硫酸铵和尿素为最常用；氨水可作无机氮源使用，又可调节发酵 pH 值。

③ Fe^{2+} 浓度　其他无机离子，在复合培养基中已经存在，一般不需再添加。需注意的是 Fe^{2+} 浓度超过 $60\mu g/mL$ 以上，就会产生毒性，显著影响链霉素的产量，而对菌丝体生长影响较小，因此生产中需进行控制。

（2）溶解氧　灰色链霉菌是一种高度需氧菌。链霉素产量与搅拌速度、空气流速有关。链霉菌的临界溶解氧浓度约为 10^{-5} mol/L，溶解氧在此值以上，则细胞的摄氧率达最大限度，也能保证有较高的发酵单位。

（3）温度　灰色链霉菌对温度敏感。例如，Z-38 菌株对温度高度敏感，25℃时发酵单位为 10mg/(L·h)，27℃时为 17.3mg/(L·h)，29℃时为 21.1mg/(L·h)，而 31℃时则为 5.75mg/(L·h)。试验研究表明，链霉素发酵温度以 28.5℃左右为宜。

（4）pH 值　链霉菌菌丝生长的 pH 值为 6.5～7.0，而链霉素合成的 pH 值为 6.8～7.3，pH 值低于 6.0 或高于 7.5，对链霉素的生物合成都不利。

（5）中间补料　为了延长发酵周期，提高产量，链霉素发酵采用中间补碳、氮源，通常补加葡萄糖、硫酸铵和氨水，这样还能调节发酵的 pH 值。根据耗糖速率，确定补糖次数和补糖量。放罐残糖浓度最好低于 1%，以有利于后续的提取精制。

补硫酸铵和氨水的控制指标，是以培养基的 pH 值和氨基氮的含量高低为准。如氨基氮含量和 pH 值都较低，可加入氨水；如 pH 值较高，就补硫酸铵溶液。需要把 pH 值和氨基氮水平结合起来考虑，以确定补加氮源的种类。

3. 链霉素的提取与精制

链霉素的提取目前均采用离子交换法。链霉素提取精制的一般工艺流程包括：发酵液的过滤（或不过滤）及预处理、吸附和洗脱、精制及干燥等。但根据所采用的树脂性能和精制方法的不同，可以有不同的工艺流程。具体工艺流程如图 2-7-6 所示。

① 发酵液的过滤及预处理　发酵产生的链霉素有一部分是与菌丝体相结合的。用酸做短时间处理，与菌丝体相结合的大部分链霉素就能释放出来。工业上，常采用草酸或磷酸等酸化剂处理，以草酸效果较好。用草酸将发酵液酸化至 pH 3.0 左右，直接蒸汽加热 70～75℃，维持 2min，使蛋白质凝固，提高过滤速度，迅速冷却、过滤或离心分离。

发酵液 → 预处理 草酸酸化至pH 3.0 70℃加热 → 过滤 离心分离 → 吸附与解吸 钠型羧酸树脂 → 精制，去除杂质 高交联度树脂、活性炭脱色 → 链霉素成品

图 2-7-6　链霉素提取精制工艺流程

② 吸附和解吸　链霉素（Str）在中性溶液中呈三价的阳离子，可以用阳离子交换树脂吸附。目前生产上都用羧酸树脂的钠型来提取链霉素，其交换吸附和洗脱的反应可用下列方程式表示：

吸附　$3RCOONa + Str^{3+} \longrightarrow (RCOO)_3Str + 3Na^+$

洗脱　$(RCOO)_3Str + 3H^+ \longrightarrow 3RCOOH + Str^{3+}$

生产上应用的有弱酸 101×4（724 号）和弱酸 110×3 两种类型的树脂。

为了防止链霉素损失，一般都采用三罐或四罐串联吸附，采用三罐串联解吸。

③ 精制　洗脱液中尚含有许多杂质，这些杂质对产品质量影响很大，特别是与链霉素理化性质近似的一些有机阳离子杂质，如链霉胍、二链霉胺、杂质 1 号（由链霉胍和双氢链霉糖两部分所组成的糖苷）等，采用羧酸型阳离子交换树脂难于排除，致使洗脱液中链霉素含量只能达到 75%～90%，无机杂质也影响产品质量。可采用高交联度树脂精制以及活性炭脱色和浓缩的方法精制。

（三）链霉素的质量控制

根据《中国药典》（2015 版）第二部以硫酸链霉素为例，规定了鉴别、检查与含量测定三部分质量控制内容。

1. 鉴别

（1）化学鉴别法

① 取本品约 0.5mg，加水 4mL 溶解后，加氢氧化钠试液 2.5mL 与 0.1%8-羟基喹啉的乙醇溶液 1mL，放冷至约 15℃，加次溴酸钠试液 3 滴，即显橙红色。

② 取本品约 20mg，加水 5mL 溶解后，加氢氧化钠试液 0.3mL，置水浴上加热 5min，加硫酸铁铵溶液（取硫酸铁铵 0.1g，加 0.5mol/L 硫酸溶液 5mL 使溶解）0.5mL，即显紫红色。

（2）IR 法　本品的红外光吸收图谱应与对照的图谱（光谱集 491 图）一致。

2. 检查

（1）酸度　取样本，加水制成每 1mL 中含 20 万单位的溶液，依法测定（通则 0631），pH 值应为 4.5～7.0。

（2）溶液的澄清度与颜色　取样品 5 份，各 1.5g，分别加水 5mL，溶解后，溶液应澄清无色；如显混浊，与 2 号浊度标准液（通则 0902 第一法）比较，均不得更浓；如显色，与各色 5 号标准比色液（通则 0901 第一法）比较，均不得更深。

（3）硫酸盐　取样品 0.25g，精密称定，置碘量瓶中，加水 100mL 使溶解，用氨试液调节 pH 值至 11.0，精密加入氯化钡滴定液（0.1mol/L）10mL 与酞紫指示液 5 滴，用乙二胺四乙酸二钠滴定液（0.1mol/L）滴定，注意保持滴定过程中的 pH 值为 11.0，滴定至紫色开始消退，加乙醇 50mL，继续滴定至紫蓝色消失，并将滴定结果用空白试验校正。每

1mL 氯化钡滴定液（0.1mol/L）相当于 9.606mg 的硫酸盐（SO$_4$）。按干燥品计算，含硫酸盐应为 18.0%～21.5%。

（4）干燥失重　取样品，以 P$_2$O$_5$ 为干燥剂，在 60℃ 减压干燥 4h，减失重量不得过 6.0%（通则 0831）。

（5）可见异物　取样品 5 份，每份为制剂最大规格量，加微粒检查用水溶解，依法检查（通则 0904），应符合规定（供无菌分装用）。

（6）不溶性微粒　取样品 3 份，加微粒检查用水溶解，依法检查（通则 0903），每 1g 样品中，含 10μm 及 10μm 以上的微粒不得过 6000 粒，含 25μm 及 25μm 以上的微粒不得过 600 粒（供无菌分装用）。

（7）异常毒性　取样品，加氯化钠注射液制成每 1mL 中约含 2600 单位的溶液，依法检查（通则 1141），按静脉注射法给药，观察 24h，应符合规定（供注射用）。

（8）细菌内毒素　取样品，依法检查（通则 1143），每 1mg 链霉素中含内毒素的量应小于 0.25EU（供注射用）。

（9）无菌　取样品，用适宜溶剂溶解并稀释后，经薄膜过滤法处理，依法检查（通则 1101），应符合规定。另取装量 10mL 的 0.5% 葡萄糖肉汤培养基 6 管，分别加入每 1mL 中含 2 万单位的溶液 0.25～0.5mL，3 管置 30～35℃ 培养，另 3 管置 20～25℃ 培养，应符合规定（供无菌分装用）。

3. 含量测定

精密称取本品适量，加灭菌水定量制成每 1mL 中约含 1000 单位的溶液，照抗生素微生物检定法（通则 1201）测定。1000 链霉素单位相当于 1mg 的 C$_{21}$H$_{39}$N$_7$O$_{12}$。

实训任务

硫酸庆大霉素的提取与精制

【任务目的】

掌握硫酸庆大霉素的提取和精制方法。

【实训原理】

硫酸庆大霉素为氨基糖苷类广谱抗生素，对多种革兰阴性菌及阳性菌都具有抑菌和杀菌作用，对铜绿假单胞菌、产气杆菌、肺炎杆菌、沙门菌属、大肠杆菌及变形杆菌等革兰阴性菌和金黄色葡萄球菌等的作用较强。

硫酸庆大霉素的生产过程主要包括四部分：发酵生产、提取精制、无菌压缩空气、无菌喷雾干燥。硫酸庆大霉素的生产是以绛红色小单孢菌作为庆大霉素生产用菌种，在蒸汽消毒的培养基中不断扩大培养、发酵，通过菌种的次级代谢分泌出具有抑菌活性的庆大霉素。用离子交换树脂提取出菌分泌的活性物质，经精制、转盐生产出硫酸庆大霉素原料药，用以制成各种硫酸庆大霉素制剂，从而应用于临床治疗。

【实训材料】

可溶性淀粉，氯化钠，硝酸钾，碳酸钙，磷酸氢二钾，麸皮，硫酸镁，琼脂，玉米粉，黄豆饼粉，蛋白胨，二氯化钴，711 树脂（强碱性苯乙烯系阴离子交换树脂），732 树脂（001×7 强酸性苯乙烯系阳离子交换树脂），30％的盐酸等。培养皿、温度计、摇瓶、茄子瓶、喷雾干燥器等。

【实施步骤】

1. 硫酸庆大霉素的制备方法

包括以下步骤：取庆大霉素沙土孢子置于孢子斜面培养基上进行孢子培养，培养温度为 36℃，培养时间为 10 天，得到斜面培养后的庆大霉素孢子。

2. 庆大霉素沙土孢子的制备方法

① 沙土孢子培养基的配方按质量分数计为：可溶性淀粉 1.0％，氯化钠 0.05％，硝酸钾 0.1％，碳酸钙 0.1％，磷酸氢二钾 0.02％，麸皮 1.8％，硫酸镁 0.02％，琼脂 2.0％，余量为水。配制好的沙土孢子培养基在每个茄子瓶中分装 50mL，经温热灭菌后，斜放，凝固，温热灭菌条件为 0.1MPa、30min；于超净工作台上，在火焰保护下，用无菌接种棒挑取沙土孢子 0.1g 于茄子瓶斜面培养基内，先划中线，而后从下而上往两边划线，均匀铺开，塞好棉塞。培养与保存：接种好的斜面包扎好后，37℃恒温室架上培养 10 天，培养好的孢子斜面于 4℃冰箱储存待用。

② 将步骤①中得到的斜面培养后的庆大霉素孢子进行摇瓶培养，摇瓶培养的孢子接入量为：孢子斜面挖取 0.25cm^2 接入一个摇瓶，培养温度为 36℃，培养时间为 42h，得到庆大霉素摇瓶菌丝（摇瓶培养基的配方按质量分数计为：可溶性淀粉 1.0％，氯化钠 0.05％，硝酸钾 0.1％，碳酸钙 0.1％，磷酸氢二钾 0.02％，麸皮 1.8％，硫酸镁 0.02％，琼脂 2.0％，余量为水）。

③ 将步骤②得到的庆大霉素摇瓶菌丝置于种子培养基上进行种子培养，种子培养的接入量为：按种子培养基体积的千分之二接入摇瓶种子，培养温度为 36℃，培养时间为 48h，得到庆大霉素种子培养物（种子培养基的配方按质量分数计为：可溶性淀粉 1.5％，玉米粉 1.5％，黄豆饼粉 1.0％，硝酸钾 0.05％，蛋白胨 0.2％，二氯化钴 0.0005％，余量为水）。

④ 将步骤③得到的庆大霉素种子培养物置于繁殖罐中进行扩大培养，扩大培养接入量为扩大培养基体积的 20％，培养温度为 36℃，培养时间为 42h，得到庆大霉素繁殖培养物（扩大培养基的配方按质量分数计为：可溶性淀粉 1.5％，玉米粉 1.5％，黄豆饼粉 1.0％，硝酸钾 0.05％，蛋白胨 0.2％，二氯化钴 0.0005％，余量为水）。

⑤ 将步骤④得到的庆大霉素繁殖培养物置于发酵培养基上进行发酵，培养物的接入量为发酵培养基体积的 20％，发酵温度为 34℃，发酵时间为 120h，得到庆大霉素发酵产物（发酵培养基的配方按质量分数计为：可溶性淀粉 4.5％，黄豆饼粉 3.5％，玉米粉 1.0％，碳酸钙 0.7％，蛋白胨 0.3％，二氯化钴 0.0015％，硝酸钾 0.01％，硫酸铵 0.1％，泡敌 0.01％，余量为水）。

⑥ 将步骤⑤得到的庆大霉素发酵产物进行酸化处理至 pH 值为 2.0～3.0，得到庆大霉

素酸化液；酸化处理是以浓度 30％的盐酸进行处理，调 pH 至 2.0～3.0。

⑦ 将步骤⑥得到的庆大霉素酸化液进行中和处理，处理后得到 pH 值为 6.8 的庆大霉素溶液；中和处理是以浓度 40％的氢氧化钠进行处理，调 pH 至 6.8。

⑧ 将步骤⑦得到的庆大霉素溶液以 732 树脂进行吸附处理，得到吸附后的庆大霉素溶液；吸附处理所用的 732 树脂为 001×7 强酸性苯乙烯系阳离子交换树脂。

⑨ 将步骤⑧得到的吸附后庆大霉素溶液上柱去除 Ca^{2+}、Mg^{2+}、Cl^-，得到去除离子的庆大霉素溶液。

⑩ 将步骤⑨得到的去除离子的庆大霉素溶液通过饱和树脂后以质量分数为 4.5％的氨水进行解吸，得到庆大霉素解吸液；所述饱和树脂是指每毫升树脂吸附了 8 万单位庆大霉素得到的树脂。

⑪ 将步骤⑩得到的庆大霉素解吸液以 711 树脂进行脱色，得到庆大霉素脱色液；脱色处理所用的 711 树脂为强碱性苯乙烯系阴离子交换树脂。

⑫ 将步骤⑪得到的庆大霉素脱色液以薄膜进行浓缩，得到庆大霉素浓缩液；浓缩量为 500L/h，浓缩至原来的 1/7。

⑬ 将步骤⑫得到的庆大霉素浓缩液加入硫酸后制得硫酸庆大霉素；硫酸的浓度为 98％，调 pH 至 5.3。

⑭ 将步骤⑬得到的硫酸庆大霉素通过喷雾干燥制得硫酸庆大霉素成品。喷雾干燥的条件为进风温度 130℃，出风温度 85℃，喷速 100L/h。

【任务总结】

各小组制作 PPT、word 工作总结，形成完整的工作报告。

 课后习题

一、名词解释

抗生素；前体

二、填空题

1. 青霉素发酵生产过程中，温度一般前期（60h 前）保持在_____℃，后期（60h 后）保持在_____℃。

2. 青霉素发酵生产时 pH 值在_____，一般通过加入_____或_____及_____来控制。

3. 生产青霉素 G，可在发酵时添加_____作为前体，提高青霉素 G 产量。

4. 青霉素的萃取液脱色时选择加入_____进行脱色。

5. 按照化学结构分类，链霉素属于_____类抗生素。

6. 链霉素的生产菌种是_____。

7. 链霉素的提取，目前均采用_____离子交换法。

三、问答题

1. 抗生素常用效价单位来表示其剂量，一个青霉素的效价单位是指什么？

2. 根据化学结构对抗生素类药物进行分类，包括哪些类别？

3. 画出现代抗生素工业生产的通用流程示意图。

4. 简述发酵液预处理的方法。

5. 画出常见的无菌空气制备工艺流程图。

6. 结合所学知识，查资料，列出青霉素生产的主要控制点及控制参数。

7. 试根据青霉素 G 的理化性质确定适合的提取方法并制定提取方案。

8. 画出链霉素提取精制的一般工艺流程示意图。

单元八

维生素及辅酶类药物的生产与质量控制

目标要求

1. 熟悉维生素及辅酶类药物的概念、类型、生理活性，了解该类药物的制备方法和生产历史。
2. 以维生素及辅酶类药物维生素 C、辅酶 Ⅰ 为例，掌握该类药物的一般生产工艺。
3. 掌握典型维生素及辅酶类药物的生产工艺流程、控制要点和检验方法。

必备知识

一、维生素及辅酶类药物概述

（一）维生素的定义

维生素是生物体内一类量微、化学结构各异，具有特殊功能的小分子有机化合物，它们大多在体内不能合成，需从外界摄取。其具有以下特点：①作用特殊。维生素是天然食物中的一类成分，它不能供给能量，也不是组织细胞的结构成分，而是一类活性物质，对机体代谢起调节和整合作用。②需求量小。例如人每日约需维生素 A $0.8\sim$ $1.7mg$、维生素 B_1 $1\sim2mg$、维生素 B_2 $1\sim2mg$、泛酸 $3\sim5mg$、维生素 B_6 $2\sim3mg$、维生素 D $0.01\sim0.02mg$、叶酸 $0.4mg$、生物素 $0.2mg$、维生素 E $14\sim24\mu g$、维生素 C $60\sim$ $100mg$ 等。③来源广。人体所需的维生素广泛存在于食物中，来源丰富。

长期以来，人们就认识到食物中缺乏某种维生素，会导致产生某种疾病。例如，缺乏烟酸可引起癞皮病、缺乏维生素 B_1 可引起脚气病、缺乏维生素 A 会引起夜盲症、缺乏维生素 C 会引起坏血病等，可见维生素在机体的代谢中起着十分重要的作用。后来陆续发现大部分维生素或者其本身就是辅酶、辅基，或者是辅酶、辅基的组成部分。例如维生素 B_1（硫胺素），它在体内的辅酶形式是硫胺素焦磷酸（TPP），是 α-酮酸氧化脱羧酶的辅酶；又如泛酸，其辅酶形式是 CoA，是转乙酰基酶的辅酶。

（二）维生素的分类

维生素大多是小分子有机化合物，在结构上差别甚大，通常根据它们的溶解性质区分为脂溶性和水溶性两大类。脂溶性维生素主要有维生素 A、维生素 D、维生素 E、维生素 K、维生素 Q（辅酶 Q_{10}）和硫辛酸等，水溶性维生素有维生素 B_1、维生素 B_2、维生素 B_6、维生素 B_{12}、烟酸、泛酸、叶酸、生物素和维生素 C 等。

二、维生素及辅酶类药物的生产方法

维生素及辅酶类药物的化学结构各不相同，决定了它们生产方法的多样性。在工业上，大多数维生素是通过化学合成法获得的，近年来，通过微生物发酵法生产维生素成为重要的制备方法，从生物材料中直接提取的不多。

（一）化学合成法

化学合成法是根据已知维生素的化学结构，采用有机化学合成原理和方法，制造维生素的过程。近代的化学合成常与酶促合成、酶拆分等结合在一起使用，以改进工艺条件，提高收率和经济效益。用化学合成法生产的维生素有：烟酸、烟酰胺、叶酸、维生素 B_1、硫辛酸、维生素 B_6、维生素 D、维生素 E、维生素 K 等。

（二）发酵法

即用人工培养微生物的方法生产各种维生素，整个生产过程包括菌种培养、发酵、提取、纯化等。目前完全采用微生物发酵法或微生物转化制备中间体的有维生素 B_{12}、维生素 B_2、维生素 C 和生物素、维生素 A 原（β-胡萝卜素）等。

（三）生物提取法

该法主要是从生物组织中，采用缓冲液抽提或有机溶剂萃取等。如从猪心中提取辅酶 Q_{10}、从槐花米中提取芦丁、从提取链霉素后的废液中制取维生素 B_{12} 等。在实际生产中，有的维生素既使用化学合成法又使用发酵法进行生产，如维生素 C、叶酸、维生素 B_2 等；也有既用生物提取法又用发酵法的，如辅酶 Q_{10} 和维生素 B_{12} 等的生产。

生物化学的发展证明了维生素缺乏的临床表现是由于多种代谢功能的失调，大多数维生素是许多生化反应过程中酶的辅酶或辅基，有的维生素则在体内转变为激素。因此，用维生素及辅酶能治疗多种疾病。目前世界各国已将维生素的研究和生产列为制药工业的重点。

三、维生素及辅酶类药物的质量控制

《中国药典》（2015 版）第二部中，已对维生素 A、维生素 B_1、维生素 B_2、维生素 B_6、维生素 B_{12}、维生素 C、维生素 D_2、维生素 D_3、维生素 E、维生素 K_1，以及针对上述维生素的软胶囊、注射液、片剂、泡腾片等剂型的质量控制内容进行了详细规定。

实例精讲　典型维生素及辅酶类药物的生产与质量控制

实例一　维生素 C 的生产与质量控制

（一）维生素 C 概述

维生素 C（vitamin C）又名抗坏血酸（ascorbic acid），为酸性己糖衍生物，是烯醇式己糖酸内酯，结构如图 2-8-1 所示。其分子中有两个手性碳原子，故有 4 种光学异构体，其中 L（＋）-抗坏血酸效用最好，其他三种临床效用很低。

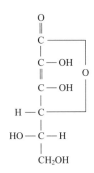

图 2-8-1　维生素 C 的结构式

维生素 C 为白色粉末，无臭、味酸，熔点 190～192℃，易溶于水，略溶于乙醇，不溶于乙醚、氯仿及石油醚等。它是一种还原剂，易受光、热、氧等破坏，尤其在碱液中或有微量金属离子存在时，分解更快，但干燥结晶较稳定；具有右旋光性，$[\alpha]_D^{25}=20.5°\sim21.5°$（10％水溶液）。

维生素 C 是细胞氧化-还原反应中的催化剂，它释放两个氢原子后变成氧化型维生素 C，有供氢体存在时，脱氢抗坏血酸可以接受两个氢原子变成抗坏血酸，参与机体新陈代谢，增加机体对感染的抵抗力，用于防治坏血病和抵抗传染性疾病，促进创伤和骨折愈合，以及用作辅助药物治疗。

（二）维生素 C 的生产方法

维生素 C 的生产工艺路线如图 2-8-2 所示，在合成过程中山梨糖的制备是关键一步，用醋酸菌能使山梨醇氧化成山梨糖。

$$D\text{-葡萄糖} \xrightarrow[\text{H}_2]{\text{（加氢）}} D\text{-山梨醇} \xrightarrow[\text{O}_2]{\text{（氧化）}} L\text{-山梨糖} \xrightarrow[\text{H}_2\text{SO}_4\text{、丙酮}]{\text{（酮化）}} \text{双丙酮-L-山梨糖}$$

$$\xrightarrow[\text{双丙酮-L-古洛糖酸}]{\text{（氧化）NaOH，O}_2\text{，KMnO}_4} \xrightarrow[\text{HCl}]{\text{（酸化）}} 2\text{-酮-L-古洛糖酸} \xrightarrow{\text{（转化）}} \text{维生素C}$$

图 2-8-2　维生素 C 的生产工艺

1. 山梨醇发酵菌种

醋酸菌属 *Acetobacter suboxydans*（弱氧化醋杆菌）、*A. aceti*（醋化醋杆菌）、*A. xylinoides*（拟木醋杆菌）等都可使山梨醇氧化生成山梨糖，一般用 *A. suboxydans*。

2. 发酵条件

（1）温度　26～30℃。

（2）最适 pH　pH 4.4～6.8，pH 4.0 以下菌的活性受影响。

（3）山梨醇的推荐浓度　用 0.5％酵母浸膏为主要营养源，山梨醇浓度为 19.8％。

（4）氮源　无机氮源不能利用，使用有机氮源。

（5）金属离子的影响　Ni^{2+}、Cu^{2+} 能阻止菌的发育，铁能妨碍发酵，为了使发酵顺利进行，需用阳离子交换树脂将山梨醇中的金属离子去除。

在上述基础上，又发展了维生素 C 两步发酵法新工艺，过程如图 2-8-3 所示。

$$\text{D-山梨醇} \xrightarrow[\text{醋酸杆菌}]{\text{（氧化）}} \text{L-山梨糖} \xrightarrow[\text{假单胞菌}]{\text{（生物转化）}} \text{2-酮-L-古洛糖酸} \xrightarrow{\text{（内酯化，烯醇化）}} \text{维生素C}$$

图 2-8-3　两步发酵法生产维生素 C

（三）维生素 C 的质量控制

《中国药典》（2015 版）规定了维生素 C 的质量控制内容，包括鉴别、检查与含量测定三部分。

1. 鉴别

（1）化学鉴别法　取本品 0.2g，加水 10mL 溶解后，分成二等份，在一份中加硝酸银试液 0.5mL，即生成银的黑色沉淀；在另一份中，加二氯靛酚钠试液 1～2 滴，试液的颜色即消失。

（2）IR 法　本品的红外光吸收图谱应与对照的图谱（光谱集 450 图）一致。

2. 检查

（1）溶液的澄清度与颜色　取本品 3.0g，加水 15mL，振摇使溶解，溶液应澄清无色；如显色，将溶液经 4 号垂熔玻璃漏斗滤过，取滤液，照紫外-可见分光光度法（通则 0401），在 420nm 的波长处测定吸光度，不得超过 0.03。

（2）草酸　取本品 0.25g，加水 4.5mL，振摇使维生素 C 溶解，加氢氧化钠试液 0.5mL、稀乙酸 1mL 与氯化钙试液 0.5mL，摇匀，放置 1h，作为供试品溶液；另精密称取草酸 75mg，置 500mL 量瓶中，加水溶解并稀释至刻度，摇匀，精密量取 5mL，加稀乙酸 1mL 与氯化钙试液 0.5mL，摇匀，放置 1h，作为对照溶液。供试品溶液产生的混浊不得浓于对照溶液（0.3％）。

（3）炽灼残渣　不得过 0.1％（通则 0841）。

（4）铁　取本品 5.0g 两份，分别置 25mL 量瓶中，一份中加 0.1mol/L 硝酸溶液溶解并稀释至刻度，摇匀，作为供试品溶液（B）；另一份中加标准铁溶液（精密称取硫酸铁铵

863mg，置 1000mL 量瓶中，加 1mol/L 硫酸溶液 25mL，用水稀释至刻度，摇匀，精密量取 10mL，置 100mL 量瓶中，用水稀释至刻度，摇匀）1.0mL，加 0.1mol/L 硝酸溶液溶解并稀释至刻度，摇匀，作为对照溶液（A）。照原子吸收分光光度法（通则 0406），在 248.3nm 的波长处分别测定，应符合规定。

（5）铜　取本品 2.0g 两份，分别置 25mL 量瓶中，一份中加 0.1mol/L 硝酸溶液溶解并稀释至刻度，摇匀，作为供试品溶液（B）；另一份中加标准铜溶液（精密称取硫酸铜 393mg，置 1000mL 量瓶中，加水溶解并稀释至刻度，摇匀，精密量取 10mL，置 100mL 量瓶中，用水稀释至刻度，摇匀）1.0mL，加 0.1mol/L 硝酸溶液溶解并稀释至刻度，摇匀，作为对照溶液（A）。照原子吸收分光光度法（通则 0406），在 324.8nm 的波长处分别测定，应符合规定。

（6）重金属　取本品 1.0g，加水溶解成 25mL，依法检查（通则 0821 第一法），含重金属不得过百万分之十。

（7）细菌内毒素　取本品，加碳酸钠（170℃加热 4h 以上）适量，使混合，依法检查（通则 1143），每 1mg 维生素 C 中含内毒素的量应小于 0.020EU（供注射用）。

3. 含量测定

取本品约 0.2g，精密称定，加新沸过的冷水 100mL 与稀乙酸 10mL 使溶解，加淀粉指示液 1mL，立即用碘滴定液（0.05mol/L）滴定，至溶液显蓝色并在 30s 内不褪。每 1mL 碘滴定液（0.05mol/L）相当于 8.806mg 的 $C_6H_8O_6$。

实例二　辅酶Ⅰ的生产与质量控制

（一）辅酶Ⅰ概述

辅酶Ⅰ（CoⅠ），化学名为烟酰胺腺嘌呤二核苷酸（NAD），是脱氢酶的辅酶，结构如图 2-8-4 所示。

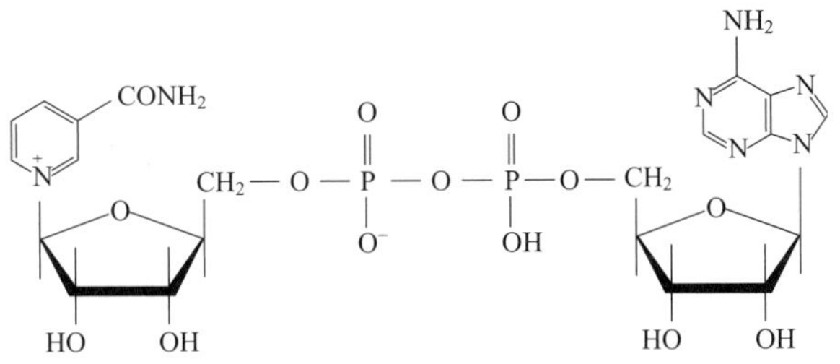

图 2-8-4　CoⅠ的结构式

CoⅠ是具有较强吸湿性的白色粉末，易溶于水或生理盐水，不溶于丙酮等有机溶剂，为两性分子，等电点 pI 为 3.0，在干燥状态和低温下稳定，对热不稳定，水溶液偏酸或偏碱都易破坏。CoⅠ在生物氧化过程中作为氢的受体或供体，起传递氢的作用，可加强体内物质的氧化并供给能量，临床用于精神分裂症、冠心病、心肌炎、白细胞减少症、急慢性肝炎、迁延性肝炎及血小板减少症，也是多种酶活性诊断试剂的重要组成部分。

（二）CoⅠ的生产方法

CoⅠ广泛存在于动植物中，如酵母、谷类、豆类以及动物的肝脏、肉类等。制备时用酵母作原料，分离提取。其工艺路线如图 2-8-5 所示。

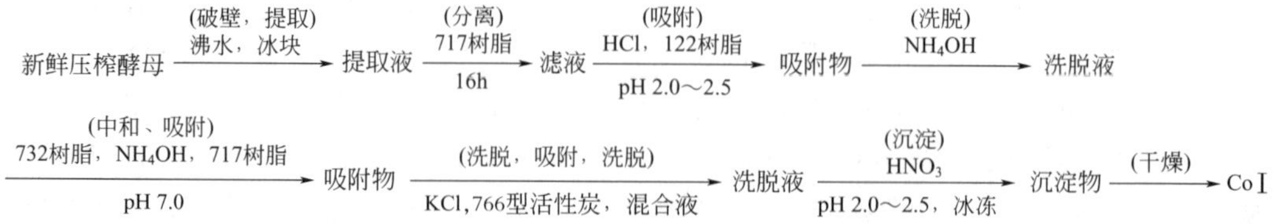

新鲜压榨酵母 —（破壁，提取）沸水，冰块→ 提取液 —（分离）717树脂 16h→ 滤液 —（吸附）HCl，122树脂 pH 2.0～2.5→ 吸附物 —（洗脱）NH₄OH→ 洗脱液

—（中和、吸附）732树脂，NH₄OH，717树脂 pH 7.0→ 吸附物 —（洗脱，吸附，洗脱）KCl,766型活性炭，混合液→ 洗脱液 —（沉淀）HNO₃ pH 2.0～2.5，冰冻→ 沉淀物 —（干燥）→ CoⅠ

图 2-8-5　CoⅠ的生产工艺

1. 破壁、提取、分离

将新鲜压榨酵母在搅拌下加入等量的沸水中，加热至 95℃保温 5min，迅速加入 2 倍酵母重量的冰块。过滤，滤液加入强碱性季铵Ⅰ型阴离子交换树脂 717，搅拌 16h，过滤，收集滤液。

2. 吸附、洗脱

取滤液用浓盐酸调 pH 至 2.0～2.5，流经 122 型阳离子交换树脂柱吸附 CoⅠ。吸附完毕，用无热原水先逆流、后顺流洗至流出液澄清为止，再用 0.3mol/L 氢氧化铵液洗脱。当流出液呈淡咖啡色，经 340nm 分光测定，吸光值大于 0.05（稀释 15 倍时）开始收集，直至流出液呈淡黄色时为止，得洗脱液。

3. 中和、吸附

将 732 型阳离子交换树脂加至洗脱液中，搅拌，测 pH 应为 5.0～7.0。过滤，滤饼用无热原水洗涤，合并洗滤液，加稀氨水约 15%，调 pH 至 7.0，得中和液。再将中和液流经717 型阴离子交换树脂柱吸附。吸附完，用无热原水顺流洗涤至流出液澄清无色为止。

4. 洗脱、吸附、洗脱

将 766 型活性炭柱与 717 树脂串联，用 0.1mol/L 氯化钾液洗脱 717 树脂柱吸附物，洗脱液立即流经活性炭柱吸附，吸附完后，解除两柱串联，先后用 pH 9.0 的无热原水及 pH 8.0 的4%的乙醇充分洗涤炭柱。最后用无热原水洗至中性，用丙酮∶乙酸乙酯∶水∶浓氨水＝4∶1∶5∶0.02 的混合液洗脱，收集，用 3 倍丙酮测试产生白色混浊的流出液，得洗脱液。

5. 沉淀、干燥

上述洗脱液在搅拌下加入 30%～40%硝酸调 pH 至 2.0～2.5，过滤，置于冰箱，冰冻沉淀过夜。过滤沉降物，用 95%冷丙酮洗涤滤饼 2～3 次，滤干，滤饼置五氧化二磷真空干燥器中干燥，即得 CoⅠ。

（三）CoⅠ的质量控制

《中国药典》（2015 版）第二部中有关于 CoⅠ母体烟酰胺的检查内容，包括酸碱度、溶液的澄清度与颜色、易炭化物、有关物质、干燥失重、炽灼残渣与重金属。

实例三　维生素 B_2 的生产与质量控制

（一）维生素 B_2 概述

维生素 B_2 又称核黄素（riboflavin），化学式为 $C_{17}H_{20}N_4O_6$，是体内黄酶类辅基的组成成分。其结构如图 2-8-6 所示。

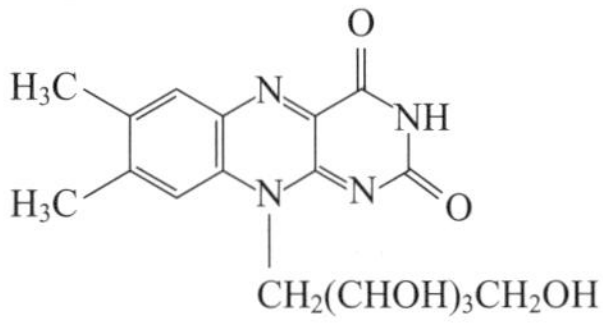

图 2-8-6　维生素 B_2 的结构式

维生素 B_2 为黄色或橙黄色结晶性粉末，味微苦，熔点约 $280℃$，是两性化合物，在碱性溶液中呈左旋性，$[\alpha]_D^{20}$ 为 $-140°\sim-120°$（$c=0.125\%$，$0.1mol/L\ NaOH$）；极微溶于水，几乎不溶于乙醇和氯仿，不溶于丙酮、乙醚。其水溶液呈荧光；在中性、酸性溶液中稳定，但在碱性溶液中易分解。维生素 B_2 具有促进发育与细胞再生；促使皮肤、指甲和毛发的正常生长；帮助预防与消除口腔内、唇、舌及皮肤的炎症反应；增强视力，缓解眼睛疲劳等作用。

（二）维生素 B_2 的生产方法

维生素 B_2 的工艺流程如图 2-8-7 所示。

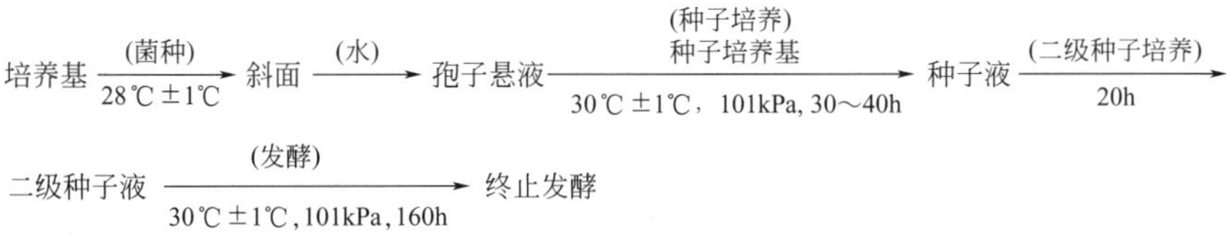

图 2-8-7　维生素 B_2 的（发酵）工艺流程

1. 培养基的组成

米糠油 4%，玉米浆 1.5%，骨胶 1.8%，鱼粉 1.5%，KH_2PO_4 0.1%，$CaCl_2$ 0.1%，$(NH_4)_2SO_4$ 0.02%，$NaCl$ 0.2%，pH 6.0。

2. 发酵

维生素 B_2 发酵工业上采用三级发酵，将在 $28℃\pm1℃$ 培养成熟的维生素 B_2 产生菌的斜面孢子用无菌水制成孢子悬浮液，接种到种子培养基中培养，培养温度 $30℃\pm1℃$，培养时间为 $30\sim40h$。将上述种子液移种到二级发酵罐培养，培养温度为 $30℃\pm1℃$，培养时间为 $20h$。将二级发酵的发酵液，移种到三级发酵罐发酵，发酵温度 $30℃\pm1℃$，发酵终点时间约为 160h。

3. 维生素 B₂ 的提取与结晶

将维生素 B₂ 发酵液用稀盐酸水解，以释放部分与蛋白质结合的维生素 B₂；然后加黄血盐和硫酸锌，除去蛋白质等杂质，将除去杂质后的发酵滤液加 3-羟基-2-萘甲酸钠与维生素 B₂ 形成复盐进行分离精制。一般提取工艺流程如图 2-8-8 所示。

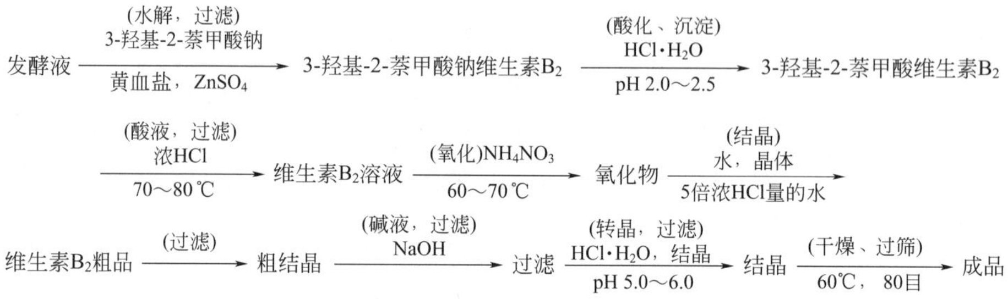

发酵液 $\xrightarrow[\text{黄血盐，ZnSO}_4]{\substack{\text{(水解，过滤)}\\\text{3-羟基-2-萘甲酸钠}}}$ 3-羟基-2-萘甲酸钠维生素B₂ $\xrightarrow[\text{pH 2.0～2.5}]{\substack{\text{(酸化、沉淀)}\\\text{HCl·H}_2\text{O}}}$ 3-羟基-2-萘甲酸维生素B₂

$\xrightarrow[70～80℃]{\substack{\text{(酸液，过滤)}\\\text{浓HCl}}}$ 维生素B₂溶液 $\xrightarrow[60～70℃]{\substack{\text{(氧化)NH}_4\text{NO}_3}}$ 氧化物 $\xrightarrow[\text{5倍浓HCl量的水}]{\substack{\text{(结晶)}\\\text{水，晶体}}}$

维生素B₂粗品 $\xrightarrow{\text{(过滤)}}$ 粗结晶 $\xrightarrow[\text{NaOH}]{\substack{\text{(碱液，过滤)}}}$ 过滤 $\xrightarrow[\text{pH 5.0～6.0}]{\substack{\text{(转晶，过滤)}\\\text{HCl·H}_2\text{O，结晶}}}$ 结晶 $\xrightarrow[60℃，80目]{\substack{\text{(干燥、过筛)}}}$ 成品

图 2-8-8　维生素 B₂ 的提取工艺流程

（三）维生素 B₂ 的质量控制

《中国药典》（2015 版）第二部中规定维生素 B₂ 的质量控制内容，包括鉴别、检查和质量控制三部分。

1. 鉴别

（1）化学鉴别法　取本品约 1mg，加水 100mL 溶解后，溶液在透射光下显淡黄绿色并有强烈的黄绿色荧光；分成两份：一份中加无机酸或碱溶液，荧光即消失；另一份中加连二亚硫酸钠结晶少许，摇匀后，黄色即消退，荧光亦消失。

（2）UV 法　取含量测定项下的供试品溶液，照紫外-可见分光光度法（通则 0401）测定，在 267nm、375nm 与 444nm 的波长处有最大吸收。375nm 波长处的吸光度与 267nm 波长处的吸光度的比值应为 0.31～0.33；444nm 波长处的吸光度与 267nm 波长处的吸光度的比值应为 0.36～0.39。

（3）IR 法　本品的红外光吸收图谱应与对照的图谱（光谱集 447 图）一致。

2. 检查

（1）酸碱度　取本品 0.50g，加水 25mL，煮沸 2min，放冷，滤过，取滤液 10mL，加酚酞指示液 0.05mL 与氢氧化钠滴定液（0.01mol/L）0.4mL，显橙色，再加盐酸滴定液（0.01mol/L）0.5mL，显黄色，再加甲基红溶液（取甲基红 50mg，加 0.1mol/L 氢氧化钠溶液 1.86mL 与乙醇 50mL 的混合液溶解，加水稀释至 100mL，即得）0.15mL，显橙色。

（2）感光黄素　取本品 25mg，加无醇三氯甲烷 10mL，振摇 5min，滤过，滤液照紫外-可见分光光度法（通则 0401），在 440nm 的波长处测定，吸光度不得过 0.016。

（3）有关物质　避光操作。取本品约 15mg，置 100mL 量瓶中，加冰醋酸 5mL 与水 75mL，加热溶解后，加水适量稀释，放冷，再用水稀释至刻度，摇匀，作为供试品溶液；

精密量取 1mL，置 50mL 量瓶中，用水稀释至刻度，摇匀，作为对照溶液。照含量测定项下的色谱条件，精密量取供试品溶液与对照溶液各 20μL，分别注入液相色谱仪，记录色谱图至主峰保留时间的 3 倍。供试品溶液色谱图中如有杂质峰，单个杂质峰面积不得大于对照溶液主峰面积的 0.5 倍（1.0%），各杂质峰面积的和不得大于对照溶液的主峰面积（2.0%）。供试品溶液色谱图中小于对照溶液主峰面积 0.01 倍的色谱峰忽略不计。

（4）干燥失重　取本品 0.5g，在 105℃ 干燥至恒重，减失重量不得过 1.0%（通则 0831）。

（5）炽灼残渣　不得过 0.2%（通则 0841）。

3. 含量测定

避光操作。照高效液相色谱法（通则 0512）测定。

（1）色谱条件与系统适用性试验　用十八烷基硅烷键合硅胶为填充剂；以 0.01mol/L 庚烷磺酸钠的 0.5% 冰醋酸溶液-乙腈-甲醇（85∶10∶5）为流动相；检测波长为 444nm。理论板数按维生素 B_2 峰计算不低于 2000。

（2）测定法　取本品约 15mg，精密称定，置 500mL 量瓶中，加冰醋酸 5mL 与水 200mL，置水浴上加热，并时时振摇使溶解，加水适量稀释，放冷，再用水稀释至刻度，摇匀，作为供试品溶液，精密量取 20μL 注入液相色谱仪，记录色谱图；另取维生素 B_2 对照品，同法测定。按外标法以峰面积计算，即得。

实训任务

辅酶 Q_{10} 的制备

【任务目的】

1. 掌握辅酶 Q_{10} 的制备过程。
2. 熟悉皂化提取的一般流程。

【实训原理】

辅酶 Q_{10} 又称为泛醌 Q_{10}，为黄色或淡橙黄色、无臭、无味结晶性粉末，易溶于氯仿、苯、四氯化碳，溶于丙酮、乙醚、石油醚，微溶于乙醇，不溶于水和甲醇；遇光易分解成微红色物质，对温度和湿度较稳定，熔点 49℃，结构如图 2-8-9 所示。

$$CH_3-O \overset{O}{\underset{O}{\bigcirc}} \begin{matrix} CH_3 \\ (CH_2-CH=C-CH_2)_{n-1}-CH_2-CH=C-CH_3 \end{matrix}$$

图 2-8-9　辅酶 Q_{10}（$n=10$）的结构式

辅酶 Q_{10} 一般以猪心为原料，通过皂化、提取、浓缩、吸附、洗脱和结晶等工艺制备获得。辅酶 Q_{10} 能激活人体细胞，具有提高人体免疫力、增强抗氧化、延缓衰老和增强人体活力等功能，医学上广泛用于心血管系统疾病，国内外广泛将其用于营养保健品及食品添加剂。

【实训材料】

猪心、焦性没食子酸、乙醇、氢氧化钠、石油醚、蒸馏水、乙醚等。分析天平、烧杯、反应锅、索氏提取器、萃取仪、旋转蒸发仪、硅胶柱等。

【实施步骤】

（一）皂化

取生产细胞色素 c 的猪心残渣，压干称重，按干渣重加入 300g/L 工业焦性没食子酸，搅匀，缓慢加入干渣重 3～3.5 倍量乙醇及干渣重 320g/L 的氢氧化钠，置于反应锅内，加热搅拌回流 25～30min，迅速冷却至室温，得皂化液。

（二）提取、浓缩

将皂化液立即加入其体积 1/10 量的石油醚，搅拌后静置分层，分取上层，下层再以同样量溶剂提取 2～3 次，直到提取完全。合并提取液，用水洗涤至近中性，在 40℃ 以下减压浓缩至原体积的 1/10，冷却，−5℃ 以下静置过夜，过滤，除去杂质，得澄清浓缩液。

（三）吸附、洗脱

将浓缩液上硅胶柱色谱，先以石油醚洗涤，除去杂质，再以 10% 乙醚-石油醚混合溶剂洗脱，收集黄色带部分的洗脱液，减压蒸去溶剂，得黄色油状物。

（四）结晶

取黄色油状物加入热的无水乙醇，使其溶解，趁热过滤，滤液静置，冷却结晶，滤干，真空干燥，即得辅酶 Q_{10}（CoQ_{10}）成品。

【任务总结】

各小组总结实训过程与实训结果，制作 PPT、word 工作总结，形成完整的工作汇报。

 课后习题

一、名词解释
辅酶；水溶性维生素；两步发酵法；三级发酵

二、填空题
1. 目前各国药典测定维生素 C 的含量，大多采用_____。

2. 以碘量法测定维生素 C 的含量，其中加入新沸过放冷的水作为溶剂的目的是_____。

3. 维生素 C 中铁盐和铜盐的检查方法有_____。

4. 维生素 C 片（规格 100mg）的含量测定：取 20 片，精密称定，重 2.2020g，研细，精密称取 0.4402g 片粉，置 100mL 量瓶中，加稀乙酸 10mL 与新沸过的冷水至刻度，摇匀，滤过。精密量取续滤液 50mL，用碘滴定液（0.1008mol/L）滴定至终点。消耗碘滴定液 22.06mL，每 1mL 的碘滴定液（0.1mol/L）相当于 8.806mg 的维生素 C。则平均每片维生素 C 含量为_____。

三、问答题

1. 简述维生素药物的生产方法。

2. 试述维生素及辅酶类药物的主要功能和临床用途。

单元九

生物制品类药物的生产与质量控制

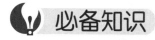

目标要求

1. 了解生物制品类药物在临床上的应用。
2. 掌握血液制品、疫苗、菌苗的一般制备与质量控制方法。
3. 掌握白喉类毒素的生产与质量控制的原理、方法与过程。
4. 了解乙肝疫苗的生产与质量控制的原理、方法与过程。

必备知识

一、生物制品类药物概述

（一）生物制品的定义

生物制品是以微生物、细胞、动物或人源组织和体液等为原料，应用传统技术或现代生物技术制成的用于人类疾病的预防、治疗和诊断的物质。人用生物制品包括：细菌类疫苗（含类毒素）、病毒类疫苗、抗毒素及抗血清、血液制品、细胞因子、生长因子、酶、体内及体外诊断制品，以及其他生物活性制剂，如毒素、抗原、变态反应原、单克隆抗体、抗原抗体复合物、免疫调节及微生态制剂等。

（二）生物制品的分类

生物制品按用途、制备原料以及生产方法等进行分类，一般可以分为以下三类。

1. 预防用制品

主要用于传染病的免疫预防，即疫苗类制品，是指将病原微生物（如细菌、病毒等）及其代谢产物（如类毒素），经过人工减毒、灭活或利用基因工程等方法制成的用于预防传染病的主动免疫制剂。在我国，习惯将细菌制备的称作菌苗，病毒制备的称作疫苗。有的国家将二者都称作疫苗，类毒素也可称作疫苗。疫苗根据不同的分类标准有不同类别，在中国疫苗市场，习惯于按照一类疫苗、二类疫苗的分类方式来阐述，疫苗划分标准与类别如表2-9-1所示。

表 2-9-1　疫苗划分标准与类别

划分标准	类别
病原微生物种类	细菌类疫苗(菌苗)、病毒类疫苗、类毒素疫苗
有无增殖力	减毒活疫苗、灭活疫苗
病毒培养系统	哺乳动物细胞疫苗、禽胚疫苗
生物学差异	病毒疫苗、细菌疫苗(又可细分为多糖疫苗和多糖结合疫苗)、原虫疫苗
工艺差异	冻干疫苗、液体疫苗、各类佐剂疫苗(油佐剂、铝胶佐剂、蜂胶佐剂、脂质体佐剂等)
技术水平	第一代传统完整病原体疫苗、第一代传统亚单位疫苗、第二代生物工程疫苗(包括基因工程疫苗、基因缺失疫苗、核酸疫苗、基因工程亚单位疫苗、转基因疫苗、合成肽疫苗、抗独特型抗体疫苗)
免疫保护谱宽窄	单苗(包括"单价"与"多价"疫苗)、联合苗(包括"双联"与"多联"疫苗)
接种对象	成人疫苗、儿童疫苗
使用目的	预防性疫苗、治疗性疫苗
是否纳入国家免疫规划	一类疫苗(计划疫苗)、二类疫苗(有价疫苗)

（1）**细菌类疫苗**　细菌类疫苗由细菌、螺旋体或其衍生物制备而成。包括减毒活疫苗（如卡介苗、人用炭疽和人用鼠疫疫苗等）、灭活疫苗（如霍乱菌体疫苗、钩端螺旋体疫苗等）、亚单位疫苗（如脑膜炎球菌多糖疫苗、伤寒 Vi 多糖疫苗等）、重组 DNA 疫苗（如重组疟疾疫苗、重组幽门螺杆菌疫苗等）等。

（2）**病毒类疫苗**　病毒类疫苗由病毒、衣原体、立克次体或其衍生物制备而成。根据技术特点，病毒类疫苗可分为传统疫苗、生物技术疫苗（高技术疫苗）和联合疫苗三类，如表2-9-2 所示。

表 2-9-2　病毒类疫苗分类

疫苗种类	常见类型
传统疫苗	减毒活疫苗、灭活疫苗、亚单位疫苗
生物技术疫苗 （高技术疫苗）	基因工程疫苗、遗传重组疫苗、合成肽疫苗、抗独特型抗体疫苗、微胶囊可控缓释疫苗
联合疫苗	吸附百白破联合疫苗(百日咳-白喉-破伤风)、麻风腮三联疫苗(麻疹-风疹-腮腺炎)

（3）**类毒素疫苗**　以细菌产生的外毒素经解毒精制而成，目前仅有破伤风疫苗和白喉疫苗。

2. 治疗用制品

（1）**抗血清类**　用细菌、病毒、类毒素、毒素、某种抗原免疫动物所获得的抗体，经过纯化精制而成，现在的抗血清多为特异性免疫球蛋白。

（2）**血液制品**　由健康人的血液、血浆或特异免疫人血浆分离、提纯或由重组 DNA 技术制成的血浆蛋白组分或血细胞组分制品。血液制品按其组成成分可分为全血、血液成分制品、血浆蛋白制品等。目前全血在医疗行业用得越来越少，主要是因为全血容易传播病毒。20 世纪 70 年代开始血液成分输血成为输血的主流。血液成分输血是指将血液中有效成分分离出来，分别制成高纯度、高浓度的血液制品，包括红细胞制剂、白细胞制剂、血小板制剂和血浆制剂，其优点是提高疗效、减少全血输注的不良反应、减少血源性疾病的传播、提高血液的利用率及提高输血效果等。血浆蛋白制品是指从人血浆中分离制备的有明确临床疗效和应用意义的蛋白制品的总称。血浆中含有 200 余种蛋白，其中含量较多的是白蛋白和丙种球蛋白，其余为微量蛋白或多肽成分。我国目前能够生产并正式获准使用的只有白蛋白、丙种球蛋白、凝血因子Ⅷ、纤维蛋白原、凝血酶原复合物等数种产品，人血白蛋白常用于临床辅助治疗。

（3）免疫调节剂　包括多种细胞因子、微生态制剂、免疫核糖核酸等。

3. 诊断用制品

其种类繁多，属生物制剂范畴的多为免疫学反应方面的试剂，包括：

（1）体外诊断制品　由特定抗原、抗体或有关生物物质制成的用于体外诊断疾病的试剂（盒）。如伤寒/副伤寒等细菌的诊断菌液、沙门菌属诊断血清、乙型肝炎表面抗原（HBsAg）诊断试剂盒等。

（2）体内诊断制品　由抗原制成的用于体内诊断疾病的试剂。如卡介菌纯蛋白衍生物（BCG-PPD）、锡克试验毒素、标记的单克隆抗体等。

（3）其他制品　由有关生物材料或特定方法制成的，上述两类产品以外的生物制品，如变态反应原、微生态制剂、重组 DNA 产品、基因治疗产品、单克隆抗体制剂、某些细胞治疗制剂等。

二、生物制品类药物的生产方法

（一）血液制品的生产方法

血液制品主要是以健康人血浆为原料，采用生物工程技术或分离纯化技术制备的有生物活性的制品，具有纯度高、稳定性好、效果明显和使用方便等特点。由于原料血浆直接来源于人体，虽然对献浆员要进行严格的筛选，但原料血浆中仍然有存在已知或未知病毒的风险。因此，原国家食品药品监督管理总局（SFDA）对原料血浆的管理提出了非常严格的要求，并在 2007 年开始推行原料血浆"窗口期"的管理方法，同时要求对每袋血浆进行病毒检测。

血液制品的生产工艺可以简单概括为：采血──→病毒检测──→冷冻储藏、放置 90 天──→再次病毒检测──→破袋融浆──→血浆蛋白组分分离──→产品精制──→产品病毒灭活──→产品除菌分装──→产品包装。

血浆蛋白种类较多，制备工艺不同获得的组成成分也会不同。目前国内外最常见的血浆白蛋白的制备方法是低温乙醇沉淀法，以混合血浆为原料，逐级降低 pH 值（pH 7.2 → 4.0）、提高乙醇浓度（0→40%），同时降低温度（−3℃→−8℃），各种蛋白在不同的条件下以组分的形式分步从溶液中析出，分别称为冷沉淀组分Ⅰ（简称 FⅠ）、组分Ⅱ（简称 FⅡ）、组分Ⅲ（简称 FⅢ）、组分Ⅳ（简称 FⅣ）和组分Ⅴ（简称 FⅤ）。其生产工艺流程如图 2-9-1所示，各组分所含主要的血浆蛋白成分见表 2-9-3。

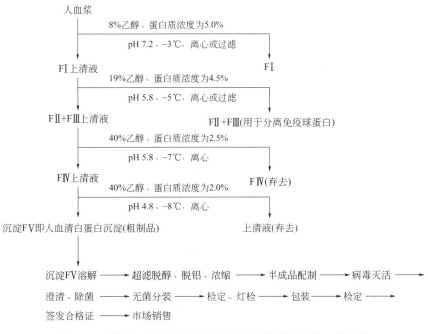

图 2-9-1 低温乙醇法分离血清白蛋白沉淀粗制品的工艺路线

表 2-9-3 低温乙醇法各组分所含主要的血浆蛋白成分

组分名称	主要血浆蛋白成分
冷沉淀	凝血因子Ⅷ、凝血因子Ⅶ、纤维蛋白原、纤维粘连蛋白
Ⅰ	纤维蛋白原、凝血因子Ⅸ、冷不溶性球蛋白
Ⅱ	丙种球蛋白、甲种球蛋白、乙种球蛋白、白蛋白
Ⅲ	甲种球蛋白、乙种球蛋白、纤溶酶原、铜蓝蛋白、凝血因子Ⅱ、凝血因子Ⅶ、凝血因子Ⅸ、凝血因子Ⅹ
Ⅳ	甲种球蛋白、乙种球蛋白、转铁蛋白、转钴蛋白、铜蓝蛋白、白蛋白
Ⅴ	白蛋白、甲种球蛋白、乙种球蛋白、垂体性腺激素

(二) 病毒类疫苗的生产方法

根据病毒性疫苗的制备工艺、有效成分及发展过程，可将疫苗分为以下 5 种。

1. 同源组织脏器苗

同源组织脏器苗是将发病末期或康复动物的组织或/和体液加入适量缓冲溶液，高速匀浆，于 4℃高速 (6000~8000r/min) 离心 15~30min 后，取上清液，经灭活处理后制成的疫苗。它可用于同一种动物相同疾病的预防。同源组织脏器苗的优点是在病原未分离成功前，可快速制成疫苗，主要用于动物疫病的紧急预防接种。其缺点是可能混有其他未灭活的不明病原微生物，故绝不用于人，在动物领域的使用亦越来越少。

2. 细胞 (鸡胚) 培养疫苗

细胞 (鸡胚) 培养疫苗是将检定合格的病毒毒种接种到传代细胞、原代细胞或鸡胚中，经 3~5 日培养增殖后，获得高效价病毒原液，再经不同方式的处理制成的疫苗。如果是弱毒，可不经任何处理，经检定合格后，制备成弱毒疫苗，主要在动物领域中使用。如果是强毒，则需经病毒灭活处理，加入一定量的适当免疫佐剂，混匀。经检定合格后，制备成灭活疫苗，主要在动物领域中使用。如果将病毒灭活后再进行提取纯化处理，获得高纯度的病毒抗原，则可制备成精制疫苗，主要用于人。

3. 亚单位或合成肽疫苗

亚单位或合成肽疫苗是由病毒粒子中提取出来的衣壳蛋白的单一成分——主要保护性抗原，或人工合成的病毒衣壳蛋白的某一部分——多肽，制成的疫苗。该种疫苗的研制得益于免疫学理论和技术、分子生物学理论、基因工程技术和化学合成技术的发展。由于其研制成本很高，仅限于在医学领域中应用。

4. 基因工程疫苗

基因工程疫苗是利用基因工程技术表达、纯化获得的病毒抗原成分制成的疫苗，主要包括基因工程亚单位疫苗、基因工程载体疫苗、核酸疫苗、基因缺失活疫苗及蛋白工程疫苗五种。如重组酵母乙肝亚单位疫苗是通过将含编码 HBsAg 基因的质粒引入酵母质粒 DNA 或酵母染色体 DNA 中，利用宿主酵母细胞的转录和翻译机制，在酵母细胞发酵扩增过程中或发酵后期通过诱导作用表达 HBsAg，再通过分离提纯 HBsAg，吸附佐剂后经分装制成基因工程疫苗成品。

核酸疫苗或称基因疫苗，疫苗制剂的主要成分不是基因表达产物或重组微生物，而是基因本身，即核酸（RNA 或 DNA）。其中 DNA 疫苗是一种新兴的疫苗，它在转染细胞后合成的目的蛋白能有效地诱导机体产生体液和细胞免疫。如狂犬疫苗、流感疫苗、麻疹疫苗、破伤风疫苗等属 DNA 疫苗。DNA 疫苗有易于制备、便于保存、可多次免疫，能诱发全面免疫应答并且容易制成多联多价疫苗等优点。但也存在着免疫效果不够理想、需要加强免疫、疫苗用量大等缺点，还有潜在的整合突变危险，但可能性极小；可用自杀型的质粒为载体克服这种危险。

5. 遗传重组疫苗

遗传重组疫苗是利用遗传重组技术，将不同（血清型、毒力、热敏性等）的病毒进行重组，获得稳定的重组体，用该重组体制成的疫苗。通常是将对人体无致病性的弱毒株与强毒株（多为野毒株）混合感染，弱毒株与野毒株间发生基因组片段交换造成重组，然后使用特异选育方法筛选出对人体不致病但又含有野毒株强免疫原性基因片段的重组毒株，适用于分节段基因组的病毒，如甲型流感重组活疫苗。

(1) 病毒性细胞培养疫苗制造　病毒性细胞培养疫苗制造工艺流程如图 2-9-2 所示。

细胞培养疫苗有细胞培养灭活疫苗和细胞培养活疫苗两类。前者多以强毒毒株培养增殖制造，后者则用弱毒毒株增殖生产，两者的制造程序既有相同之处，又有区别。由于病毒与疫苗性质均不同，所采用的细胞及细胞培养方法也有所不同。

① 种毒与毒种继代　用于制苗用的种毒应经毒力、最小免疫量、安全性、无菌检定合格，通常为冻干品，由国家指定的菌毒种保藏部门检定分发。领取的种毒应按规定在细胞继代培养适应后用作毒种，制苗用毒种应按规定控制在一定代数以内，或为湿毒毒种，或为冻干毒种。

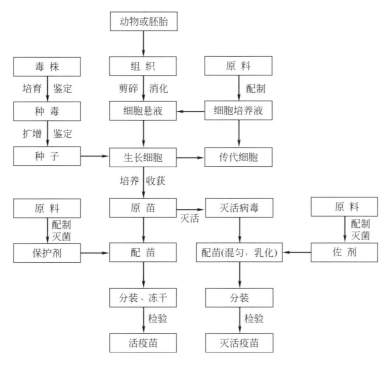

图 2-9-2　病毒性细胞培养疫苗制造工艺流程

② 细胞制备　制造疫苗用的细胞大体为原代细胞和传代细胞两类，根据病毒种类、疫苗性质与工艺流程选择不同的细胞。选择的依据包括：病毒的适应性高、毒价高、细胞来源方便、制备简单、生命力强。如猪瘟兔化弱毒牛睾丸细胞疫苗采用犊牛睾丸原代细胞；脊髓灰质炎活疫苗选择非洲绿猴肾细胞（简称 Vero 细胞）；狂犬病弱毒细胞适应疫苗采取乳仓鼠肾细胞（简称 BHK21 细胞）增殖病毒等。培养细胞和增殖病毒用的营养液又称培养液，通常分为细胞培养用的生长液和病毒增殖用的维持液，两者不同之处是：生长液内含有 $5\% \sim 10\%$ 的血清，维持液血清浓度为 $2\% \sim 5\%$。不同细胞所需的营养成分和生长条件不尽相同。目前常用的细胞培养方法为静止培养和转瓶培养，微载体培养和悬浮培养在我国尚处于试验之中。

③ 接毒与收获　病毒接种培养有同步与异步之分。前者在细胞分装同时或不久接种毒种进行培养，如猫、犬传染性肠炎疫苗（细小病毒）；后者在细胞形成单层后接种毒种，如流行性乙型脑炎细胞培养疫苗。通常在细胞形成单层后倾去培养液，按 $1\% \sim 2\%$ 量接种毒种，经吸附后加入维持液继续进行培养，待出现 $70\% \sim 85\%$ 以上细胞病变时即可收获。病毒培养液收获时间和方法依疫苗性质而定，可将培养瓶冻融数次后收集；或加入 EDTA-胰蛋白酶液消化分散收取；或在病毒增殖培养过程中可收获 $5 \sim 7$ 次毒液，细胞毒液经无菌检验、毒价测定合格后供配苗用。

④ 配苗　配苗分为灭活疫苗和冻干苗两大类。对于灭活疫苗来说，不同灭活剂对不同病毒的作用也不同。向细胞毒液内按规定加入灭活剂，在一定的温度下作用一定的时间，有的灭活剂还需加入阻断剂中止灭活。灭活疫苗配置通常都需加入佐剂，充分混合、分装，制成灭活疫苗；而对于冻干苗则在细胞毒液内按比例加入保护剂或稳定剂，充分混合、分装，进行冷冻真空干燥制成冻干疫苗。

（2）病毒性动物组织疫苗制造　病毒性动物组织疫苗制造工艺流程如图 2-9-3 所示。

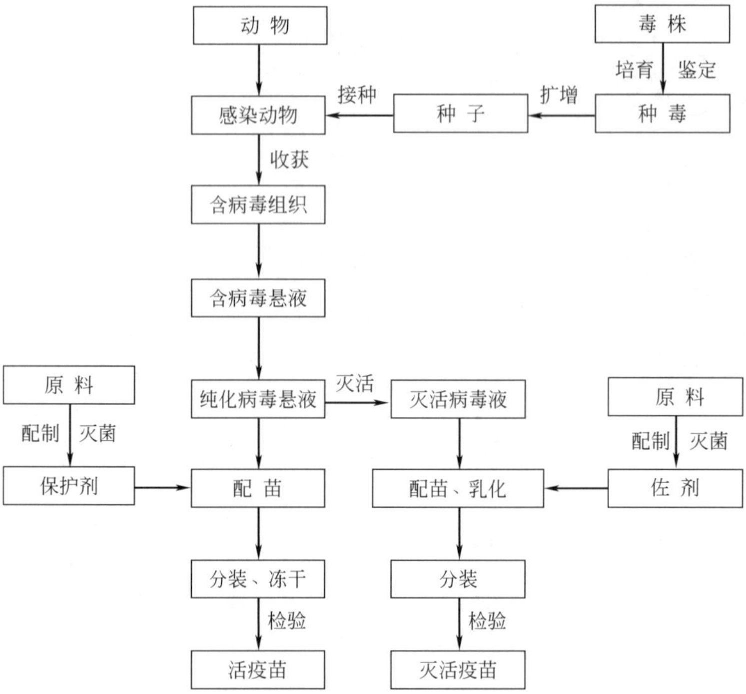

图 2-9-3　病毒性动物组织疫苗制造工艺流程

① 动物选择　动物质量直接影响到组织疫苗的质量，特别是对疫苗的安全性和效力有着决定性的作用。作为疫苗制备的动物必须符合下列 2 项标准：首先，应该是清洁级（二级）以上的等级实验动物，即无规定的人兽共患性病原体动物；其次，应是对所接种病毒易感性高的动物，即在品种、年龄和体重方面合乎要求的实验动物。

② 种毒与接种　种毒既可用抗原性优良、致死力强的自然毒株脏器组织毒种或强毒株增殖培养物，也可用弱毒株组织毒种。无论何种种毒都须经纯化、抗原性和免疫原性检查合格后方可使用。接种途径依病毒性质和目的而异，例如猪瘟结晶紫疫苗采取猪肌内注射血液毒种，牛瘟兔化弱毒疫苗以兔耳静脉注射脾淋毒种，狂犬病疫苗用兔脑毒种接种绵羊脑内途径感染。

③ 观察　动物在接种感染后应每天观察和检查规定的各项指标，指标或项目因不同病毒而异。常规观察、检查的项目有食欲、精神和活动状态、体温、粪便、尿和血液变化等。

④ 收获　根据观察的征象和检查的结果选出符合要求的发病动物按规定方式剖杀，采取、收集含毒量高的器官组织，用于制备疫苗。如猪瘟结晶紫疫苗采取发病猪的血液制备，兔出血症组织灭活疫苗采集病兔肝脏生产，狂犬病疫苗利用发病羊的脑组织制造。

⑤ 制苗　收获的组织经无菌检验及毒价测定合格后，按规定比例加入平衡液和灭活剂（甲醛、酚、结晶紫等）制成匀浆，然后按不同病毒的灭活温度、时间进行灭活。如狂犬病疫苗配制按脑组织与含有甘油及 1%酚蒸馏水 1：4 的体积比混匀，于 $36℃±0.5℃$ 灭活 7 天制成；猪瘟结晶紫疫苗配制，按血毒 4 份、结晶紫甘油溶液 1 份混合，于 $37\sim38℃$ 灭活 $6\sim8$ 天。

（三）细菌类疫苗的生产方法

细菌类疫苗可分为灭活菌苗及活菌苗两种，细菌类疫苗制造工艺流程如图2-9-4所示。

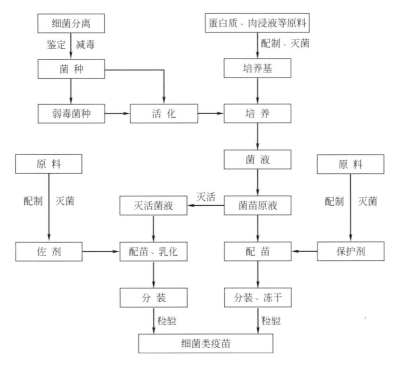

图 2-9-4 细菌类疫苗制造工艺流程

1. 细菌类灭活菌苗

霍乱菌苗、百日咳菌苗、钩端螺旋体菌苗、哮喘菌苗等菌苗进入人体后，不能生长繁殖，对人体刺激时间短，产生免疫力不高，如需要使人体获得较高而持久的免疫力，必须多次重复注射。这类菌苗称为灭活疫苗。

（1）菌种与种子 制苗用菌种多数为毒力强、免疫原性优良的菌株，通常使用1～3个品系，均由中国食品药品检定研究院（简称中检院，原中国药品生物制品检定所）或中国兽医药品监察所传代、鉴定、冻干保存和供应。各种用于制造菌苗的菌种应按规定定期复壮，并进行形态、培养特性、菌型、抗原性和免疫原性鉴定，合格菌种准许用于制苗。将经鉴定符合标准的菌种接种于菌苗生产规程中所规定的培养基进行增殖培养，经纯粹检查、活菌计数达到标准后即为种子液，用于菌苗生产。种子液通常保存于2～8℃冷暗处，不得超过规程规定的使用期限。

（2）菌液培养 大量生产的细菌培养方法有手工式、机械化或自动化的培养方式。机械化或自动化的培养方式通称为反应缸培养法，可供选择的菌液培养法有：液体静置培养法、液体深层通气培养法、透析培养法及连续培养法等。菌液培养也可采用固体培养法，该方法易获得高浓度的细菌悬液，易稀释成不同浓度，且含培养基的成分较少，所以比较适用于制备诊断用的抗原。

（3）灭活 灭活菌苗通常根据细菌的特性加入最有效的灭活剂，采取最适当的灭活条件进行。几种灭活菌苗的灭活方法如表 2-9-4 所示。

表 2-9-4   几种灭活菌苗的灭活方法

菌　苗	菌或毒素	灭活方法
猪丹毒氢氧化铝菌苗	猪丹毒杆菌	菌液加入甲醛至 $0.2\%\sim0.5\%$，$37℃$ 杀菌 $18\sim24h$
气肿疽甲醛菌苗	气肿疽梭菌	菌液加甲醛至 0.5%，$37\sim38℃$ 杀菌 $72\sim96h$
破伤风类毒素	破伤风梭菌	菌液上清加甲醛至 0.4%，$37\sim38℃$ 脱毒 $21\sim30$ 天
肉毒梭菌 C 型菌苗（菌体毒素苗）	C 型肉毒梭菌	菌液加入甲醛至 0.8%，$37℃$ 杀菌脱毒 18 天

（4）浓缩   为提高某些灭活菌苗的免疫力，培养过程中在采取提高菌数的基础上，再通过浓缩方法达到目的。常用的浓缩方法有氧化铝胶吸附沉淀法、离心沉降法、羧甲基纤维沉淀法等，上述方法可使菌液浓缩 1 倍以上。此外，有些细菌在生长过程中产生分子量小的可溶性抗原（如猪丹毒杆菌产生的糖蛋白），可经氢氧化铝吸附浓缩；将破伤风脱毒液按盐酸-食盐法处理，以进一步精制成提纯破伤风类毒素。

（5）配苗与分装   由于灭活菌苗所用的佐剂不同，所以配苗方法也不相同。如氢氧化铝菌苗在加入甲醛灭活的同时，按比例加入氢氧化铝胶配制，或可在菌液经甲醛灭活后再按比例加入氢氧化铝胶配苗；国产白油佐剂菌苗是于灭菌的油乳剂 135mL 10 号白油、11.4mL Span-85、3.6mL Tween-80 混合液中，在搅拌下加入等量甲醛灭活菌液配制。配苗应充分混匀、分装，及时塞盖、贴签或印字。

2. 细菌类活疫苗

细菌类活疫苗多指弱毒菌苗。尽管其种类与苗型甚多，但基本制造程序相同。活菌苗一般选用无毒或毒力很低但免疫性很高的菌种培养繁殖后制成，如结核活菌苗、鼠疫活菌苗等。这类菌苗进入人体后，能生长繁殖，对身体刺激时间长。与死菌苗相比，活菌苗具有接种量小、接种次数少、免疫效果较好以及维持免疫时间较长等优势。

（1）菌种与种子   弱毒菌种多系冻干品，由中检院或中国兽医药品监察所传代、鉴定、保存与分发，少数由国家指定单位鉴定、保存与供给。菌种使用前应按规程规定进行复壮、挑选，并做形态、特性、抗原性和免疫原性鉴定，符合标准后方可用于制苗。将检定合格的菌种接种于规定的培养基，按规定的条件增殖培养，经纯粹检查及有关的检查合格者即可作为种子液。种子液通常在 $0\sim4℃$ 可保存 2 个月，保存期内可作为菌苗生产的批量种子使用。

（2）菌液培养   按 $1\%\sim3\%$ 量将种子液接种于培养基，然后依不同菌苗要求进行培养。如猪丹毒弱毒菌须在深层通气培养中加入适当植物油作消泡剂，通入过滤除菌的热空气进行培养制造菌液。再如人用炭疽活疫苗、卡介苗经固体表面培养完成后须按规定要求将菌苔洗下制成菌液，菌液于 $0\sim4℃$ 暗处保存，待抽样经纯粹、活菌数等检查合格后使用。

（3）浓缩   为提高某些弱毒菌苗的免疫效果，可进行浓缩，以提高单位活菌数，常用的浓缩方法有吸附剂吸附沉降法、离心沉降法等。如于猪丹毒菌液内加入 $0.2\%\sim0.25\%$ 羧甲基纤维素（CMC）进行浓缩，也可用离心沉淀浓缩。浓缩菌液应抽样做纯粹、活菌数等检查。

（4）配苗与冻干   经检验合格的菌液，按规定比例加入保护剂配苗，充分摇匀后随即进行分装，分装量必须准确。分装好的菌苗迅速送入冻干柜进行预冻、真空干燥，冻干完毕后立即加塞、抽空、封口，移入冷库保存，并由质检部门抽样检验。

3. 细菌类疫苗和类毒素

均由细菌培养开始，制备的主要程序相似。细菌类疫苗对菌体进一步加工，而类毒素对细菌分泌的外毒素进行加工。

三、生物制品类药物的质量控制

（一）血液制品质量控制

血液制品生产过程所有的用具需经过严格清洗、去热原处理、灭菌处理；原料血浆需经过乙肝、丙肝、艾滋、梅毒、ABO 血型定型诊断试剂检测合格，于－20℃以下保存；生产工艺主要采用低温乙醇法分部提取各组分，工艺中应有去除/灭活病毒工艺步骤；生产的原液、半成品、成品符合现行《中国药典》（2015 版）相应标准；所用血源检测和成品检测的乙肝、丙肝、艾滋、梅毒等检测试剂均为国家批准检定试剂。

（二）细菌类和病毒类疫苗质控要点

细菌类和病毒类疫苗质控要点包括以下九个：①所有原辅材料符合《中国药典》（2015版）。②采用强毒菌株（鼠疫、霍乱、炭疽等）、芽孢菌和强毒病毒株，应有专用生产操作间、专用生产设备及隔离设施，操作人员应有安全防护设施。③所用生产的菌株或病毒株，要建立原始种子批、主代种子批、生产种子批三级种子批系统；病毒疫苗生产用细胞也要建立上述三级细胞库系统。④菌苗及疫苗原液、中间品合并、分离、纯化等每道加工工序后均要做无菌试验和鉴别试验。⑤细菌类及病毒类的灭活疫苗，加入灭活剂后，必须要做活菌或活毒试验，确保彻底灭活。⑥原材料、半成品及成品，应按现行《中国药典》（2015 版）相关标准进行检定。⑦在制品的安全、效价或免疫力试验等项目检定中所用实验动物应符合清洁级。⑧从起始材料直至使用全过程，必须无菌操作，制品于 2～8℃保存。⑨生物制品生产用水均为注射用水。

血液制品工艺流程及环境区域划分、细菌疫苗工艺流程及环境区域划分和病毒疫苗工艺流程及环境区域划分分别如图 2-9-5～图 2-9-7 所示。

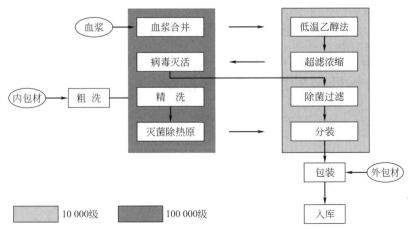

图 2-9-5　血液制品工艺流程及环境区域划分示意

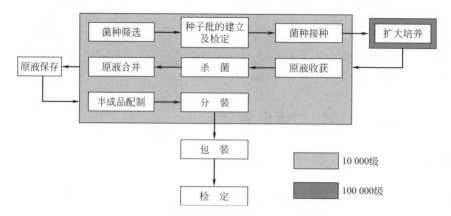

图 2-9-6　细菌疫苗工艺流程及环境区域划分示意

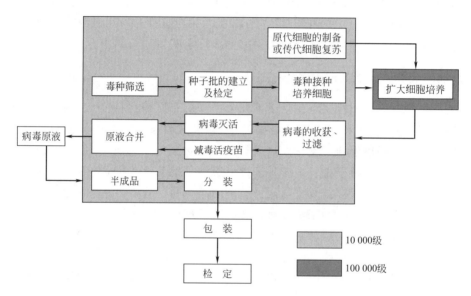

图 2-9-7　病毒疫苗工艺流程及环境区域划分示意

 **典型生物制品类药物的生产与质量控制**

实例一　白喉疫苗的生产与质量控制

（一）白喉疫苗概述

白喉是由白喉棒状杆菌（*C.diphtheriae*）引起的急性呼吸道传染病，是由于细菌产生的外毒素所致。临床特征为咽、喉、鼻部黏膜充血、肿胀，并有不易脱落的灰白色假膜形成、全身中毒症状，严重者可并发心肌炎和末梢神经麻痹。本病呈世界性分布，四季均可发病，以秋冬季较多。有侵袭力的白喉杆菌侵入呼吸道黏膜表层组织生长繁殖，一般不破坏深部组织和引起菌血症。引起白喉的局部病变和全身中毒症状主要是白喉杆菌产生的外毒素。

外毒素可以破坏细胞合成蛋白质使局部黏膜坏死，并逐渐融合，同时使局部黏膜血管扩张出血，引起大量纤维蛋白渗出与坏死组织细胞、白细胞和细菌等凝固成纤维蛋白膜形成本病的特征性假膜，假膜一般为灰白色。白喉外毒素可引起全身性毒血症状。

白喉疫苗即白喉类毒素，是一种用于预防白喉病的自动免疫制剂，是由产毒力高的白喉棒状杆菌的培养滤液，经福尔马林脱毒后精制（或精制后脱毒）而成，通常是制成吸附制剂或与其他预防制剂配成混合制剂使用。1923 年，Romon 向白喉毒素内加入 0.3%～0.4%甲醛，于 38℃ 放置，4 周后，其毒性消失，但能使动物产生免疫力，从而制得白喉毒素的类毒素。同时，Romon 与 Glenny 一起研制了白喉类毒素疫苗，此后几十年制造工艺不断改进和完善。

（二）白喉疫苗的生产方法

白喉疫苗的生产流程为：菌种及培养基准备→菌种培养产毒→白喉毒素的精制→白喉类毒素的制造。

1. 菌种及培养基准备

用于制造白喉疫苗的菌种应选用产毒高、免疫力强的菌种。PW8 菌株是国际上产毒最著名的菌种，为 1896 年 Park 和 Williams 分离的第 8 号菌株，我国目前采用 PW8 Weissenee 亚株。菌种宜用冻干法保存，必要时可对菌种进行筛选。培养基宜用胰酶牛肉消化液培养基或其他适宜培养基，但不得采用马肉或其他马体组织，应尽量减少对人体引起过敏反应的物质，不应含有可以引起人体毒性反应的物质。

2. 菌种培养产毒

菌种培养有表面培养和深层培养两种方法。深层培养较表面培养能获得更高效价的毒素，培养条件为：温度 34～35℃、生长最适 pH 为 7.0～7.6，产毒最适 pH 为 7.6～7.8；培养基成分添加麦芽糖，除了作为碳源外还能稳定培养过程中的 pH，相应延长了培养时间，提高产毒水平；白喉杆菌为需氧菌，需供给足够的空气；在培养过程中补充 1%谷氨酸或谷氨酰胺作为氮源和生长因子可以提高产毒；培养时间一般为 50h 左右，长短视产毒情况而定。

在毒素制造过程应严格控制杂菌污染。凡经镜检或纯菌试验发现污染者应废弃。用于生产的毒素效价不得低于 150Lf/mL（Lf：絮状单位）。

3. 白喉毒素的精制

白喉毒素或白喉类毒素可采用硫酸铵、活性炭二段盐析法或经批准的其他适宜方法精制。在白喉毒素滤液中加 0.5% $NaHCO_3$、23%～27%的硫酸铵、适量的活性炭，溶解后过滤，沉淀废弃，收集滤液。再加 17%～20%硫酸铵，溶解后过滤，滤液滤清后废弃，收集沉淀。将收集的沉淀用适量的注射用水溶解，利用透析的方法去除残留的硫酸铵，加入防腐剂（0.01%硫柳汞），除菌过滤。用于精制的毒素或类毒素可多批混合，但不得超过 5 批。

4. 白喉类毒素的制造

将精制白喉毒素进行适当稀释后，培养物滤液加 0.5%～0.6%甲醛，调 pH 至 7.5～

7.6，于 37～39℃脱毒 30 天，但为防止毒性逆转的发生，要加深脱毒 20 天。精制毒素亦可加适量赖氨酸后再加甲醛脱毒。

（三）白喉疫苗的质量控制

白喉疫苗的质量控制主要有脱毒检查、类毒素原液检定、精制类毒素的吸附及半成品检定、分批分装及成品检定以及保存和有效期等。

1. 影响白喉毒素脱毒的主要因素

（1）温度　温度越高脱毒越快且脱毒越安全，但超过 40℃对抗原性有很大破坏，故多采用 37～39℃。

（2）pH　pH 越高脱毒越快，但碱性过强对抗原性有很大破坏，故控制 pH 在 7.0～7.5 较为适宜。

（3）甲醛浓度　甲醛浓度越高脱毒越快，但甲醛浓度过高时脱毒后残余甲醛量过高，对类毒素的抗原性有损害，并会引起注射时的强烈刺痛感。

（4）含氮量　类毒素含氮量越高，脱毒时所需甲醛量越大。按毒素氨基氮含量，加适量甲醛脱毒，既能脱毒完全，又可避免过多的残余甲醛损坏其抗原性。

2. 脱毒检查

每瓶类毒素或精制类毒素取样，用灭菌生理盐水分别稀释至 100Lf/mL，用体重 2.0kg 左右的家兔 2 只，每只家兔分别皮内注射上述稀释样品各 0.1mL 及 25 倍稀释的锡克毒素 0.1mL，另注射 0.1mL 灭菌生理盐水溶液作为阴性对照，于 96h 判定结果。样品注射部位须无反应或仅有几无可量的反应，锡克反应须为阳性，阴性对照应无反应。

脱毒不完全者可继续脱毒，必要时可补加适量甲醛溶液。用于生产的类毒素效价不应低于 100Lf/mL。精制类毒素应加 0.01%（g/mL）硫柳汞为防腐剂，毒素精制法制造的精制类毒素未除游离甲醛者可免加防腐剂。

3. 类毒素原液检定

对上述所得类毒素原液进行 pH 测定，应为 6.4～7.4。Lf 纯度检查应不低于 1500Lf/mg。还要进行 PN（PN 指蛋白氮）测定、纯度检查、无菌检查、特异性毒性检查以及毒性逆转试验。

4. 精制类毒素的吸附及半成品检定

为使白喉类毒素效力提高，降低接种副反应，利于产生良好的免疫效果，同时可减少免疫接种次数，在白喉类毒素生产过程中同时加入适量吸附剂，制成吸附精制白喉类毒素。常用的吸附剂为氢氧化铝吸附剂。根据氢氧化铝用量不得超过 3mg/mL，以 1.5%磷酸铝或氢氧化铝等适宜的吸附剂加入精制白喉类毒素使其最终含量为 30～50Lf/mL，再加 0.005%～0.01%（g/mL）硫柳汞作为防腐剂。完成后抽样进行无菌检查。

5. 分批分装及成品检定

按《中国药典》（2015 版）规定，分批分装，并进行成品检定。成品检定包括鉴别试验、物理检查（外观、装量）、化学检定（pH、氢氧化铝含量、氯化钠含量、硫柳汞含量、游离甲醛含量）、效价测定、无菌检查、特异性毒性检查以及稳定性试验，均应符合规定。

6. 保存与有效期

保存于 2～8℃。自吸附之日起有效期为 3 年。

实例二　重组乙型肝炎疫苗的生产与质量控制

除了白喉毒素外，还有许多人们耳熟能详的，与人们生命健康息息相关的疫苗，如乙肝疫苗、狂犬病疫苗等。本部分重点介绍乙肝疫苗的生产工艺。此外，每个小组通过查阅相关文献，设计、优化人用狂犬病疫苗（Vero 细胞）的生产工艺，以 PPT 的形式进行汇报。

（一）乙型肝炎疫苗概述

乙型肝炎病毒简称乙肝病毒（HBV），是一种双链 DNA（dsDNA）病毒，属于嗜肝 DNA 病毒科。根据目前所知，HBV 只对人和猩猩有易感性，引发乙型病毒性肝炎疾病。完整的乙肝病毒呈颗粒状，也会被称为丹娜颗粒（Dane），1970 年由丹娜发现。其直径为 42nm，颗粒分为外壳和核心两部分。Dane 颗粒表面由一种蛋白质包裹，被称作表面抗原（HBsAg）。HBsAg 不含有病毒遗传物质，不具备感染性和致病性，但保留了免疫原性，即刺激机体产生保护性抗体的能力，可以用来制备疫苗。乙型肝炎疫苗的种类有传统亚单位血源乙型肝炎疫苗和现代生物技术工艺生产的重组乙型肝炎疫苗。

（二）乙型肝炎疫苗的生产方法

1. 亚单位血源乙型肝炎疫苗

亚单位血源乙型肝炎疫苗由于安全、来源和成本等原因已被淘汰。其制备方法主要有 3 种：①取无症状带毒者的 HBsAg 阳性血浆，经硫酸铵沉淀，沉淀透析除去硫酸铵；用溴化钾及蔗糖做等密度与速率区带离心，去杂蛋白与 Dane 颗粒；加入 1∶2000 福尔马林于 60℃灭活 10h（或用 1∶4000 福尔马林于 36℃灭活 72h），以氢氧化铝作佐剂，有的还以尿素及胃酶消化，以除去杂蛋白及灭活潜在病毒。②用含 HBsAg 阳性血浆，以聚乙二醇浓缩 30 倍，然后以羟基磷灰石吸附浓缩 200 倍，再等密度超速离心浓缩 1500 倍，然后用去垢剂把 Dane 颗粒破坏，甲醛灭活后加佐剂。此法可大大减少超速离心次数，节省经费。该疫苗除含 HBsAg 外，还含 HBeAg，但不含 HBcAg 和病毒 DNA。③用 Triton X-100 裂解 HBsAg，又经亲和色谱及 2-甲基甘露糖苷洗脱，获得 P25 与 P30 的多肽二聚体，但不含人血清白蛋白 P64 成分，用蔗糖梯度超速离心去除去垢剂，得到直径为 80～250mm 的蛋白质聚合体（微胶粒），不含脂蛋白，免疫原性很强。

2. 重组乙型肝炎疫苗

基因工程乙肝疫苗是 HBsAg 亚单位疫苗，它系采用现代生物技术将乙肝病毒表达表面抗原的基因进行质粒构建，克隆进入啤酒酵母菌或 CHO 细胞（中国仓鼠卵巢细胞）中，通过培养这种重组酵母菌或 CHO 细胞来表达乙肝表面抗原亚单位。发酵后经过细胞破碎和一系列微滤、超滤、硅胶吸附、洗脱等工序，再经过疏水色谱，可使产品抗原蛋白纯度达99％以上。利用重组酵母生产的叫重组酵母乙肝疫苗，利用 CHO 细胞生产的叫重组 CHO 乙肝疫苗，剂量为每支 5μg。

重组酿酒酵母细胞生产乙肝疫苗工艺流程如图 2-9-8 所示。

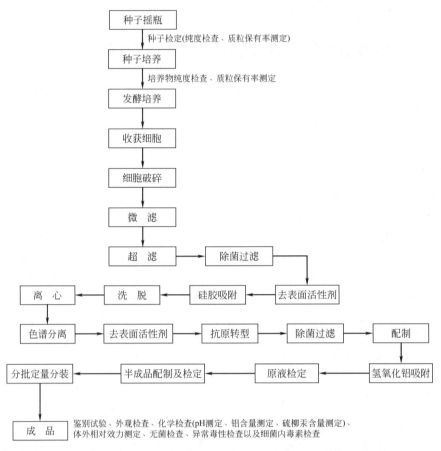

图 2-9-8　重组酵母表达系统制备乙型肝炎疫苗工艺流程

（1）生产菌种　重组酿酒酵母乙肝疫苗生产菌种为 2150-2-3（PHBS56-GAP347/33）株。该株系用基因工程技术将编码 HBsAg 的基因插入大肠杆菌和酵母菌穿梭质粒 Pcl/1 中，再转化 2150-2-3 株酿酒酵母后筛选出的 HBsAg 高表达株。

（2）种子扩大培养及检定　生产菌种经过锥形瓶复苏培养、种子罐扩增培养和生产罐高密度增菌三级发酵后，收获得到的酵母细胞里表达大量的 HBsAg，将酵母细胞收集后冷冻保存，同时抽样进行培养物纯度检查、质粒保有率测定。

（3）HBsAg 的纯化及纯化物检定　酵母细胞融化后，用高压匀浆细胞破碎器破碎细胞。用微滤法除去细胞碎片等大颗粒杂质，再用超滤法滤出小分子杂质。以硅胶吸附 HBsAg，用相应工艺处理溶液清洗硅胶后再洗脱 HBsAg，离心得到粗制 HBsAg。用疏水色谱法进一步精制提纯 HBsAg，经硫氰酸盐处理后再进行稀释和除菌过滤。同时对纯化物抽样进行无菌检查、蛋白质浓度测定、特异蛋白带测定、纯度检查以及细菌内毒素检查。

（4）原液配制及检定　将检定合格的纯化物加入适量甲醛溶液，于 37℃ 保温适宜时间，Al(OH)$_3$ 佐剂吸附后，加入硫柳汞作为防腐剂，即为疫苗原液。同时抽样对原液进行吸附完全性检测、硫氰酸盐含量测定、Triton X-100 含量测定。

（5）半成品配制及检定　将检定合格原液按蛋白质浓度为 20.0～27.0μg/mL 或 60.0～81.0μg/mL 的原液分别与铝佐剂等量或 1：5 混合，即为半成品。同时抽样进行化学检查（pH 测定、游离甲醛含量测定、铝含量测定、硫柳汞含量测定、渗透压摩尔浓度测定）、无菌检查以及细菌内毒素检查。

（6）分批定量分装　将检定合格的半成品按《中国药典》（2015 版）要求，分批定量分装，即为成品。

（三）重组乙型肝炎疫苗的质量控制

《中国药典》（2015 版）第三部规定了酿酒酵母生产重组乙型肝炎疫苗的质量控制内容，具体包括原液检定、半成品检定、成品检定三部分。

1. 原液检定

（1）无菌检查　依法检查（通则 1101），应符合规定。

（2）蛋白质含量　应为 20.0～27.0μg/mL（通则 0731 第二法）。

（3）特异蛋白带　采用还原型 SDS-聚丙烯酰胺凝胶电泳法（通则 0541 第五法），分离胶胶浓度为 15%，上样量为 1.0μg，银染法染色。应有分子量为 20～25kDa 蛋白带，可有 HBsAg 多聚体蛋白带。

（4）N 端氨基酸序列测定（每年至少测定 1 次）　用氨基酸序列分析仪测定，N 端氨基酸序列应为：Met-Glu-Asn-Ile-Thr-Ser-Gly-Phe-Leu-Gly-Pro-Leu-Leu-Val-Leu。

（5）纯度　采用免疫印迹法测定（通则 3401），所测供试品中酵母杂蛋白应符合批准的要求；采用高效液相色谱法（通则 0512），亲水硅胶高效体积排阻色谱柱；排阻极限 1000kDa；孔径 45nm，粒度 13μm，流动相为含 0.05% 叠氮钠和 0.1% SDS 的磷酸盐缓冲液（pH 7.0）；上样量 100μL；检测波长 280nm。按面积归一法计算 P60 蛋白质含量，杂蛋白应不高于 1.0%。

（6）细菌内毒素检查　应小于 10EU/mL（通则 1143 凝胶限度试验）。

（7）宿主细胞 DNA 残留量　应不高于 10ng/剂（通则 3407）。

2. 半成品检定

（1）吸附完全性　将供试品于 6500r/min 离心 5min，取上清液，依法测定（通则 3501）参考品、供试品及其上清液中 HBsAg 含量。以参考品 HBsAg 含量的对数对其相应吸光度对数作直线回归，相关系数应不低于 0.99，将供试品及其上清液的吸光度值代入直线回归方程，计算其 HBsAg 含量，再按下式计算吸附率，应不低于 95%。

$$P(\%) = (1 - c_S / c_i) \times 100$$

式中，P 为吸附率，%；c_S 为供试品上清液的 HBsAg 含量，μg/mL；c_i 为供试品的 HBsAg 含量，μg/mL。

（2）化学检定

① 硫氰酸盐含量　将供试品于 6500r/min 离心 5min，取上清液。分别取含量为 1.0μg/mL、2.5μg/mL、5.0μg/mL、10.0μg/mL 的硫氰酸盐标准溶液以及供试品上清液、生理氯化钠溶液各 5.0mL 于试管中，每一供试品取 2 份。在每管中依次加入硼酸盐缓冲液（pH

9.2) 0.5mL、2.25％氯胺 T-0.9％氯化钠溶液 0.5mL、50％吡啶溶液（用生理氯化钠溶液配制）1.0mL，每加一种溶液后立即混匀。加完上述溶液后静置 10min，以生理氯化钠溶液为空白对照，在波长 415nm 处测定各管吸光度。以标准溶液中硫氰酸盐的含量对其吸光度均值作直线回归，计算相关系数，应不低于 0.99，将供试品上清液的吸光度均值代入直线回归方程，计算硫氰酸盐含量，应小于 1.0μg/mL。

② Triton X-100 含量　将供试品于 6500r/min 离心 5min，取上清液。分别取含量为 5μg/mL、10μg/mL、20μg/mL、30μg/mL 和 40μg/mL 的 Triton X-100 标准溶液以及供试品上清液、生理氯化钠溶液各 2.0mL 于试管中，每一供试品取 2 份，每管分别加入 5％（mL/mL）苯酚溶液 1.0mL，迅速振荡，室温放置 15min。以生理氯化钠溶液为空白对照，在波长 340nm 处测定各管吸光度。以标准溶液中 Triton X-100 的含量对其吸光度均值作直线回归，计算相关系数，应不低于 0.99，将供试品上清液的吸光度均值代入直线回归方程，计算 Triton X-100 含量，应小于 15.0μg/mL。

③ pH 值　应为 5.5～7.2（通则 0631）。

④ 游离甲醛含量　应不高于 20μg/mL（通则 3207 第二法）。

⑤ 铝含量　应为 0.35～0.62mg/mL（通则 3106）。

⑥ 渗透压摩尔浓度　应为 280mOsmol/kg±65mOsmol/kg（通则 0632）。

(3) 无菌检查　依法检查（通则 1101），应符合规定。

(4) 细菌内毒素检查　应小于 5EU/mL（通则 1143 凝胶限度试验）。

3. 成品检定

(1) 鉴别试验　采用酶联免疫法检查，应证明含有 HBsAg。

(2) 外观　应为乳白色混悬液体，可因沉淀而分层，易摇散，不应有摇不散的块状物。

(3) 装量　依法检查（通则 0102），应不低于标示量。

(4) 渗透压摩尔浓度　依法测定（通则 0632），应符合批准的要求。

(5) 化学检定

① pH 值　应为 5.5～7.2（通则 0631）。

② 铝含量　应为 0.35～0.62mg/mL（通则 3106）。

(6) 体外相对效力测定　应不低于 0.5（通则 3501）。

(7) 无菌检查　依法检查（通则 1101），应符合规定。

(8) 异常毒性检查　依法检查（通则 1141），应符合规定。

(9) 细菌内毒素检查　应小于 5EU/mL（通则 1143 凝胶限度试验）。

 实训任务

重组 α-干扰素的制备

【任务目的】

1. 学习制备 α-干扰素的具体过程。

2. 掌握各种色谱柱的操作方法。

【实训原理】

重组人干扰素 α 具有广谱抗病毒作用，其抗病毒机制主要通过干扰素同靶细胞表面干扰素受体结合，诱导靶细胞内蛋白激酶 PKR、MX 蛋白等多种抗病毒蛋白，阻止病毒蛋白质的合成、抑制病毒核酸的复制和转录而实现。干扰素还具有多重免疫调节作用，可提高巨噬细胞的吞噬活性和增强淋巴细胞对靶细胞的特异性细胞毒等，促进和维护机体的免疫监视、免疫防护和免疫自稳功能。大肠杆菌是一种常见菌种，人们对其细胞形态及生理生化特性已经了解得比较深入，对于培养基配制与运载体导入的具体技术等方面也就更容易把握。因此，综合考虑选取大肠杆菌作为宿主菌用于基因工程，并从大肠杆菌工程菌中提取 α-干扰素。

【实训材料】

731 阳离子交换树脂、阴离子交换树脂（DEAE-52）、葡聚糖凝胶 100 色谱柱、聚乙二醇 20000、胰蛋白胨、酵母粉、琼脂粉、磷酸氢二钠、氯化铵、氯化钠、硫酸镁、氯化钙、磷酸二氢钾等。构建好的含有 α-干扰素的大肠杆菌工程菌。

蛋白质自动部分收集器、紫外蛋白检测仪、梯度混合器、冻干机等。

【实施步骤】

（一）配制培养基

① LB 培养基　酵母粉 0.5%、胰蛋白胨 1%、氯化钠 1%、氨苄西林 60μg/mL。

② LB 固体培养基　酵母粉 0.5%、胰蛋白胨 1%、氯化钠 1%、氨苄西林 60μg/mL、琼脂 2%。

③ 发酵培养基　胰蛋白胨 1%、酵母粉 0.5%、磷酸氢二钠 1.5%、磷酸二氢钾 1.5%、氯化铵 0.08%、氯化钠 0.4%、硫酸镁 0.02%、氯化钙 0.001%、少量消泡剂。灭菌后置于 37℃烘箱保存。

（二）发酵培养

① 挑取含有 α-干扰素的工程菌于 LB 固体培养基上划线培养，37℃过夜。

② 挑取含有 α-干扰素的工程菌于装有 100mL LB 培养基的 500mL 锥形瓶中，于 37℃摇床以 200r/min 培养至 OD_{600} 为 1.0～1.1，即为种子培养液。

③ 向发酵培养基中加入灭过菌的终浓度为 6% 的葡萄糖，氨苄西林的终浓度为 60μg/mL，按 5% 接种种子培养液，进行发酵，保持溶解氧 30%。

④ 培养至 OD_{600} 为 1.0～1.1，终止发酵，离心收集菌体。

（三）分离 α-干扰素

① 将收集的菌体用含 100mmol/L 氯化钠的 pH 7.5 的 20mmol/L 磷酸缓冲液洗涤，加入上述 5 倍体积的磷酸缓冲液，冰浴超声破碎 30min。

② 将超声破碎后的溶液用冷冻离心机于 4℃下以 10000r/min 离心 10min。

③ 弃掉沉淀，收集上清于冰浴中搅拌，缓慢加入反复研磨的硫酸铵至 85% 饱和，于

4℃放置1天。

④ 以 10000r/min 离心 15min，收集蛋白质沉淀，溶于适量去离子水。

⑤ 用 pH 7.2 的 10mmol/L 的磷酸缓冲液透析过夜除去硫酸铵，中途更换 3～4 次去离子水。将透析袋移入 0.1mol/L 的磷酸溶液中，继续在 4℃透析 10～12h。最后再用 pH 7.2 的 30mmol/L 的磷酸缓冲液透析至中性。

⑥ 于 4℃以 10000r/min 离心 10min，除去沉淀，上清即为 α-干扰素粗液。

（四）提纯 α-干扰素

① 装 731 树脂于分离柱中，将干扰素粗液先在起始缓冲液中平衡，然后上柱，分别用 0.1mol/L、0.2mol/L、0.3mol/L、0.4mol/L 和 0.5mol/L 的 pH 7.5 的 20mmol/L 磷酸缓冲液冲洗，收集含 α-干扰素的洗脱成分。

② 装 DEAE-52 阴离子交换树脂于分离柱中，将上柱收集液用 pH 7.5 的 20mmol/L 的磷酸缓冲液平衡后，上柱，用含 0.1～0.3mol/L 氯化钠的 pH 7.5 的 20mmol/L 的磷酸缓冲液洗脱，收集含 α-干扰素成分。

③ 用葡聚糖凝胶 100 色谱柱，将上述获得的收集液加入聚乙二醇 20000 于 4℃浓缩，上柱，用 pH 7.5 的 20mmol/L 的磷酸缓冲液洗脱，收集含 α-干扰素的洗脱成分。

④ 干燥。

【任务总结】

各小组总结实训过程与实训结果，制作 PPT、word 工作总结，形成完整的工作汇报。

 课后习题

一、名词解释

灭活疫苗；减毒活疫苗；亚单位疫苗；佐剂；类毒素；絮状单位（Lf）

二、填空题

1. 生产血液制品所使用的血浆属于生产过程中的_____部分。

2. 生物制品中的防腐剂含量测定属于_____检定项目。

3. 在血液制品生产中对原材料和成品都要严格进行 HBsAg 和抗-HCV、抗-HIV 检查，该检查项目属于安全性检定项目中的_____检查。

4. 为防止固形异物、液体、气体和微生物侵入生物制品，应采用_____包装。

5. _____是疫苗最主要的有效活性成分，它决定了疫苗的特异免疫原性。

6. _____可以保证疫苗中抗原的存活和免疫原性的保持。

7. 许多人用预防类生物制品中常加入_____来提高制品的免疫效果。

8. 白喉类毒素是白喉毒素经_____脱毒后制成的一种安全、有效的免疫制剂。

9. _____是目前广泛使用的乙型肝炎疫苗，它代表了疫苗的第二次革命。

10. 乙肝病毒基因组结构为_____。

11. _____是血浆中含量最高的蛋白质，占血浆总蛋白质含量的一半以上。因此，易大量、高纯度地提取。

12. 目前大规模生产血液制品采用的分离纯化方法主要是_____。

三、问答题

1. 简单描述白喉类毒素的制备工艺。
2. 什么是疫苗？疫苗的发展经历了几个阶段？
3. 制备病毒类疫苗为什么要进行减毒？如何减毒？
4. 疫苗为什么要冻干？请简述冻干工艺的操作要点。
5. 简述基因工程生物制品的质量要求。
6. 试述灭活疫苗、减毒活疫苗和亚单位疫苗的区别。

参 考 文 献

[1] 国家药典委员会. 中华人民共和国药典. 北京：中国医药科技出版社，2015.

[2] 于文国，卞进发. 生化分离技术 [M]. 第2版. 北京：化学工业出版社，2010.

[3] 陈可夫. 生化制药技术 [M]. 北京：化学工业出版社，2013.

[4] 吴梧桐. 生物制药工艺学 [M]. 第4版. 北京：中国医药科技出版社，2015.

[5] 吴梧桐. 生物制药工艺学 [M]. 北京：中国医药科技出版社，2006

[6] 吴梧桐. 生物化学 [M]. 北京：人民卫生出版社，2007.

[7] 齐香军. 现代生物制药工艺学 [M]. 北京：化学工业出版社，2010.

[8] 俞俊堂，唐孝宣等. 新编生物工艺学 [M]. 北京：化学工业出版社，2003.

[9] 毛忠贵. 生物工业下游技术 [M]. 北京：中国轻工业出版社，1999.

[10] 孙彦. 生物分离工程 [M]. 北京：化学工业出版社，1998.

[11] 郑裕国，薛亚平，金利群. 生物加工过程与设备 [M]. 北京：化学工业出版社，2004.

[12] 吴秀玲. 微生物制药技术 [M]. 北京：中国轻工业出版社，2015.

[13] 曾青兰，张虎成. 生物制药工艺 [M]. 武汉：华中科技大学出版社，2012.

[14] 叶勇. 制药工艺学 [M]. 广州：华南理工大学出版社，2014.

[15] 陆正清，柯世怀. 生物化学 [M]. 第2版. 北京：化学工业出版社，2015.

[16] 辛秀兰. 现代生物制药工艺学 [M]. 北京：化学工业出版社，2015.

[17] 陈电容，朱照静. 生物制药工艺学 [M]. 第2版. 北京：化学工业出版社，2014.

[18] 陈电容，朱照静. 生物制药工艺学 [M]. 北京：人民卫生出版社，2013.

[19] 高向东. 生物制药工艺学实验与指导 [M]. 北京：中国医药科技出版社，2008.

[20] 高向东. 生物制药工艺学实验与指导 [M]. 北京：中国医药科技出版社，2010.

[21] 刘世领，陈艳，易飞等. 齐多夫定的合成 [J]. 中国医药工业杂志，2006，37(9)：577-579.

[22] 陈发普，余宏宇，李云华等. 齐多夫定的合成 [J]. 中国医药工业杂志，1996，27(11)：483-484.

[23] 姜玉钦，郝二军，李伟等. 齐多夫定的合成工艺改进 [J]. 中国医药工业杂志，2005，36(6)：323-324.

[24] 许志忠. 化学制药工艺学 [M]. 北京：中国医药科技出版社，1997.

[25] 国家药典委员会. 国家药品标准·化学药品地方标准上升国家标准（一）[S]. 2002，1.

[26] 陈芬儿. 有机药物合成 [M]. 第2版. 北京：中国医药科技出版社，1999.

[27] 邓红凤，姜芸珍，赵知中. 取代腺嘌呤和腺苷的合成及生物活性 [J]. 药学学报，1995，30(5)：347-356.

[28] 林紫云，张启东，朱莉亚等. 腺嘌呤的合成新法 [J]. 中国医药工业杂志，2003，34：111-112.

[29] 袁亚峰，孙莉，裴文. 腺苷合成研究进展 [J]. 合成化学，2003，(4)：307-326.

[30] 赵临襄. 化学制药工艺学 [M]. 北京：中国医药科技出版社，2003.

[31] 刘群良. 生物化学 [M]. 北京：化学工业出版社，2011.

[32] 王文成，饶建，张远等. 超临界CO_2萃取罗汉果渣油工艺研究及其油脂成分分析 [J]. 中国油脂，2017，1(42)：125-129.

[33] 钟冬莲，汤富，丹玉等. 油茶籽油中角鲨烯含量的气相色谱法测定 [J]. 分析实验室，2011，11 (30)：104-106.

[34] 张孝芳，张卓勇，范国强. 现代分析技术在药物分析和质量控制中的应用 [J]. 中国卫生工程学，2005，3(4)：185-191.

[35] 储炬，李友荣. 现代工业发酵调控学 [M]. 第3版. 北京：化学工业出版社，2016.

[36] 徐亲民. 抗生素工艺学 [M]. 北京：中国建材工业出版社，1994.

[37] 陈必链. 微生物工程 [M]. 北京：科学出版社，2010.

[38] 陶兴无. 发酵产品工艺学 [M]. 第2版. 北京：化学工业出版社，2016.

[39] 陈梁军. 生物制药工艺技术 [M]. 北京：中国医药科技出版社，2015.

[40] 梁晓亮. 维生素全书 [M]. 天津：天津科学技术出版社，2012.

[41] 朱宝泉. 生物制药技术 [M]. 北京：化学工业出版社，2004.

[42] 郭勇. 生物制药技术 [M]. 北京：中国轻工业出版社，2008.

[43] 何建勇. 生物制药工艺学 [M]. 北京：人民卫生出版社，2007.